工业和信息化
人才培养规划教材
Industry And Information
Technology Training
Planning Materials

职 业 教 育 系 列

SQL Server 2008 中文版 项目教程（第3版）

SQL Server 2008 Chinese Version of the Project Tutorial

宋晓峰 蔺抗洪 ◎ 主编
李长文 温鹏智 ◎ 副主编

人 民 邮 电 出 版 社
北 京

图书在版编目（CIP）数据

SQL Server 2008中文版项目教程 / 宋晓峰，蔺抗洪主编. -- 3版. -- 北京 : 人民邮电出版社，2015.11（2023.7重印）
工业和信息化人才培养规划教材. 职业教育系列
ISBN 978-7-115-38948-0

Ⅰ. ①S… Ⅱ. ①宋… ②蔺… Ⅲ. ①关系数据库系统－高等职业教育－教材 Ⅳ. ①TP311.138

中国版本图书馆CIP数据核字(2015)第123828号

内容提要

本书以创建一个“教学管理数据库”为例，循序渐进地讲解 Microsoft SQL Server 2008 的管理和使用的基础知识，以及数据库定义语句和数据库查询语句的语法。本书的内容以 SQL Server 数据库管理软件为主，同时也兼顾了数据库基础知识的介绍。

本书采用项目教学法，将教学内容分解为 10 个前后有关联的项目，每个项目分解为若干简单的任务，每个任务又包含几个知识点，并且给出图文并茂的示例加以说明；充分考虑 SQL Server 数据库初学者的实际需要，保证初学者从基础开始，逐步掌握 SQL Server 数据库创建、管理和使用的基础知识。本书每一个项目的最后都有相应的思考和练习题，帮助读者检验对所学内容的掌握程度。

本书适合作为职业院校“SQL Server数据库应用”课程的教材，也可作为SQL Server初学者的学习指导。

◆ 主　　编　宋晓峰　蔺抗洪
副 主 编　李长文　温鹏智
责任编辑　王　平
责任印制　杨林杰

◆ 人民邮电出版社出版发行　　北京市丰台区成寿寺路 11 号
邮编　100164　　电子邮件　315@ptpress.com.cn
网址　http://www.ptpress.com.cn
北京天宇星印刷厂印刷

◆ 开本：787×1092　1/16
印张：15　　　　2015 年 11 月第 3 版
字数：374 千字　　　　2023 年 7 月北京第 16 次印刷

定价：36.00 元

读者服务热线：(010) 81055256　印装质量热线：(010) 81055316
反盗版热线：(010) 81055315

前 言 PREFACE

SQL Sever是在Windows操作系统平台上开发的功能完备的大型数据库的管理软件，它具有支持数据库开发的引擎、标准的SQL、支持XML等特性，能够满足网站和企业数据处理系统存储和分析资料的需要，也是在Windows操作系统上实现电子商务、数据仓库和联机交易的首选数据库平台。本书以SQL Server 2008中文版为平台，详细介绍SQL Server的基础知识和基本操作。

本书根据教育部最新教学大纲的要求编写，目的是适应职业院校计算机及应用专业的“SQL Server数据库应用技术”课程的教学要求。本书对前一版的内容进行了修订，更新了操作案例，以使用SQL Server 2008中文企业版建立一个“教学管理数据库”为例，讲解数据库的基础知识和常用的数据查询操作。

教学内容

本书安排了10个项目，对每一个项目安排的顺序与创建数据库管理系统的顺序相似。为便于学习，将每一个项目分解成几个任务，每个任务又分解成若干基本操作。在操作之前介绍与此操作相关的基础知识，读者可以通过实际操作来加深对基础知识的理解。书后还配有两个附录，用以介绍SQL Server的内置函数和创建SQL Server的ODBC。教师一般可用72课时来讲解本书内容，也可结合实际需要进行课时的增减。每个项目包含的主要内容如下。

- **项目一**：创建和使用SQL Server实例。介绍数据库实例的含义及创建和使用SQL Sever实例的步骤。
- **项目二**：创建和管理数据库。介绍创建、修改和删除数据库的方法，数据库的概念及create database、alter database和drop database的语法。
- **项目三**：创建与管理表。介绍创建、修改和删除表的方法，与表有关的概念，以及create table、alter table和drop table的语法，并介绍对表中数据更新操作的insert、update和delete的语法。
- **项目四**：设置主键、关系和索引。介绍关系数据库中实现表与表之间关联关系的主键和外键的概念，进一步学习在create table、alter table语句中定义主键和外键的语法。
- **项目五**：对表查询实现学籍管理。通过对单独一个表的查询操作，介绍数据库管理项目中的常用查询语句的语法。
- **项目六**：用聚合函数统计成绩。学习用聚合函数实现对数据的统计。
- **项目七**：创建和使用视图。介绍创建、修改和删除视图的方法，视图的概念，以及create view、alter view和drop view的语法。
- **项目八**：多表连接查询管理教学计划。在对单表查询的基础上进一步学习对多表连接查询的操作。
- **项目九**：备份和还原数据库。介绍数据库应用项目中一个重要任务——对数据库备份和还原的操作方法。

- 项目十：导入和导出数据。介绍一种简单而实用的数据移植方法。
- 附录 A：SQL Server 的内置函数。
- 附录 B：创建 SQL Server 的 ODBC。

教学资源

为方便教师教学，本书配备了内容丰富的教学资源包，包括案例用到的素材文件、数据库文件、PPT 电子教案、习题答案、教学大纲和 2 套模拟试题及答案。任课老师可登录人民邮电出版社教学服务与资源网（www.ptpedu.com.cn）免费下载使用。

本书由宋晓峰、蔺抗洪任主编，李长文、温鹏智任副主编，参加本书编写工作的还有沈精虎、黄业清、宋一兵、谭雪松、冯辉、计晓明、滕玲、董彩霞、管振起等。由于编者水平有限，书中难免存在疏漏之处，敬请广大读者指正。

编者

2015 年 2 月

目 录 CONTENTS

项目一 创建和使用 SQL Server 实例 1

项目二 创建和管理数据库 17

项目三 创建与管理表 37

项目四　设置主键、关系和索引　63

项目五　对表查询实现学籍管理　85

项目六　用聚合函数统计成绩　112

项目七 创建和使用视图 131

项目八 多表连接查询管理教学计划 147

项目九　备份和还原数据库　171

项目十　导入和导出数据　187

附录 A　SQL Server 的内置函数　211

附录 B　创建 SQL Server 的 ODBC　228

PART 1

项目一 创建和使用 SQL Server 实例

开发和维护一个数据库管理系统的基础就是创建“数据库实例”（以下简称为“实例”）。实例好比一个舞台，数据库、表、视图等对象就像是在这个物台上搭建的道具；不同身份的使用者对表和视图的更新、查询等操作就像不同角色的演员在利用道具完成各种表演；而数据库的函数、触发器、存储过程和批处理程序就像是指导演员表演的剧本。

本项目通过两个任务介绍如何创建实例，如何使用实例。

知识技能目标

- 掌握与实例相关的“服务账户”“身份验证方式”和“排序规则”的含义。
- 掌握创建命名实例的主要步骤。
- 掌握启动实例、停止实例的方法和步骤。
- 掌握在【Microsoft SQL Server Management Studio】中连接不同的实例的方法。

读者应通过实际操作进一步理解实例的含义，并且能够在今后的学习、工作中根据需求创建命名实例。

任务一 创建“教学管理实例”

创建实例和安装 SQL Server 数据库管理软件是同一个过程。本任务要求在中文版 Windows 7 操作系统上安装中文版 SQL Server 2008 Enterprise Edition（SQL Server 2008 中文企业版，以下简称为“SQL Server 2008”），在安装的同时创建命名实例：教学管理实例。

软件在硬件设备上运行，需要占用 CPU、内存和硬盘资源，只有硬件达到一定的配置，才能保证软件的高效率运行。在安装 SQL Server 2008 之前，首先要确定计算机的硬件配置已达到表 1-1 所示的最低要求。

表 1-1　SQL Server 2008 对硬件的要求

硬件配置	最低和最高要求
CPU	处理器类型：Itanium
内存	最小：512MB
硬盘空间	最小：1.0GB
显示器	1024 像素 × 768 像素或更高分辨率

SQL Server 2008 的软件架构与 SQL Server 2005 的相同，同样分为客户机部分和服务器部分，称为“客户机/服务器”架构。客户机部分包括配置工具、开发工具等工作站组件；服务器部分包括数据库引擎、Analysis Services（数据分析服务）、Reporting Services（报表服务）、Integration Services（数据集成服务）等。服务器部分和客户机部分可以安装在同一台计算机上，也可以分别安装在同一个网络中的多台计算机上，如图 1-1 所示。

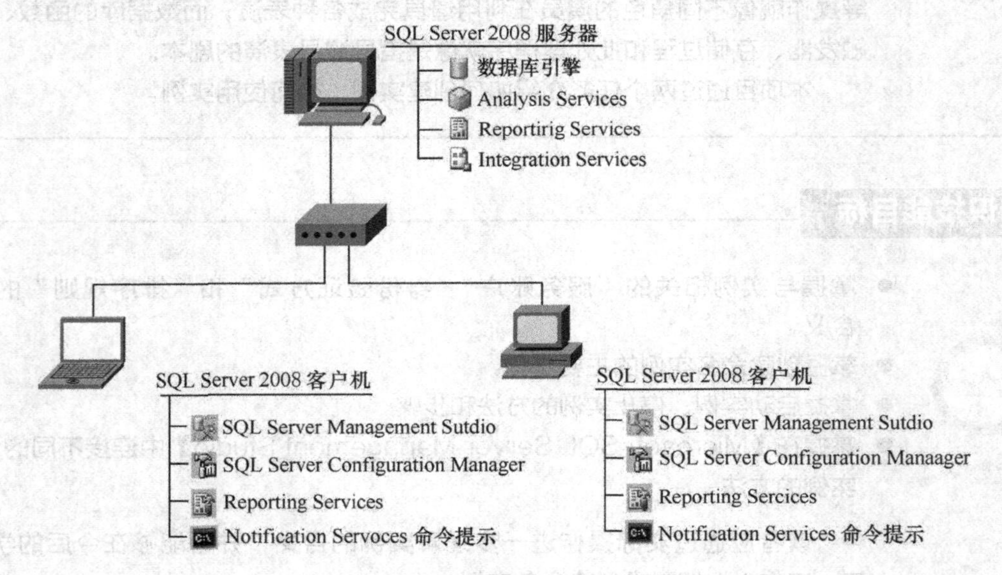

图1-1　SQL Server 软件架构

两个部分对操作系统的要求不同，如表 1-2 所示。

表 1-2　SQL Server 2008 对操作系统的要求

系统及工具软件	软件版本要求
操作系统	Microsoft Windows 2003 Server Microsoft Windows 2008 Server Microsoft Windows 7 Microsoft Windows Vista
浏览器	Microsoft Internet Explorer 6.0+SP1 或更高版本
工具软件	Microsoft Windows Installer 4.5 或更高版本
网络协议	TCP/IP

（一） 创建命名实例

通过对本节的执行，读者要理解实例的含义、实例与数据库的关系，并且掌握命名实例的安装步骤。

【基础知识】

在创建实例之前，必须清楚以下概念。

（1） 实例

程序是完成特定功能的一组计算机指令，如常用的媒体播放器软件、防病毒软件等。那什么是服务程序呢？服务程序首先是完成特定功能的程序，但通常以后台运行方式响应并处理操作请求的程序。例如，防病毒程序在启动以后，虽然不能直接感觉到它的运行，但当人们浏览网页时，防病毒程序可以自动检测并杀掉网页中隐藏的病毒。在 Windows 操作系统中服务程序可以手工启动，也可以随着操作系统的启动而启动。

SQL Server 2008 对数据的管理是通过若干服务程序相互协调运行实现的，一个实例就是一套完整的服务程序。实例中的服务程序多达几百个，大致可以分为以下 5 类。

- SQL Service：SQL Server 数据库引擎，负责数据存储、处理各种数据更新和查询请求。
- SQL Server Agent：SQL Server 代理，负责监控和自动运行定制的数据库操作。
- SQL Server Integration Services：SQL Server 集成服务，简称 SSIS，是 SQL Server 提供的图形化设置和运行数据处理的工具。
- SQL Server Reporting Services：SQL Server 报表服务，简称 SSRS，是 SQL Server 提供的用于创建、管理和部署表格报表、矩阵报表、图形报表及自由格式报表的工具。Reporting Services 还是一个可用于开发报表应用程序的可扩展平台。
- SQL Server Analysis Services：SQL Server 分析服务，简称 SSAS，是 SQL Server 提供的创建和管理联机分析处理（Online Analysis Process，简称 OLAP）及数据挖掘应用程序的工具。

在一台计算机上允许存在并同时运行多个实例。实例可以分为两种：默认实例（SQL Server 安装过程中自动创建的实例，通常为 MSSQLSERVER）和命名实例（根据实际应用创建的实例），一台计算机上只允许有一个默认实例。在中文版操作系统和中文版 SQL Server 2008 上，允许用中文对实例命名。

（2） 服务账户

先了解一下 Windows 操作系统的账户种类。一种是“本地系统的账户”，就是系统管理员 Administrator 和由它建立的其他账户，另一种是登录网络的“域用户账户”。例如，要安装 SQL Server 的服务器是局域网中的一台计算机，这个局域网就可以看作是一个域，在这个域中有一台计算机作为主域服务器，它可以为每一台连接到局域网的计算机分配一个账户，这个账户就是“域用户账户”。只有以“域用户账户”的身份登录局域网，才能使用局域网中其他计算机上的资源。

SQL Server 2008 的每一个服务（数据库引擎、SSIS、SSRS、SSAS 等）的启动和运行必须由具有权限的账户来完成。可以为每一个服务指定一个专用的账户，当然，多个服务也可以使用同一个账户。通常情况下，“本地系统的账户”可以启动、运行大部分的服务，只有与网络交互有关的服务器到服务器的活动才必须使用“域用户账户”。例如：

- 远程过程调用；
- 远程复制；
- 备份到网络驱动器；
- 涉及远程数据源的异类连接。

（3） 身份验证模式

一个实例允许多个用户访问，用户权限的高低，限制了用户的使用范围。SQL Server 实例提供两种身份验证模式，一种是实例用户与 Windows 操作系统账户紧密结合的“Windows 身份验证模式”，另一种是“SQL Server 身份验证模式”。

在安装过程中如果选择“Windows 身份验证模式”，在以后使用的过程中，只要以 Administrator 身份登录 Windows 操作系统就可以连接 SQL Server 数据库实例。

如果选择“SQL Server 身份验证模式”，在使用的时候，除了登录 Windows 操作系统外，还需要以数据库管理员或其他数据库用户身份登录数据库，才能使用 SQL Server 实例下的数据库、表、视图等对象。

“混合模式”允许在登录实例时，使用任何一种方式。

（4） 排序规则

排序规则是根据特定语言和区域设置的对字符串数据进行排序和比较的规则，体现在查询语句的 order by 子句。通常，不论英文字符串还是中文字符串，都是按照第 1 个字符的 ASCII 值排序的。

【操作目标】

完成命名实例“教学管理实例”的安装，对实例的属性要求如表 1-3 所示。

表 1-3 “教学管理实例”属性

属性	值
实例名称	教学管理实例
服务账号	本地系统账户
身份验证模式	Windows 身份验证模式
排序规则	Chinese_PRC_CI_AS Chinese_PRC：简体中文；CI：不区分大小写，AS：区分重音

【操作步骤】

在运行安装程序之前关闭其他应用程序。

STEP 1 将中文版 SQL Server 2008 企业版或标准版安装光盘插入光驱，安装程序自动运行；或者双击安装光盘中的 setup.exe 文件，启动安装程序，显示安装准备界面，如图 1-2 所示。

STEP 2 单击界面左侧“安装”选项，进入【安装选项】界面，如图 1-3 所示。

STEP 3 单击【全新 SQL Server 独立安装或向现有安装添加功能】选项，弹出【安装程序支持规则】对话框。此时，安装程序检测硬件和软件是否符合 SQL Server 2008 的安装要求。必须在全部满足最低配置要求的时候才能继续安装，如图 1-4 所示。如果检查过程中存在错误，可以单击 显示详细信息(S) >> 按钮查看具体哪些项目达不到最低要求。

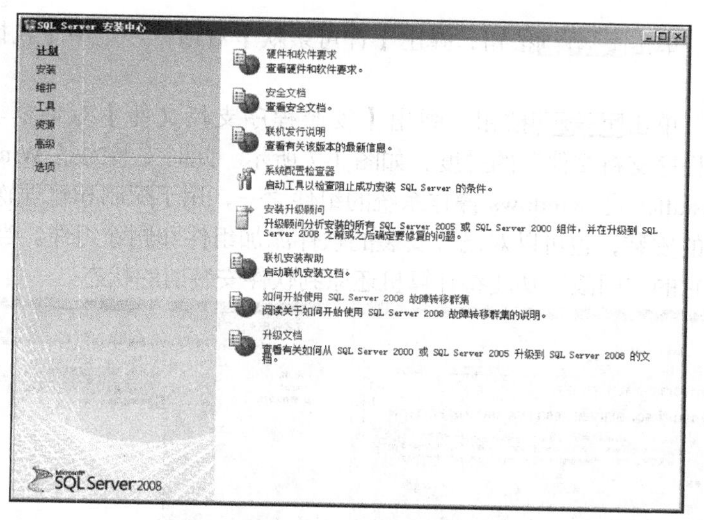

图1-2 安装准备界面

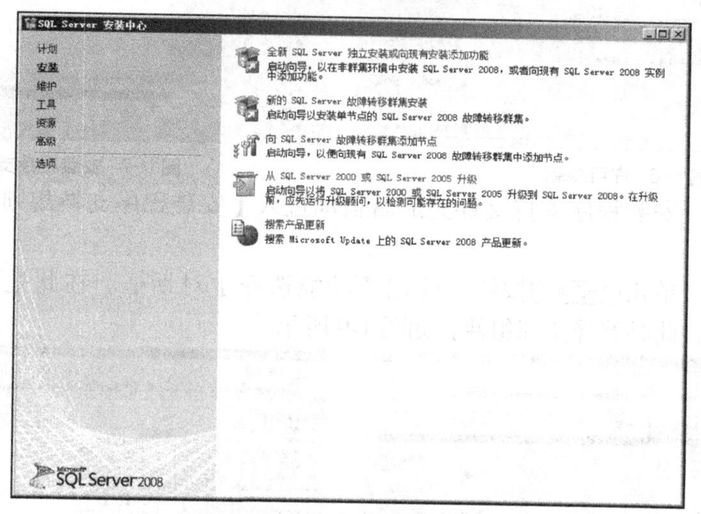

图1-3 【安装选项】界面

STEP 4 单击 确定 按钮，弹出【产品密钥】对话框。选中【输入产品密钥】选项，并在文本框中输入产品密钥，如图 1-5 所示。

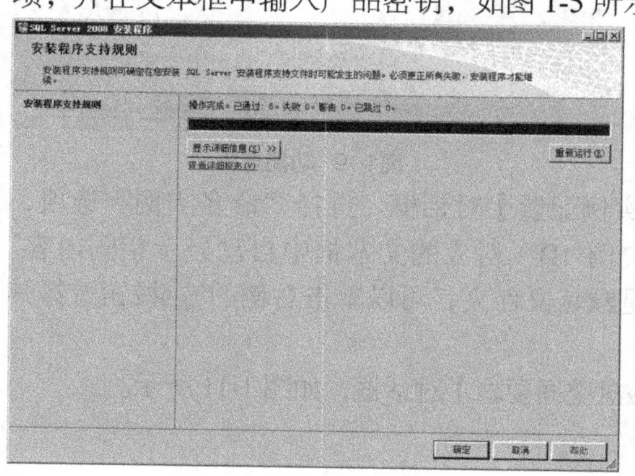

图1-4 安装程序支持规则

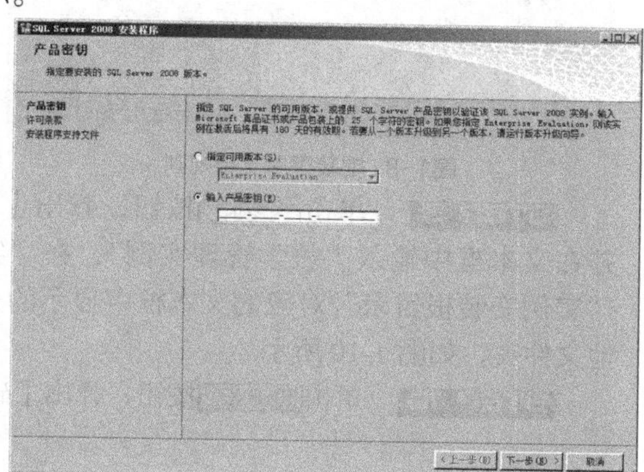

图1-5 产品密钥

STEP 5 单击 下一步(N) > 按钮，弹出【许可条款】对话框。选中【我接受许可条款】，如图 1-6 所示。

STEP 6 单击 下一步(N) > 按钮，弹出【安装程序支持文件】对话框。单击 安装(I) 按钮，显示“安装程序支持文件”的进度，如图 1-7 所示。此时安装的是 Windows Installer 工具，Windows Installer 是 Windows 操作系统的组件之一，用于配制和管理软件服务的工具。它可以管理软件的安装，也可以对已经安装的软件添加组件和删除组件。当软件安装失败的时候，可以通过它的“回滚”功能将计算机还原到软件安装前的状态。

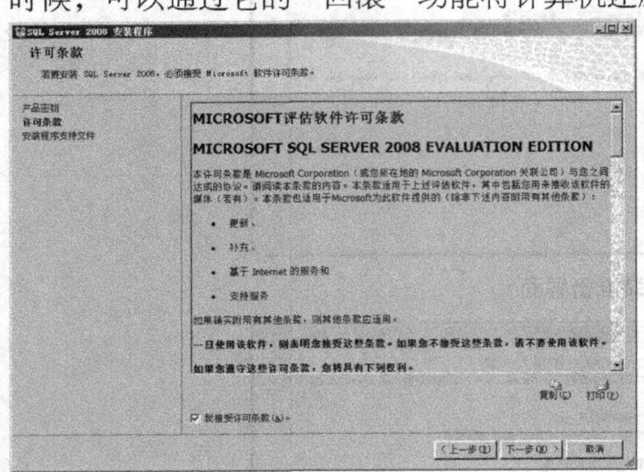

图1-6 许可条款

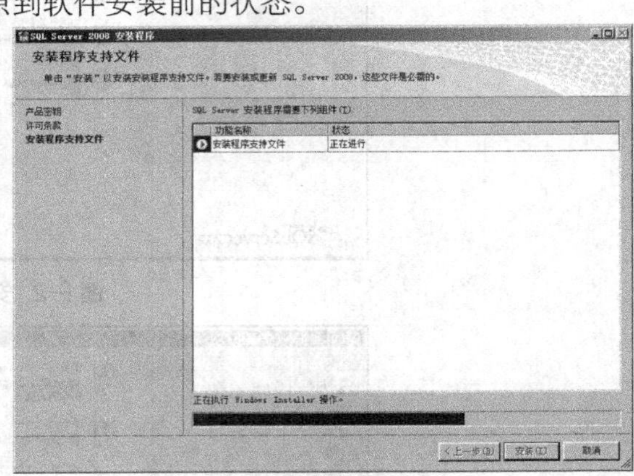

图1-7 安装程序支持文件

STEP 7 安装程序支持文件完成后自动进入【安装程序支持规则】对话框，如图 1-8 所示。

STEP 8 单击 下一步(N) > 按钮，弹出【功能选择】对话框。在此处选择所要安装的 SQL Server 组件，此时选择全部组件，如图 1-9 所示。

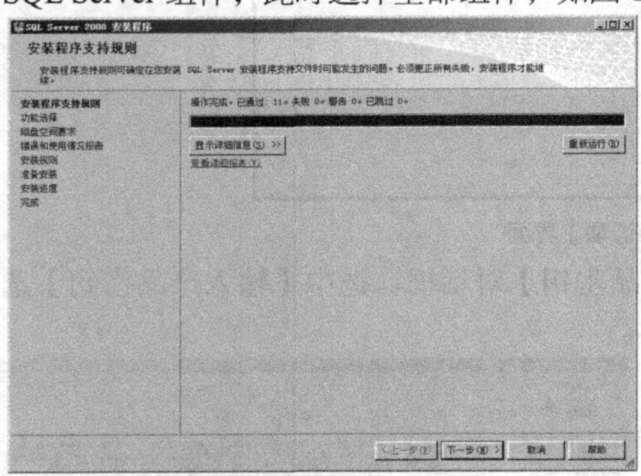

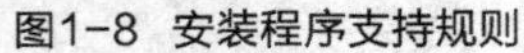

图1-8 安装程序支持规则

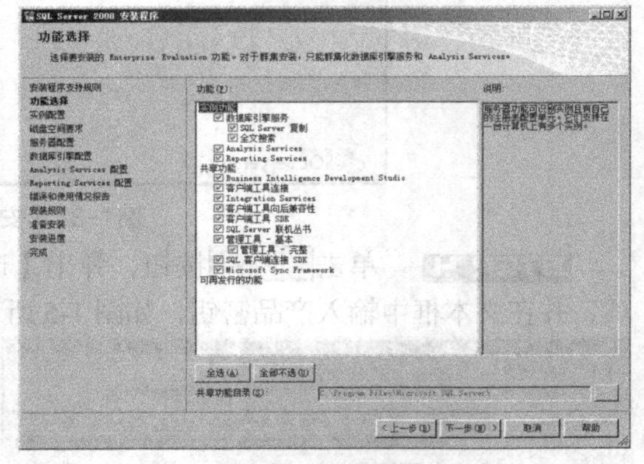

图1-9 功能选择

STEP 9 单击 下一步(N) > 按钮，弹出【实例配置】对话框。选择“命名实例”选项，并在文本框中输入“教学管理实例”，在“实例 ID”对应的文本框中自动显示相同内容。“实例安装根目录”对应的文本框中显示的是默认文件夹，可以单击右侧的 ... 按钮选择其他文件夹，如图 1-10 所示。

STEP 10 单击 下一步(N) > 按钮，弹出【磁盘空间要求】对话框，如图 1-11 所示。

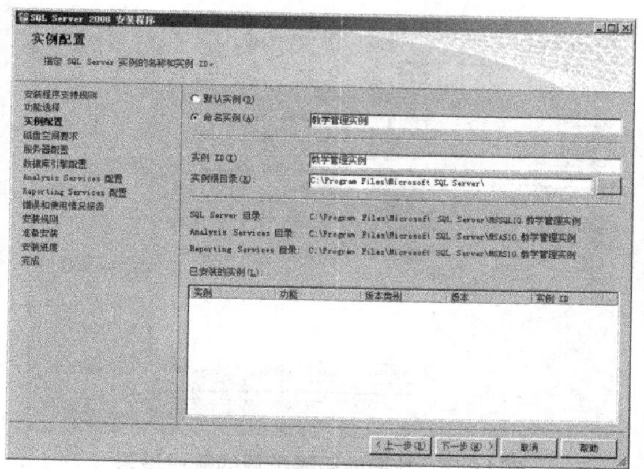

图1-10 实例配置

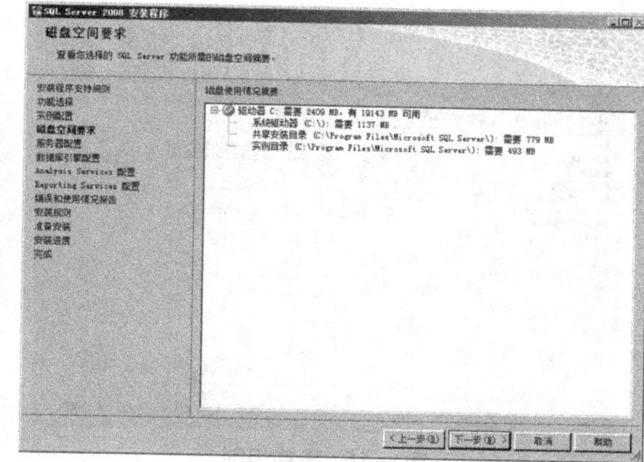

图1-11 磁盘空间要求

STEP 11 单击 下一步(N) > 按钮，弹出【服务器配置】对话框。此时右侧默认显示的是【服务账户】标签页，如图 1-12 所示。

STEP 12 单击 对所有 SQL Server 服务使用相同的帐户(U) 按钮，弹出【对所有 SQL Server 2008 服务使用相同账户】对话框。因为我们准备采用“Windows 身份验证模式”，所以此处输入的为 Windows 操作系统的管理用户名和密码，如图 1-13 所示。

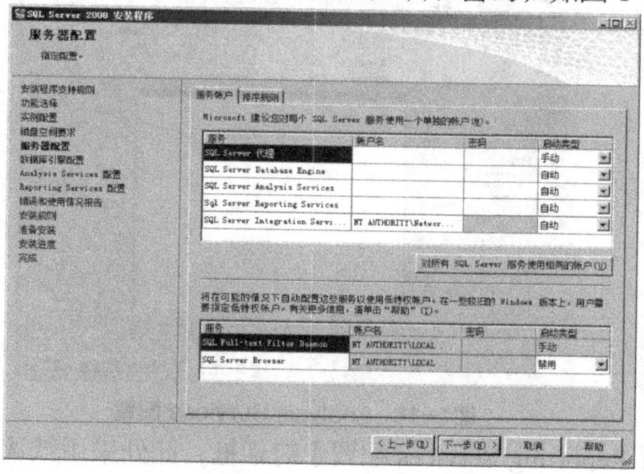

图1-12 服务器配置

图1-13 设置服务账户

STEP 13 单击 确定 按钮，返回【服务器配置】对话框，如图 1-14 所示。

STEP 14 仍然在【服务器配置】对话框中，单击【 排序规则 】标签页，检查“数据库引擎”的排序规则是否为“Chinese_PRC_CI_AS”，如图 1-15 所示。

STEP 15 单击 下一步(N) > 按钮，进入【数据库引擎配置】对话框，如图 1-16 所示。

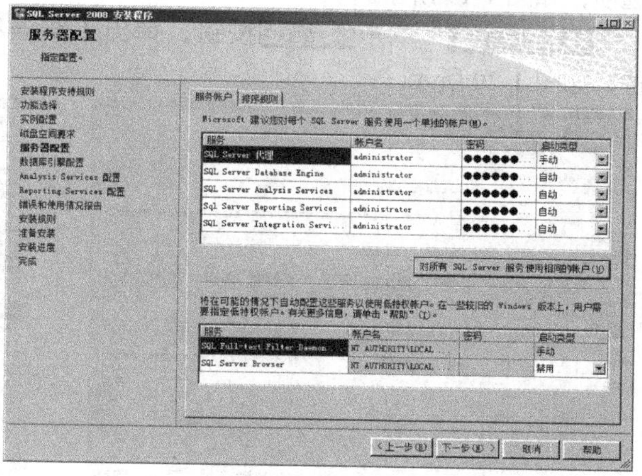

图1-14 服务账户

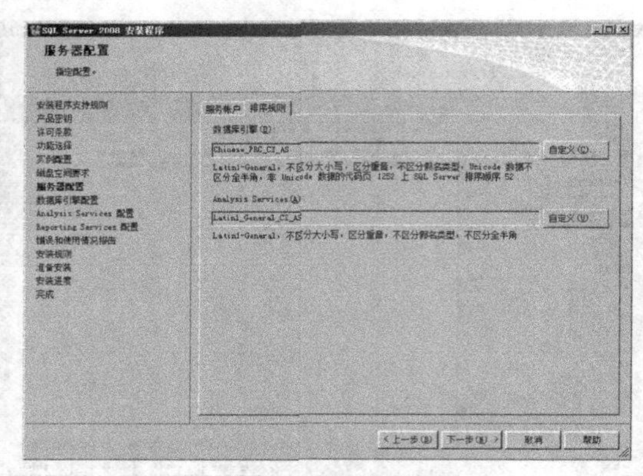

图1-15 排序规则

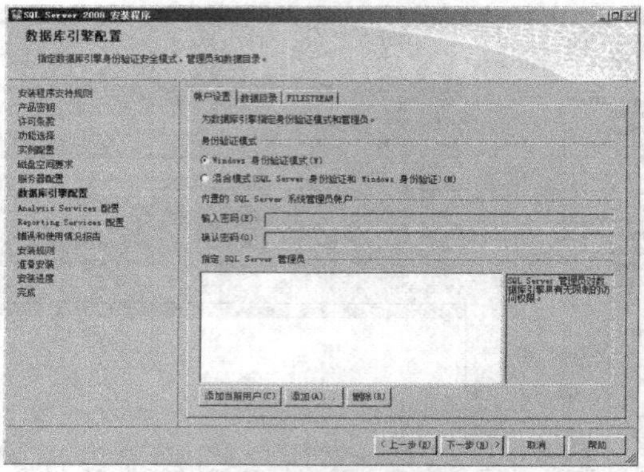

图1-16 数据库引擎配置的账户设置

STEP 16 在【身份验证模式】中选中【Windows 身份验证模式】。单击 添加当前用户(C) 按钮，自动加入步骤 12 中设置的账户，如图 1-17 所示。其他【数据目录】和【FILESTREAM】标签页中采用默认值。

STEP 17 单击 下一步(N) > 按钮，弹出【Analysis Services 配置】对话框，按步骤 16 的同样方式添加当前账户，如图 1-18 所示。

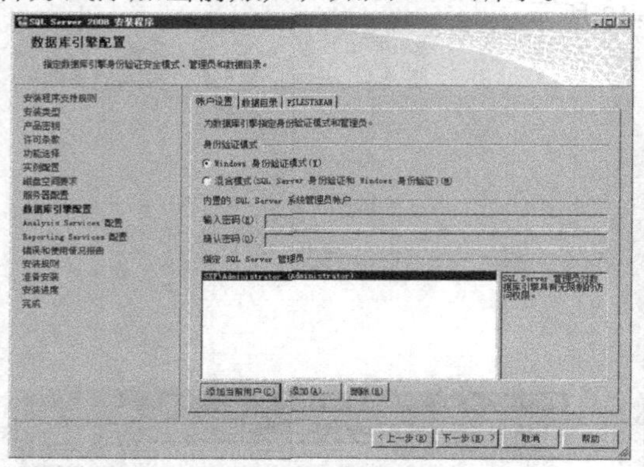

图1-17 添加服务账户

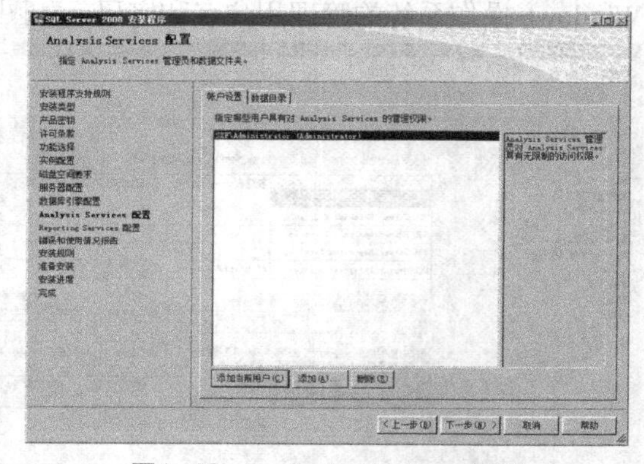

图1-18 Analysis Services 配置

STEP 18 单击 下一步(N) > 按钮，弹出【Reporting Services 配置】对话框，此处采用默认选项，如图 1-19 所示。

STEP 19 单击 下一步(N) > 按钮，弹出【错误和使用情况报告】对话框，采用默认设置，如图 1-20 所示。

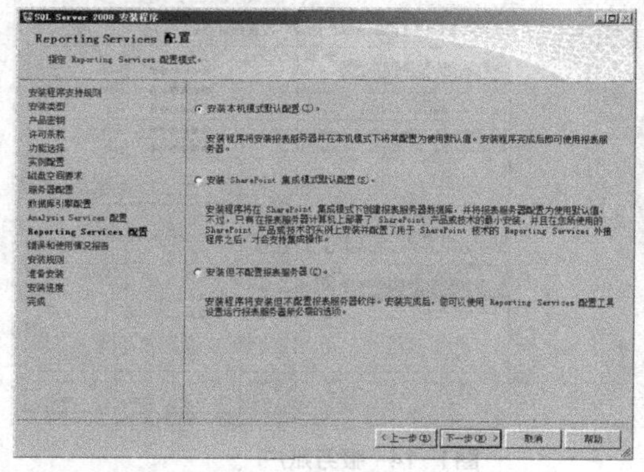

图1-19 Reporting Services 配置

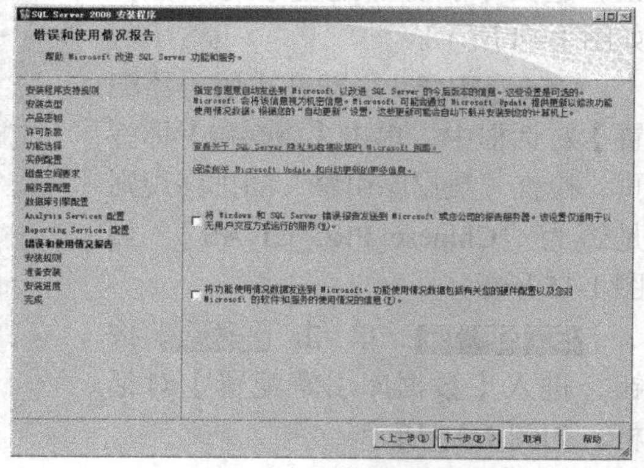

图1-20 错误和使用情况报告

STEP 20 单击下一步(N) >按钮，弹出【安装规则】对话框，如图 1-21 所示。安装程序自动检测以上步骤的设置是否有错误，如果存在错误，则阻止安装继续进行。

STEP 21 单击下一步(N) >按钮，弹出【准备安装】对话框，如图 1-22 所示。此处弹出的是前面各个步骤的选择和设置结果。如果需要调整可以点击< 上一步(B)按钮返回并重新修改。

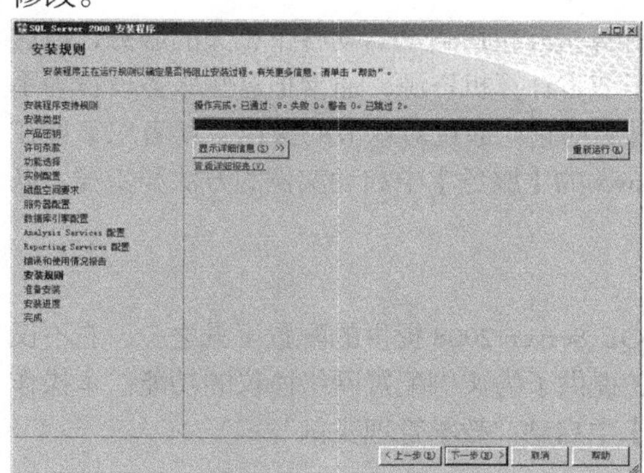

图1-21 安装规则

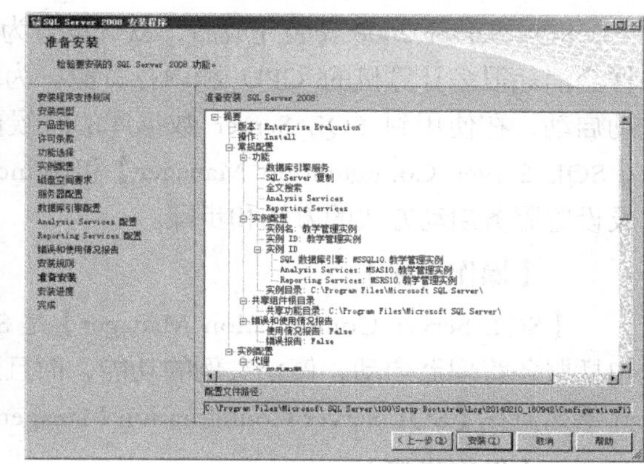

图1-22 准备安装

STEP 22 单击 安装(I) 按钮，开始安装。此时弹出的是【安装进度】对话框，如图 1-23 所示。

STEP 23 安装完成后，弹出【安装完成】对话框，如图 1-24 所示。此处显示的是前面各个步骤的选择和设置结果。

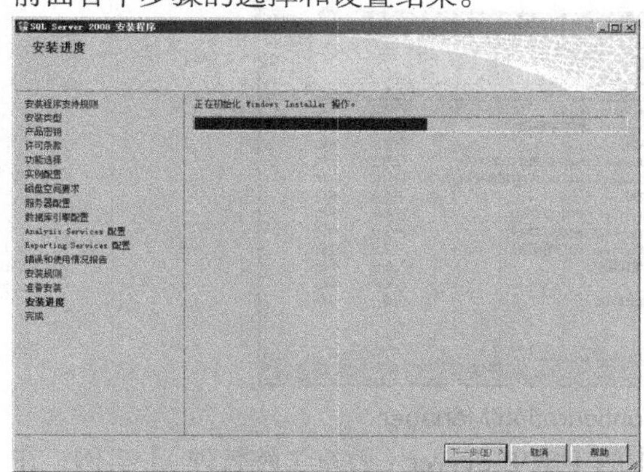

图1-23 安装进度

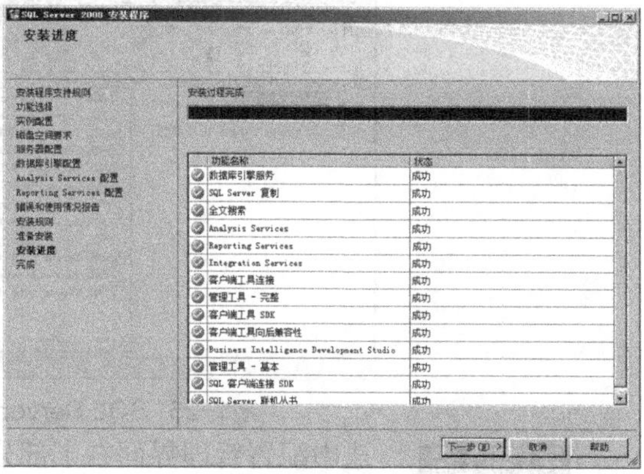

图1-24 安装完成

STEP 24 单击下一步(N) >按钮，结束安装。

安装结束后，检查操作系统的【所有程序】菜单中是否存在【Microsoft SQL Server 2008】菜单项，如果存在说明安装成功。

【知识链接】

实例的名称及后面介绍的数据库、表和视图的名称必须符合标识符的命名规则，SQL Server 中标识符的命名规则如下。

- 标识符不能超过 30 个字符。
- 第 1 个字符必须是字母[a…z]、[A…Z]、下画线“_”“@”或“#”。
- 第 1 个字符后面可以是字母、数字、“#”“$”或下画线“_”。

- 标识符中不能包括空格。
- 标识符不能使用 SQL Server 的关键字。
- 在中文版 SQL Server 中，可以用中文作为标识符。

（二） 启动“教学管理实例”

SQL Server 2008 安装完成后，默认设置为计算机开机后自动启动各个相关的服务，但这样会消耗很多计算机的 CPU 和内存资源。为了节省计算机资源，通常把这些服务设置为手动启动，在使用到 SQL Server 数据库的时候再启动它。通过对本节的操作，读者应掌握在【SQL Server Configuration Manager】和 Windows 的【服务】中启动实例的方法和步骤，以及设置服务启动方式的方法和步骤。

【操作目标】

【SQL Server Configuration Manager】是 SQL Server 2008 提供的配置工具之一，它不仅包括服务管理器启动、停止实例的功能，而且还提供了为实例配置网络协议的功能。本操作介绍如何在【SQL Server Configuration Manager】中启动“教学管理实例”。

【操作步骤】

STEP 1 单击开始按钮，在打开的快捷菜单中选择【所有程序】/【Microsoft SQL Server 2008】/【配置工具】/【SQL Server 配置管理器】菜单项，启动配置管理界面。选择界面左半部分的【SQL Server 服务】选项，在界面的右半部分显示已安装的全部服务项目，如图 1-25 所示。

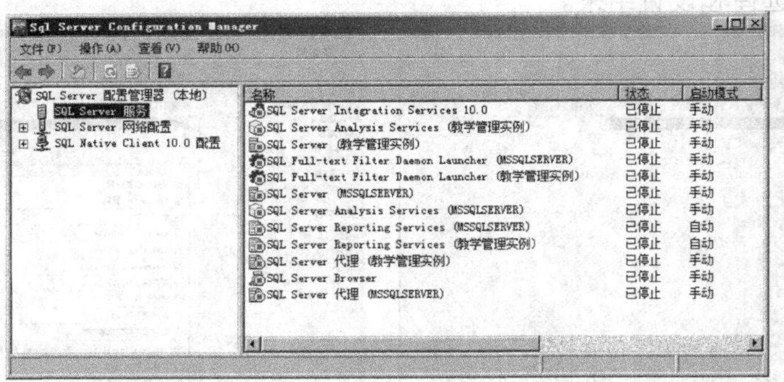

图1-25 SQL Server Configuration Manager

STEP 2 选中配置管理界面右半部分中的【SQL Server（教育学院管理）】实例，在工具栏中自动增加与实例启动、停止相关的按钮，如图 1-26 所示。

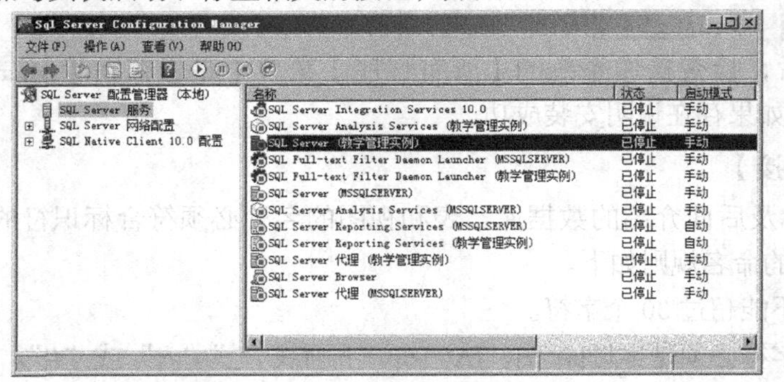

图1-26 SQL Server Configuration Manager

STEP 3 单击启动服务按钮，显示服务启动进度条，启动后【SQL Server（教育学院管理）】实例的状态由“已停止”转换为“正在运行”。

【知识链接】

SQL Server 的实例是服务程序，因此可以在操作系统的【服务】窗口中启动实例、检查实例的运行状态，并且可以设置实例的启动方式。

在【服务】窗口中选择名称为“SQL Server(教学管理实例)”的服务，单击鼠标右键，在弹出的快捷菜单中单击【启动】菜单项即可启动实例，如图 1-27 所示。

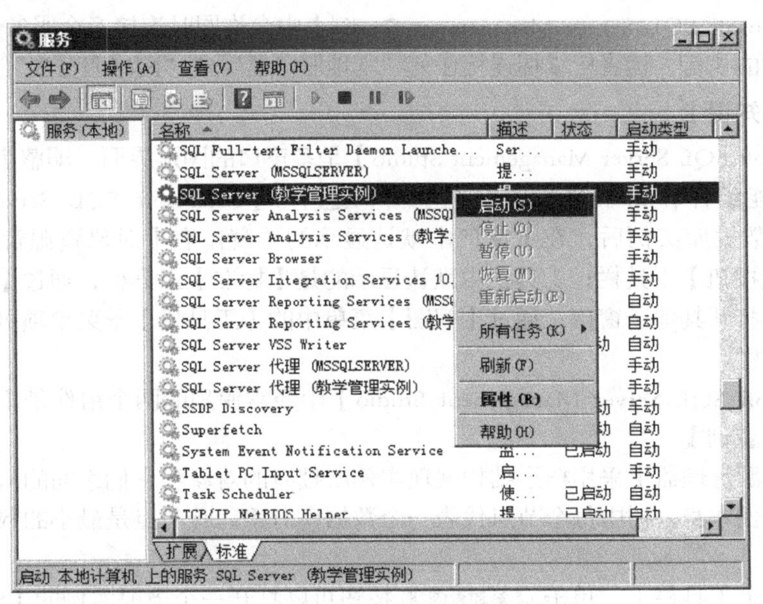

图1-27 在【服务】窗口中启动实例

单击【属性】菜单项可以设置实例的手动、自动和禁止启动方式。

（三） 停止“教学管理实例”

通过对本节的执行，读者应掌握在 Windows 的【服务】中暂停和停止实例的方法和步骤。

【操作目标】

在【SQL Server Configuration Manager】中停止“教学管理实例”。

【操作步骤】

STEP 1 按第（二）节中的第 (1) 步打开【SQL Server Configuration Manager】窗口。在右侧的服务列表中选中“教学管理实例”。

STEP 2 单击按钮，停止“教学管理实例”的运行。实例停止后，【开始】按钮为激活状态，【暂停】按钮、【停止】按钮和【重新启动服务】按钮为灰化状态。

【知识链接】

在操作系统的【服务】窗口中同样可以停止“教学管理实例”，方法与如图 1-27 所示的操作方法相似。只要选择“SQL Server（教学管理实例）”，单击鼠标右键，在弹出的快捷菜单中单击【停止】菜单项即可。

任务二 使用“教学管理实例”

“工欲善其事，必先利其器”。在学习数据库管理之前，首先要了解并掌握数据库管理工具【Microsoft SQL Server Management Studio】的使用方法，然后才能熟练地操作数据库。本操作将介绍如何用【Microsoft SQL Server Management Studio】连接数据库，以及【对象资源管理器】和【SQL 查询】选项卡这两个重要组件的功能。在其中可以创建数据库、表、视图、存储过程等数据库对象，并且能够执行各种 T-SQL 命令

在【Microsoft SQL Server Management Studio】中允许同时连接多个服务器（即实例）。通过对本操作的执行，读者应掌握连接任何“本地服务器”或“网络服务器”的方法。

【基础知识】

【Microsoft SQL Server Management Studio】是多窗口的图形界面，即整个程序提供一个主窗口，功能组件作为子窗口出现在主窗口之中。【Microsoft SQL Server Management Studio】连接数据库实例后，在主窗口中默认显示的子窗口有【对象资源管理器】、【菜单条】和【快捷按钮】工具栏；工具栏中默认显示的是【标准】工具栏，通过【视图】菜单的子菜单项可以打开其他子窗口；通过【视图】菜单中的【工具栏】子菜单项可以在工具栏中添加其他工具栏。

【Microsoft SQL Server Management Studio】中经常使用的两个组件是【对象资源管理器】和【SQL 查询】。

【对象资源管理器】采用树形结构展现实例所拥有的对象和它们之间的从属关系。树的根节点就是实例本身，树中每个节点代表一个数据库对象，叶节点是最小的数据库对象，如图 1-28 所示。

在【标准】工具栏上，单击 新建查询(N) 按钮可以打开一个当前实例的【SQL 查询】选项卡，在工具栏上同时显示【SQL 编辑器】工具栏，如图 1-29 所示。一个实例允许拥有多个数据库，根据需要可以在【SQL 编辑器】工具栏的【可用数据库】下拉列表中选择当前使用的数据库。

图1-28 对象资源管理器

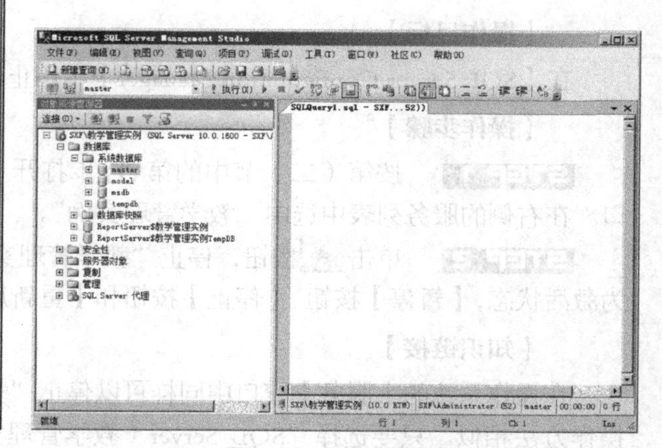

图1-29 SQL 编辑器

每一个【SQL 查询】选项卡都有一个名称，名称的格式为"SQL Query(*n*).sql - 服务器名\实例名.数据库名（服务器名/用户名）"。名称由以下两部分构成。

一部分是选项卡所对应的文件名称，通常为"SQL Query(*n*).sql"，其中"*n*"表示选项卡的序号。在关闭选项卡时会提示是否保存选项卡中的内容，如果保存，默认的文件名称则为"SQL Query(*n*).sql"。

另一部分表示这个选项卡属于哪台 SQL Server 服务器、哪个实例和哪个数据库，【Microsoft SQL Server Management Studio】的工具栏上【可用数据库】变化时，这部分也随着变化。

（一） 连接"教学管理实例"

通过对本节的操作，读者应掌握在【SQL Server Management Studio】中连接"本地服务器"即"教学管理实例"的方法。

【操作目标】

在【SQL Server Management Studio】中连接"教学管理实例"。

【操作步骤】

STEP 1 启动【Microsoft SQL Server 2008】程序组件中的【Microsoft SQL Server Management Studio】程序，首先打开并激活的是【连接到服务器】对话框。在【服务器类型】中采用默认的"数据库引擎"，在【服务器名称】下拉列表中显示的是上一次连接的实例名称，在【身份验证】中采用默认的"Windows 身份验证"，如图 1-30 所示。

STEP 2 在【服务器名称】下拉列表中选择"<浏览更多>…"，弹出【查找服务器】对话框。在【本地服务器】选项卡中，展开【数据库引擎】选项，选中【SXF\教学管理实例】，如图 1-31 所示。

图1-30 启动连接服务器

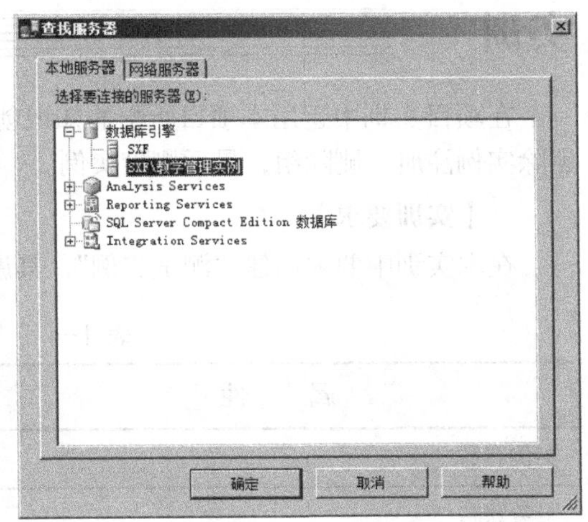

图1-31 查找服务器

STEP 3 单击 确定 按钮，关闭【查找服务器】对话框，并返回【连接到服务器】对话框。在【身份验证】下拉列表中选择"Windows 身份验证"。单击 连接(C) 按钮即可在【SQL Server Management Studio】中打开"教学管理实例"。

（二）连接网络服务器

上面介绍的是 SQL Server 2008 服务器端和客户机端在同一台计算机上的情况，而现实中，更多的情况是服务器端和客户机端不在同一台计算机上。通过本节，读者应掌握在【SQL Server Management Studio】中连接网络实例的方法。

【操作目标】

在【SQL Server Management Studio】中连接网络服务器。

【操作步骤】

STEP 1 按照（一）连接“教学管理实例”操作的步骤 1 启动【连接到服务器】对话框。

STEP 2 在【服务器名称】下拉列表中选择“<浏览更多>…”，弹出【查找服务器】对话框。在【网络服务器】选项卡中，展开【数据库引擎】选项，此时自动检索局域网中其他服务器上安装并启动的 SQL Server 实例，如图 1-32 所示。

STEP 3 选择其中一个实例，单击 确定 按钮，关闭【查找服务器】对话框，返回【连接到服务器】对话框，单击 连接(C) 按钮打开此实例。

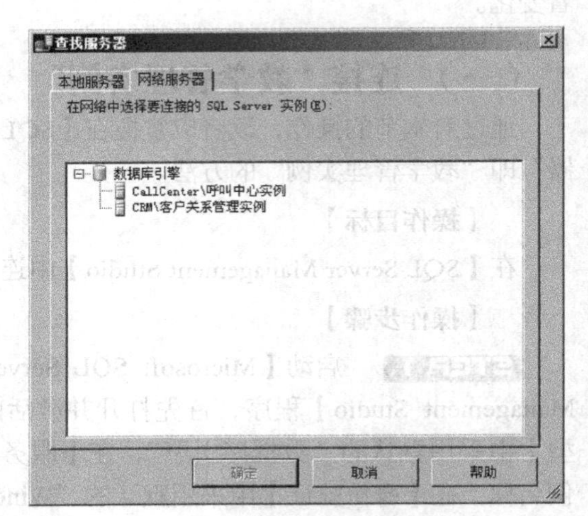

图1-32 【连接到 SQL Server】对话框

实训

在项目实训中运用本项目所学的知识创建实例、创建服务器组、在组中注册实例，然后删除实例注册、删除组，最后删除实例。

【实训要求】

在本实训中要求创建“测试实例”，其属性见表 1-4。

表 1-4 “测试实例”属性

属 性	值
实例名称	测试实例
服务账号	本地系统账户
身份验证模式	混合模式
排序规则	Latin1_General（Bin 为二进制方式）

创建服务器组“测试组”，并在其中注册“测试实例”。注册成功后将其删除。

【步骤提示】

完成实训的步骤与任务一的第（一）节相似，关键步骤如下。

STEP 1 输入实例名，如图1-33所示。

STEP 2 选择排序规则，如图1-34所示。

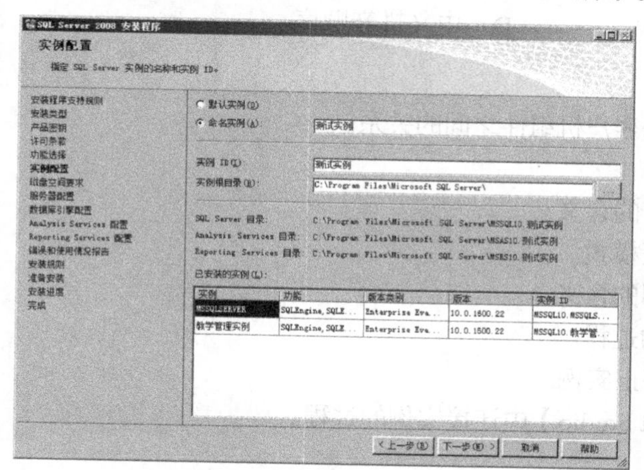

图1-33　命名实例“测试实例”

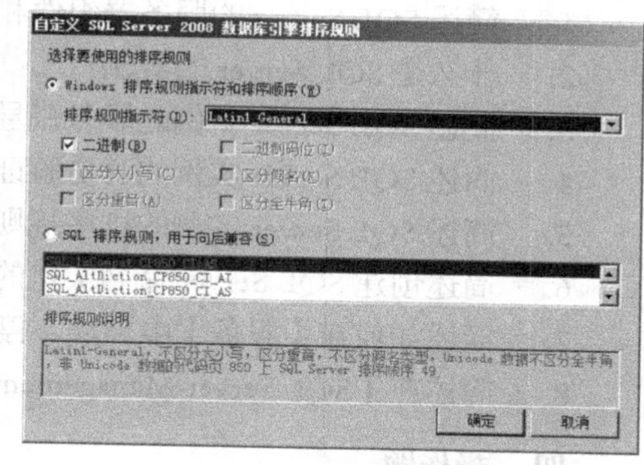

图1-34　设置排序规则

“测试实例”安装成功后，启动“测试实例”的方法与任务一的第（二）节相同；在【企业管理器】中创建“测试组”的方法可以参考任务二的第（一）节；注册“测试实例”的方法可以参考任务二的第（二）节。

在【企业管理器】中删除“测试实例”。注册、删除“测试组”和删除“测试实例”的方法是单击对应节点的快捷菜单的【删除】菜单项。

思考与练习

一、填空题

1. SQL Server 2008的数据库管理程序分为________和________两部分，两部分可以安装在同一台计算机上，也可以分别安装在不同的计算机上。

2. SQL Server 2008的实例是一套完整的服务程序，实例中的服务程序多达几百个，大致可以分为________、________、________、________和________5类。

3. SQL Server 实例的服务账户有________和________两种。

4. SQL Server实例的身份验证模式有________、________和________3种。

5. 启动和停止实例的操作可以在SQL Server程序组件的________窗口和Windows操作系统的________窗口中进行。

二、选择题

1. 同一台计算机上可以运行（　　）个实例。

A. 一个　　B. 两个　　C. 三个　　D. 多个

2. 在创建命名实例时，如果是运行在中文版操作系统上的中文版SQL Server 2008，则允许对实例（　　）命名。

A. 只能用英文　　B. 只能用中文

C. 允许用英文或中文　　　　　　　　D. 只能用系统默认名称

3. 根据 SQL Server 2008 实例的排序规则，不论升序还是降序，都是按照第 1 个字符的（　　）排序。

A. UNICODE 码值　　　　　　　　　B. ASCII 值

C. 英文字符顺序　　　　　　　　　D. 中文拼音顺序

三、简答题

1. 简述 SQL Server 的服务器组件和客户机组件之间的关系。
2. 什么是 SQL Server 的实例?
3. 简述 SQL Server 实例的服务账号的含义。
4. 简述 SQL Server 实例的身份验证模式。
5. 简述 SQL Server 实例的排序规则的含义。
6. 简述创建 SQL Server 命名实例的过程。
7. 简述如何在【服务】中启动、停止实例。
8. 简述在【SQL Server Management Studio】中连接实例的过程。

四、操作题

读者自行设计实例的名称、身份验证模式和排序规则，并练习创建命名实例。

PART 2

项目二 创建和管理数据库

通过对“项目一”的执行，读者理解了实例是为数据管理提供服务的一整套程序，而数据库可以存储数据并提供对数据的更新和查询操作。一个实例可以包含多个数据库，本项目要为“教学管理实例”创建一个“教学管理数据库”。

知识技能目标

- 理解数据库的基本属性：名称、数据文件、文件组、事务日志文件和排序规则的含义。
- 掌握在【SQL Server Management Studio】中创建、修改数据库的方法。
- 掌握在【SQL Server Management Studio】中删除数据库的方法。
- 掌握使用 create database 语句创建数据库的方法。
- 掌握使用 alter database 语句修改数据库属性的方法。
- 掌握使用 drop database 语句删除数据库的方法。

从本项目开始将接触对 SQL Server 数据库操作的 T-SQL（Transact-Structured Query Language，事务处理的结构化查询语言）的语法。

任务一 创建“教学管理数据库”

SQL Server 2008 提供了两种方式创建数据库。

- 图形化交互方式。
- 命令方式。

图形化交互方式是在【SQL Server Management Studio】的【新建数据库】窗口中定义数据库及其属性。命令方式是在【SQL 查询】标签页中编写并执行 T-SQL 命令来定义数据库属性。不论哪种方式，对数据库基本属性的理解是执行本任务的主要目的。

创建数据库的过程就是定义数据库属性的过程。创建数据库时除了数据库名称外，SQL Server 都可以自动设置默认值。但是默认值并不一定能够满足实际项目的需要，必须由数据库管理员（Database Administrator，DBA）分析具体需求，确定符合要求的属性值。描述数据库的属性非常多，对于初学者只需要掌握几个基本属性的含义。

【基础知识】

在介绍数据库的相关基础知识之前，首先讲解一下“数据库”与“实例”的关系。实例是一套完整的服务程序，而数据库是实例的一个重要组成部分。数据库的主要功能是有效地存储数据，实例则提供管理和操作数据的相关程序。一个实例中可以包含多个数据库，实例中既包括用户根据实际需要创建的数据库，也包括每个实例必备的 4 个系统数据库，如图 2-1 所示。

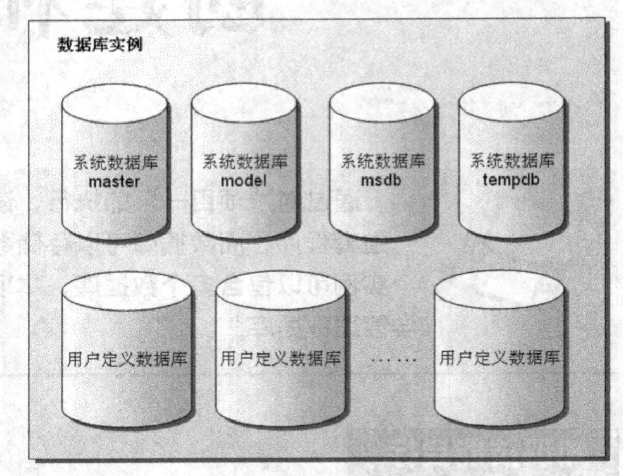

图2-1 创建数据库

图 2-1 所示的 4 个必备数据库的用途将在以下的知识链接部分详细说明。

1. 数据库名称

每一个数据库都有一个唯一标识，这个标识就是数据库的名称。例如，我们要为一个学校创建两个数据库，一个用来管理教学，一个用来管理财务，则可以用“教学管理数据库”和“财务管理数据库”来标识。在中文版 SQL Server 中可以为数据库定义中文名称，其含义一目了然。

2. 数据文件

数据文件，顾名思义是存放数据的文件。我们经常说数据是存储在数据库表里的，其实表只是对数据按含义和逻辑关系作的分类，它并不反映数据的物理存储方式。数据经过有效地排列、压缩之后存储在硬盘的文件中，这种文件的格式不是我们熟悉的 Text 格式、Word 格式或者 Excel 格式，只有利用专门的数据库工具才能查看这些文件的具体内容。

数据文件有 3 个基本属性。

（1） 数据文件的“逻辑名称”和“操作系统文件名”

每一个数据文件都有一个唯一的标识，这个标识就是数据文件的“逻辑名称”，而“操作系统文件名”是数据文件在硬盘上的所在的文件夹和文件名的统称。例如，要为“教学管理数据库”定义一个名为“Pri_教学管理 1”的数据文件，“Pri_教学管理 1”就是“逻辑名称”。该数据文件存放在硬盘“D”分区的“教学管理”文件夹下，字符串“D:\教学管理\Pri_教学管理 1.mdf”就是它的“操作系统文件名”。

（2） 数据文件分类

在 SQL Server 中数据文件分为以下两类。

- 主要数据文件。
- 次要数据文件。

主要数据文件不仅包括应用数据还包括启动数据库时的必要信息。主要数据文件是必需的，而且一个数据库只能有一个主要数据文件。次要数据文件是可选的，也可以不只一个。这两种文件的“逻辑名称”和“操作系统文件名”都可以由用户自己定义，但它们的扩展名则各不相同，主要数据文件的文件扩展名是“.mdf”，次要数据文件的文件扩展名是“.ndf”。

（3） 数据文件大小

数据文件的大小有以下 3 种表示方式。

- 初始尺寸。
- 最大尺寸。
- 文件增长尺寸。

初始尺寸是创建数据库时指定的文件大小。最大尺寸表示一个数据文件的最大容量，因为硬盘的容量不论有多大毕竟是有限的，数据文件的最大尺寸不能大于硬盘的尺寸，数据文件达到最大尺寸后需要创建新的数据文件。文件增长尺寸是指在数据的存储过程中，当数据文件达到初始尺寸后自动增长的尺度。

3. 数据文件组

数据文件通常不只一个，这些文件既可以集中存放在一个硬盘分区上，也可以分布在多个硬盘分区上。如果一个表中的数据分别存放在不同的数据文件中，检索数据时，从多个文件中同时查找，可以提高查询效率。将多个有关联关系的数据文件划分为同一组，称为“数据文件组”，可以简称为“文件组”。

文件组分为“主要文件组”和“用户定义文件组”。包含主要数据文件的文件组称为“主要文件组”，名称必须为“PRIMARY”。由用户自己定义的文件组称为“用户定义文件组”。主要数据文件必须在 PRIMARY 组中，次要数据文件可以在 PRIMARY 组中，也可以在“用户定义文件组”中。

4. 事务日志文件

为了提高数据库的操作效率，也为了能够在撤销某些错误操作后，使数据库回到错误操作之前的状态，数据库的每一个操作结果不是立即更新到数据文件中，而是将结果暂时存放在一个临时文件中。这个文件就是“事务日志文件”。只有确认了操作结果或事务日志文件达到一定容量后，才将最终结果更新到数据文件中。

事务日志文件也包括“逻辑名称”和“操作系统文件名”，其含义和数据文件的相同。一个数据库可以有多个事务日志文件，也可以存放在硬盘的不同分区上。事务日志的文件扩展名是“.ldf”。

（一） 在【数据库属性】对话框中创建数据库

在【数据库属性】对话框中定义数据库属性，操作非常简单，需要定义的属性一目了然，只需要清楚以上基本属性的含义，其余属性采用默认值即可。

【操作目标】

本任务要求为“教学管理实例”创建“教学管理数据库”，其数据文件、文件组和事务日志文件见表 2-1。

表 2-1 “教学管理数据库”的数据文件和事务日志文件

文件类型	文件组	逻辑名称	操作系统文件名	初始尺寸	最大尺寸	增长尺寸
数据文件	PRIMARY	Pri_教学管理 1	D:\教学管理\Pri_教学管理 1.mdf	10MB	6MB	5MB
数据文件	UserFleGrp1	Snd_教学管理 1	D:\教学管理\Snd_教学管理 1.ndf	10MB	60MB	5MB
事务日志文件		LF_教学管理 1	D:\教学管理\LF_教学管理 1.ldf	10MB	60MB	5MB

【操作步骤】

STEP 1 启动【SQL Server Management Studio】程序，展开【教学管理实例】节点。在【数据库】子节点上单击鼠标右键，弹出快捷菜单，如图 2-2 所示。

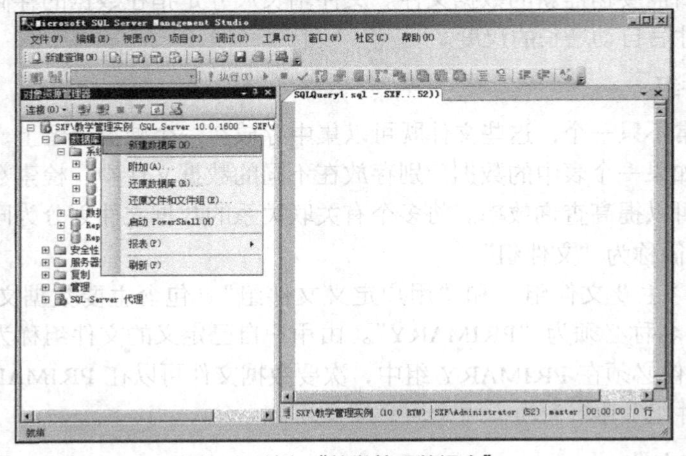

图2-2 输入“教学管理数据库”

STEP 2 单击【新建数据库】菜单项，打开【新建数据库】对话框。在【数据库名称】文本框中输入“教学管理数据库”，如图 2-3 所示。

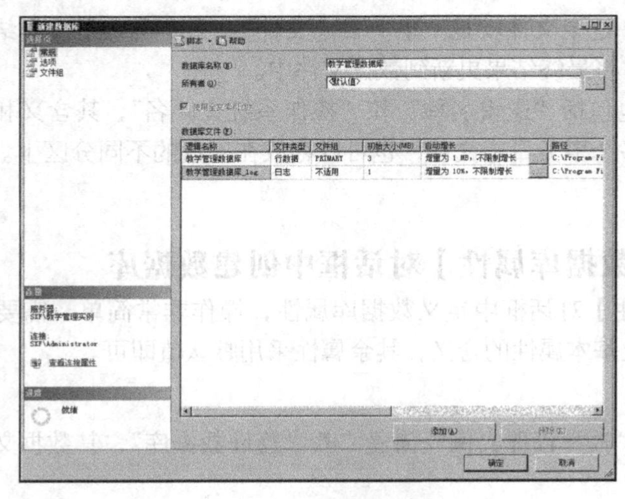

图2-3 输入数据库名称

STEP 3 单击 添加(A) 按钮，在【数据库文件】列表框中添加一条数据文件记录。在新增加的记录的【文件组】栏位，展开下拉列表框，点击“<新文件组>”。在显示的【教学管理数据库 的新建文件组】对话框中，在【名称】文本框中输入“UserFleGrp1”，如图 2-4 所示。点击 确定 按钮返回【新建数据库】对话框，并按照“表 2-1”中的内容输入和修改数据文件和事务日志文件的逻辑文件名和初始大小。

STEP 4 在“Pri_教学管理 1”记录行中，单击 ... 按钮，显示【更改 Pri_教学管理 1 的自动增长设置】对话框。选中【启用自动增长】复选框，选中【文件增长】选项组中的【按 MB(M)】单选按钮，并在其后的数值框中输入“5”，选中【最大文件大小】选项组中的【限制文件增长(MB)(R)】单选按钮，并在其后的数值框中输入“60”，如图 2-5 所示。

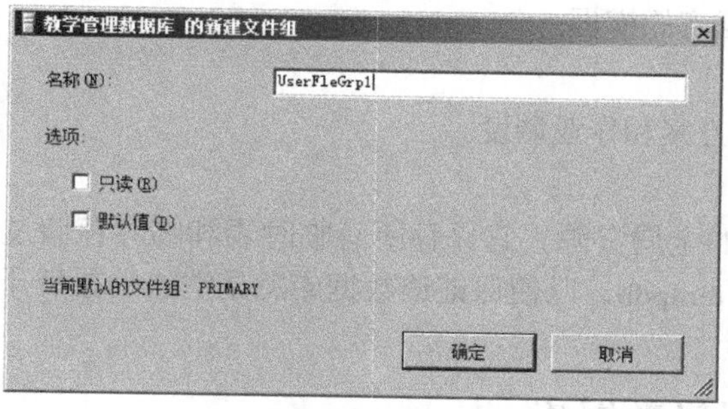

教学管理数据库 的新建文件组
名称(N): UserFleGrp1
选项:
只读(R)
默认值(D)
当前默认的文件组: PRIMARY
确定 取消

图2-4 新建文件组

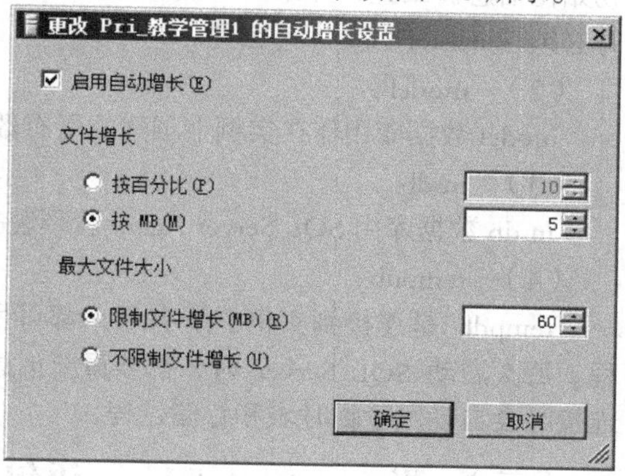

更改 Pri_教学管理1 的自动增长设置
启用自动增长(E)
文件增长
按百分比(P) 10
按 MB(M) 5
最大文件大小
限制文件增长(MB)(R) 60
不限制文件增长(U)
确定 取消

图2-5 设置自动增长方式

STEP 5 单击 确定 按钮退出【更改 Pri_教学管理 1 的自动增长设置】对话框。按照同样方式设置“Snd_教学管理 1”和“LF_教学管理 1”的自动增长方式和最大文件限制。

STEP 6 在【数据库文件】列表框中，为各个数据文件和事务日志文件输入“表 2-1”所示的操作系统文件名，即【路径】和【文件名】栏位，如图 2-6 所示。

STEP 7 单击 确定 按钮，创建“教学管理数据库”。创建成功后在【对象资源管理器】中，在【教学管理实例】节点的【数据库】节点下自动增加了【教学管理数据库】子节点，以及【教学管理数据库】的【数据库关系图】、【表】、【视图】和【可编程性】等子节点，如图 2-7 所示。

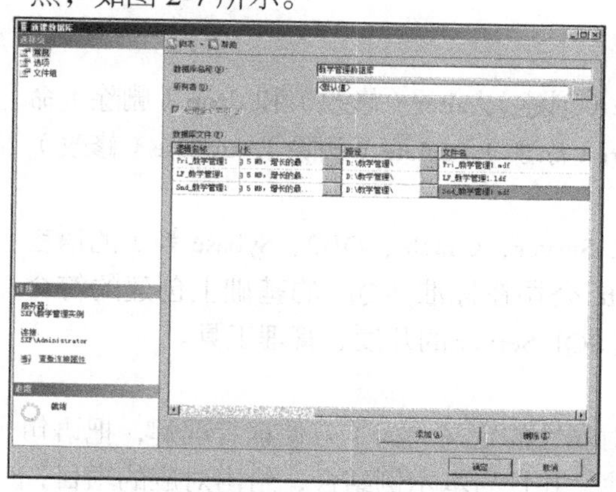

图2-6 设置操作系统文件名

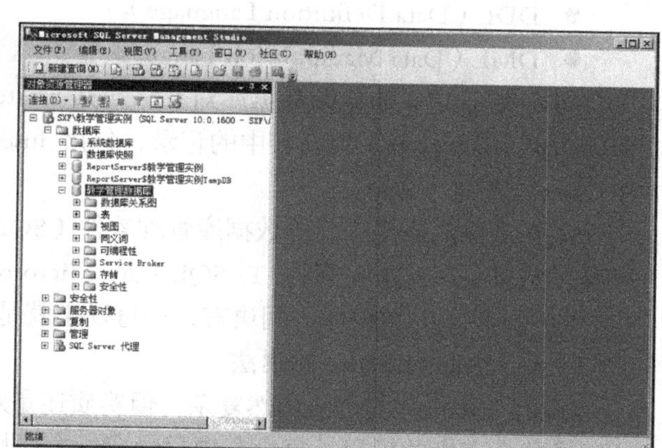

图2-7 “教学管理数据库”及其子节点

【知识链接】

在“教学管理实例”创建成功后，SQL Server 自动为其创建了 4 个系统数据库。每一个实例都拥有 4 个系统数据库用于存储基本信息。系统数据库既不能修改也不能删除。初学者只要了解它们的功能就行了；在对 SQL Server 有了更深的理解之后再去研究它们。下面简要介绍它们的功能。

（1） master

master 数据库记录实例的系统级信息，如登录账户、链接服务器等系统配置。master 数据库还记录所有其他数据库是否存在及这些数据库文件的位置。另外，master 还记录实例的初始化信息。因此，如果 master 数据库不可用，则实例无法启动。创建用户自定义的数据库时必须在 master 数据库下创建。

（2） model

model 数据库用作在实例上创建的所有数据库的模板。

（3） msdb

msdb 数据库由 SQL Server Agent 管理警报方案和作业调度。

（4） tempdb

tempdb 是连接到实例的所有用户都可用的全局资源，它保存所有临时表和临时存储过程。每次启动 SQL Server 时，都要重新创建 tempdb，以便保证该数据库总是空的。在断开连接时会自动删除临时表和存储过程。

（二） 用 create database 语句创建数据库

通过对本节的执行，读者应掌握 create database 的基本语法，并能够在今后的学习工作中熟练使用。

【基础知识】

（1） T-SQL 介绍

结构化查询语言（Structured Query Language，SQL）是目前使用最广泛的数据库标准查询语言。SQL 首先由 IBM 公司开发，后来被许多数据库管理软件公司接受而成为了行业内的一个标准。现在最新的标准是 SQL99。

SQL 是一种类似于英语的描述语言，易于理解。通常将 SQL 分为以下两个基本类型。

- DDL（Data Definition Language）。
- DML（Data Manipulation Language）。

DDL 用于定义、修改数据库对象，包括 create（创建）、alter（修改）和 drop（删除）命令。DML 用于检索、更新表中的记录，包括 insert（添加）、delete（删除）、update（修改）和 select（查询）命令。

SQL 是目前使用广泛的数据库管理软件（SQL Server、Oracle、DB2、Sybase 等）的语言标准。Transact-SQL（简称 T-SQL）是 Microsoft 公司在标准 SQL 的基础上创建的符合 SQL Server 特点的数据库访问语言，一直以来就是 SQL Server 的开发、管理工具。

（2） create database 的语法

create database 的语法虽然复杂，但实质还是对属性的定义。为了方便读者理解，把语句分解成几个有序的项目，每一个项目对应一个属性，并且与本示例结合，给出对应的项目，见表 2-2。将各项目按顺序组合起来就形成一个完整的 create database 语句。

表 2-2 create database 的语法规则

项目	属性	T-SQL 语法	本示例语句
1	数据库名称	create database 数据库名	create database 教学管理数据库
2	主要文件组开始标志	on primary 如果不标明“on primary”，默认情况下数据文件都创建在主要文件组下	on primary
3	主要数据文件的： 逻辑名称， 操作系统文件名， 初始尺寸， 最大尺寸， 增长尺寸	(name=逻辑名称, filename=操作系统文件名, size=初始尺寸, maxsize=最大尺寸, filegrowth=增长尺寸), 如果有其他数据文件，按上面规则书写，文件之间用“,”隔开	(name=Pri_教学管理 1, filename='D:\教学管理\Pri_教学管理 1.mdf', size=10MB, maxsize=60MB, filegrowth=5MB)
4	次要文件组开始标志	filegroup 次要文件组名	filegroup UserFleGrp1
5	次要数据文件的： 逻辑名称， 操作系统文件名， 初始尺寸， 最大尺寸， 增长尺寸	(name=逻辑名称, filename=操作系统文件名, size=初始尺寸, maxsize=最大尺寸, filegrowth=增长尺寸) 如果有其他数据文件，按上面规则书写，文件之间用“,”隔开	(name=Snd_教学管理 1, filename='D:\教学管理\Snd_教学管理 1.ndf', size=10MB, maxsize=60MB, filegrowth=5MB)
6	日志文件开始标志	log on	log on
7	事务日志文件的： 逻辑名称， 操作系统文件名， 初始尺寸， 最大尺寸， 增长尺寸	(name=逻辑名称, filename=操作系统文件名, size=初始尺寸, maxsize=最大尺寸, filegrowth=增长尺寸) 如果有其他日志文件，按上面规则书写，文件之间用“,”隔开	(name=LF_教学管理 1, filename='D:\教学管理\LF_教学管理 1.ldf', size=10MB, maxsize=60MB, filegrowth=5MB)
8	排序规则	collate 排序规则名称	collate Latin1_General_BIN

需要注意以下 3 点规则。

- 创建数据库时必须在 master 数据库下创建。
- 主要文件组和次要文件组之间必须用“,”隔开。
- 同一文件组的各个文件的属性用“( )”括起来，文件之间用“,”隔开。

【操作目标】

本节要求用 create database 创建“教学管理数据库”，数据库的属性见表 2-1。

【操作步骤】

STEP 1 启动【SQL Server Management Studio】程序，点击“新建查询”快捷按钮，在【SQL 查询】标签页中输入表 2-2 所示的“本示例语句”列的语句。单击工具栏上的“执行”按钮，执行 create database 语句。执行成功后系统提示成功信息，如图 2-8 所示。

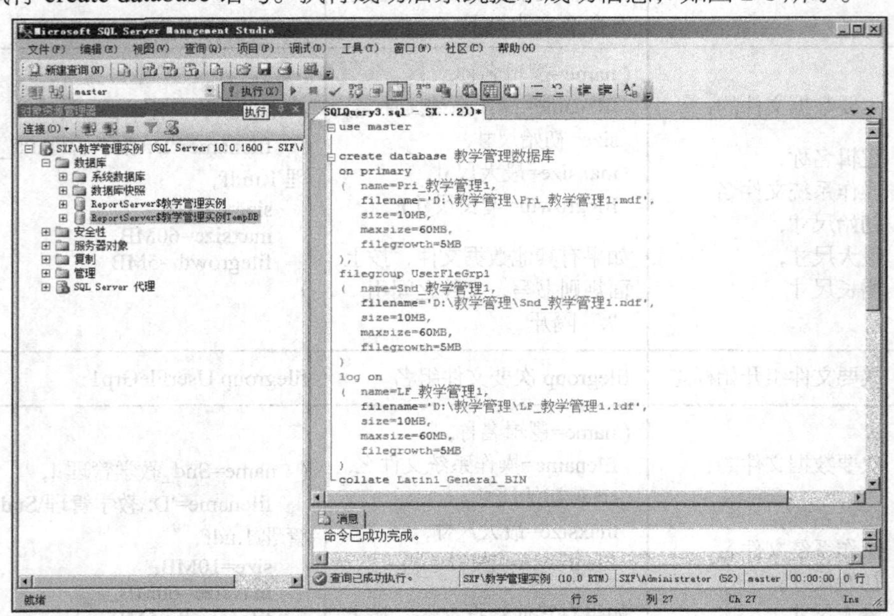

图2-8 用 create database 创建数据库

STEP 2 在【对象资源管理器】窗口中，刷新并展开【教学管理实例】节点的【数据库】子节点，会看到存在一个名为“教学管理数据库”的子节点。

请读者注意，因为不是通过交互方式创建的数据库，所以在 create database 执行成功后，【数据库】节点下面不会自动出现【教学管理数据库】子节点，需要对【数据库】节点刷新后才能看到。后面的操作中，每一个通过 T-SQL 语句创建、修改的数据库对象都要通过刷新来查看结果。

任务二 修改数据库

数据库的每一个属性都可以进行修改，甚至数据库本身的名称也可以修改。在本任务中介绍如何修改数据库属性。

（一） 在【数据库属性】对话框中增加文件组和文件

在【数据库属性】对话框中修改数据库属性与创建数据库时定义属性的操作相同。请读者注意此种方式不能修改数据库的排序规则。

【操作目标】

本节要求为“任务一”中创建的“教学管理数据库”增加次要文件组“UserFleGrp2”，

并且增加数据文件“Trd_教学管理 1.ndf”。同时，为主要文件组增加数据文件“Pri_教学管理 2.mdf”，为次要文件组“UserFleGrp1”增加数据文件“Snd_教学管理 2.ndf”，数据文件的名称和尺寸见表 2-3。

表 2-3 向“教学管理数据库”中增加数据文件和日志文件

文件类型	文件组	逻辑名称	操作系统文件名	初始尺寸	最大尺寸	增长尺寸
数据文件	Primary	Pri_教学管理 2	D:\教学管理\Pri_教学管理 2.mdf	10MB	60MB	5MB
数据文件	UserFleGrp1	Snd_教学管理 2	D:\教学管理\Snd_教学管理 2.ndf	10MB	60MB	5MB
数据文件	UserFleGrp2	Trd_教学管理 1	D:\教学管理\Trd_教学管理 1.ndf	10MB	60MB	5MB

【操作步骤】

STEP 1 启动【SQL Server Management Studio】程序，在【教学管理数据库】节点上单击鼠标右键，在弹出的快捷菜单中单击【属性】菜单项，打开【数据库属性 – 教学管理数据库】对话框。

STEP 2 在左侧【选项页】列表中点击 文件组，在右侧点击 添加(A) 按钮，增加一个文件组，在【名称】栏位输入“UserFleGrp2”，如图 2-9 所示。

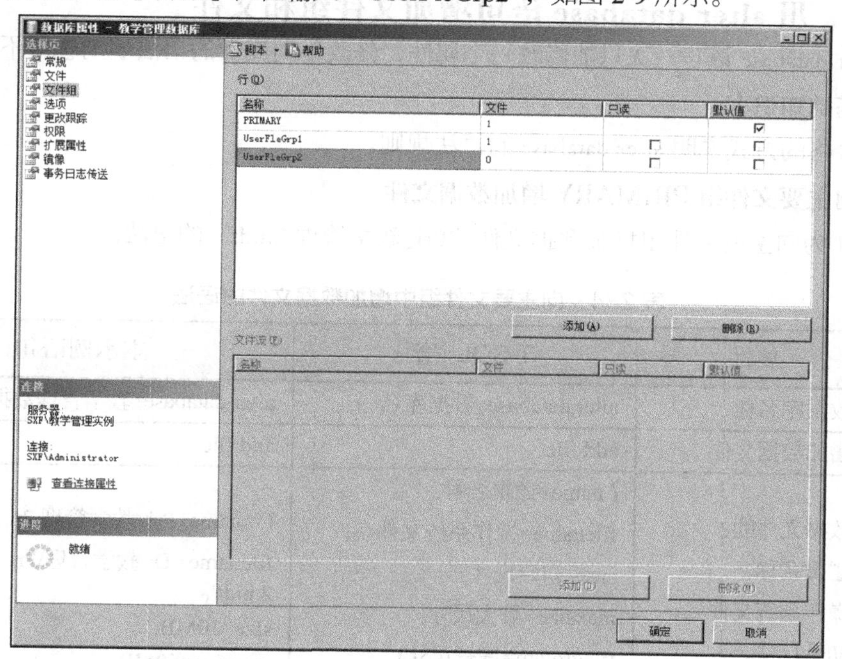

图2-9 增加文件组

STEP 3 在左侧【选项页】列表中点击 文件，在右侧点击 添加(A) 按钮，增加一个数据文件，在【逻辑名称】、【文件组】、【初始大小】、【自动增长】、【路径】和【文件名】栏位分别输入“表 2-3”所示的内容，如图 2-10 所示。

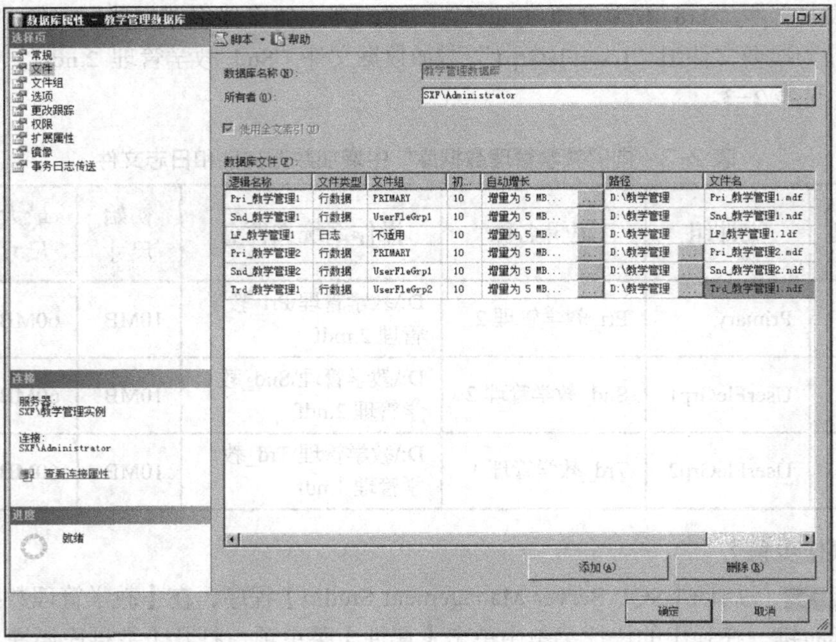

图2-10 增加数据文件

STEP 4 单击 确定 按钮，完成对"教学管理数据库"的修改。

（二） 用 alter database 语句增加文件组和文件

用 alter database 语句一次只能修改一个属性，修改不同属性的语法规则也各不相同。

【基础知识】

采用表格的方式说明 alter database 的语法规则。

1. 向主要文件组 PRIMARY 增加数据文件

表 2-4 为向主要文件组增加数据文件"Pri_教学管理 2.ndf"的语法。

表 2-4 向主要文件组中增加数据文件的语法

项目	属性	T-SQL 语法	本示例语句
1	数据库名称	alter database 数据库名	alter database 教学管理数据库
2	增加数据文件	add file	add file
3	数据文件的： 逻辑名称， 操作系统文件名， 初始尺寸， 最大尺寸， 增长尺寸	(name=逻辑名称, filename=操作系统文件名, size=初始尺寸, maxsize=最大尺寸, filegrowth=增长尺寸) 如果有其他数据文件，按上面规则书写，文件之间用","隔开	(name=Pri_教学管理 2, filename='D:\教学管理\Pri_教学管理 2.mdf', size=10MB, maxsize=60MB, filegrowth=5MB)

2. 向次要文件组增加数据文件

表 2-5 为向次要文件组 UserFleGrp1 中增加数据文件“Snd_教学管理 2.ndf”的语法。

表 2-5 向次要文件组 UserFleGrp1 中增加数据文件的语法

项目	属性	T-SQL 语法	本示例语句
1	数据库名称	alter database 数据库名	alter database 教学管理数据库
2	增加数据文件	add file	add file
3	数据文件的: 逻辑名称, 操作系统文件名, 初始尺寸, 最大尺寸, 增长尺寸	(name=逻辑名称, filename=操作系统文件名, size=初始尺寸, maxsize=最大尺寸, filegrowth=增长尺寸) to filegroup 次要文件组名 如果有其他数据文件，按上面的规则书写，文件之间用“,”隔开	(name=Snd_教学管理 2, filename='D:\教学管理\Snd_教学管理 2.ndf', size=10MB, maxsize=60MB, filegrowth=5MB) to filegroup UserFleGrp1

3. 增加次要文件组并增加数据文件

表 2-6 为增加次要文件组 UserFleGrp2，并在其中定义数据文件“Trd_教学管理 1.ndf”的语法。

表 2-6 增加文件组 UserFleGrp2 并增加数据文件的语法

项目	属性	T-SQL 语法	本示例语句
1	数据库名称	alter database 数据库名	alter database 教学管理数据库
2	增加数据文件	add file	add file
3	数据文件的: 逻辑名称, 操作系统文件名, 初始尺寸, 最大尺寸, 增长尺寸	(name=逻辑名称, filename=操作系统文件名, size=初始尺寸, maxsize=最大尺寸, filegrowth=增长尺寸) to filegroup 次要文件组名 如果有其他数据文件，按上面的规则书写，文件之间用“,”隔开	(name=Trd_教学管理 1, filename='D:\教学管理\Trd_教学管理 1.ndf', size=10MB, maxsize=60MB, filegrowth=5MB) to filegroup UserFleGrp2

【操作目标】

本节要求用 alter database 语句修改“教学管理数据库”属性，添加的文件如表 2-4、表 2-5 和表 2-6 所示。

【操作步骤】

启动【SQL Server Management Studio】程序，在【SQL 查询】标签页中分别输入表 2-4、表 2-5 和表 2-6 中的“本示例语句”所列的语句。单击工具栏上的 ! 执行(X) 按钮，执行 alter database 语句。执行成功后提示成功信息，如图 2-11 所示。

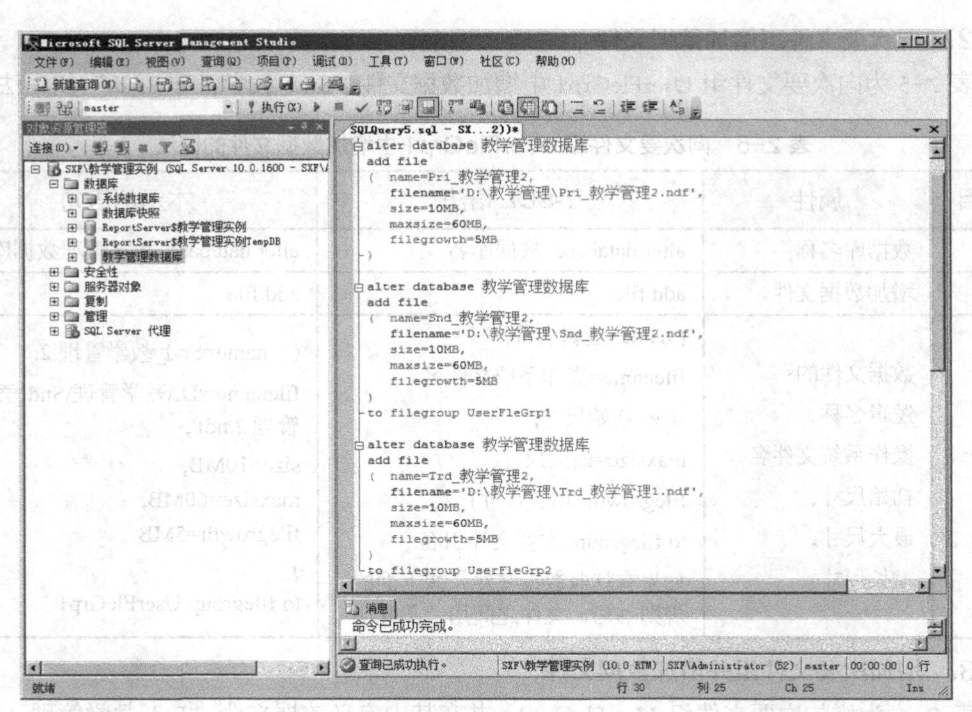

图2-11 增加数据文件

文件组和文件增加成功后，可以通过【数据库属性】对话框检查属性是否修改成功。

（三） 在【数据库属性】对话框中增加日志文件

在【数据库属性】对话框中增加日志文件与增加数据文件的操作基本相同。

【操作目标】

本节要求为“教学管理数据库”增加日志文件“LF_教学管理 2.ldf”，日志文件的名称和尺寸如表 2-7 所示。

表 2-7 向“教学管理数据库”中增加日志文件

文件类型	文件组	逻辑名称	操作系统文件名	初始尺寸	最大尺寸	增长尺寸
日志文件	无	LF_教学管理 2	D:\教学管理\LF_教学管理 2.ldf	10MB	60MB	5MB

【操作步骤】

STEP 1 启动【SQL Server Management Studio】程序，在【教学管理数据库】节点上单击鼠标右键，在弹出的快捷菜单中单击【属性】菜单项，打开【数据库属性 – 教学管理数据库】对话框。

STEP 2 在左侧【选项页】列表中点击 文件，在右侧点击 添加(A) 按钮，增加一个数据文件，在【逻辑名称】、【文件组】、【初始大小】、【自动增长】、【路径】和【文件名】栏位分别输入表 2-7 所示的内容，如图 2-12 所示。

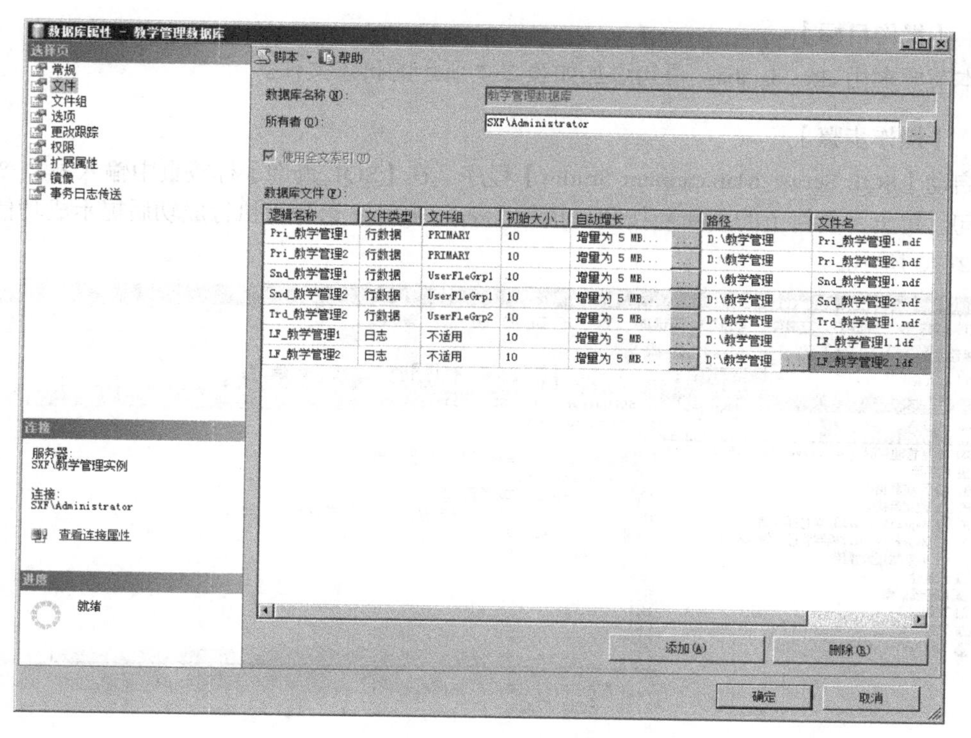

图2-12 增加事务日志文件

STEP 3 单击 确定 按钮，完成对“教学管理数据库”的修改。

（四） 用 alter database 语句增加日志文件

【基础知识】

采用表格的方式说明用 alter database 增加日志文件的语法。

表 2-8 所示为增加日志文件“LF_教学管理 2.ldf”的语法。

表 2-8 增加日志文件的语法

项目	属性	T-SQL 语法	本示例语句
1	数据库名称	alter database 数据库名	alter database 教学管理数据库
2	增加日志文件	add log file	add log file
3	日志文件的： 逻辑名称， 操作系统文件名， 初始尺寸， 最大尺寸， 增长尺寸	(name=逻辑名称, filename=操作系统文件名, size=初始尺寸, maxsize=最大尺寸, filegrowth=增长尺寸) 多个日志文件之间用“,”隔开	(name=LF_教学管理 2, filename=' D:\教学管理\LF_教学管理 2.ldf', size=10MB, maxsize=60MB, filegrowth=5MB)

【操作目标】

本节要求用 alter database 语句添加如表 2-7 所示的日志文件。

【操作步骤】

启动【SQL Server Management Studio】程序，在【SQL 查询】标签页中输入表 2-8 所示的语句。单击工具栏上的 执行(X) 按钮，执行 alter database 语句。执行成功后提示成功信息，如图 2-13 所示。

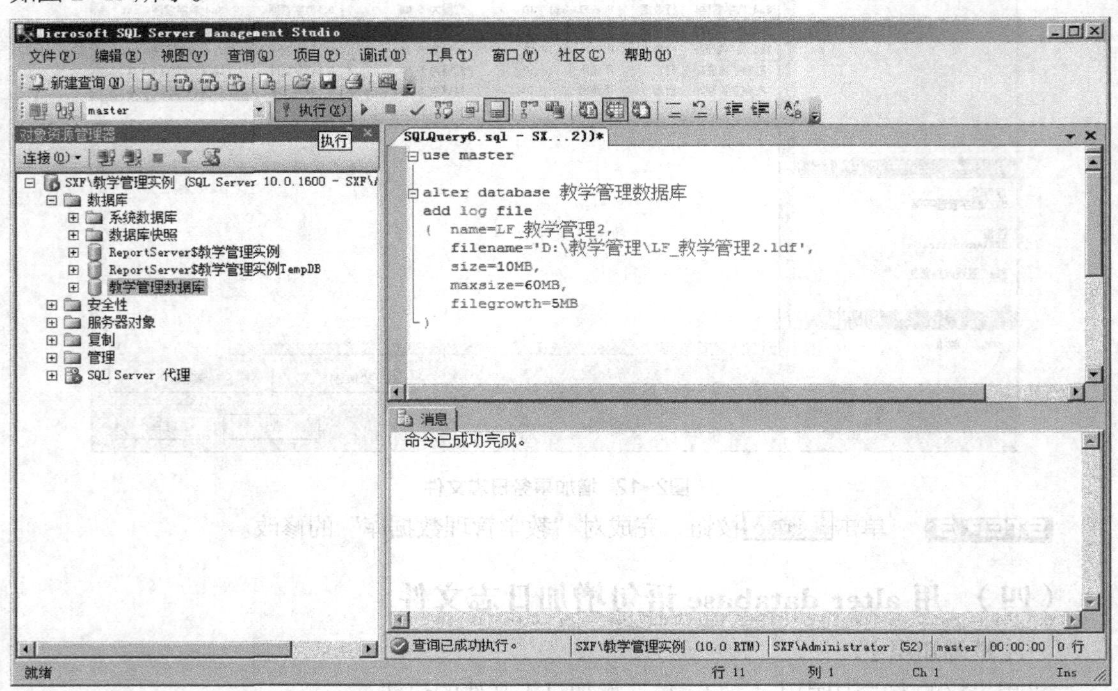

图2-13 增加日志文件

日志文件增加成功后，可以通过【数据库属性】对话框检查属性是否修改成功。

（五） 用 alter database 语句修改排序规则

在【数据库属性 – 教学管理数据库】对话框中修改数据库属性与创建数据库时定义属性的操作相同。在任务一创建“教学管理数据库”的时候采用的是默认的字符集和排序规则“Latin1_General_BIN”。当数据库的表中存储中文数据时，此排序规则可能会造成乱码，为查询带来不便。本节将介绍修改字符集和排序规则的方法。请读者注意，在 SQL Server 2008 中，【数据库属性 – 教学管理数据库】对话框中不能修改数据库的排序规则，只能采用 alter database 语句修改。

【基础知识】

采用表格的方式说明用 alter database 语句修改排序规则的语法。

表 2-9 为修改排序规则的语法。

表 2-9 修改排序规则的语法

项目	属 性	T-SQL 语法	本示例语句
1	数据库名称	alter database 数据库名	alter database 教学管理数据库
2	排序规则	collate 排序规则名称	collate Chinese_PRC_CI_AS

【操作目标】

本节要求用 alter database 语句修改“教学管理数据库”的排序规则为简体中文字符“Chinese_PRC_CI_AS”。

【操作步骤】

启动【SQL Server Management Studio】程序，在【SQL 查询】标签页中输入表 2-9 所示的语句。单击工具栏上的 ! 执行(X) 按钮，执行 alter database 语句。执行成功后提示成功信息，如图 2-14 所示。

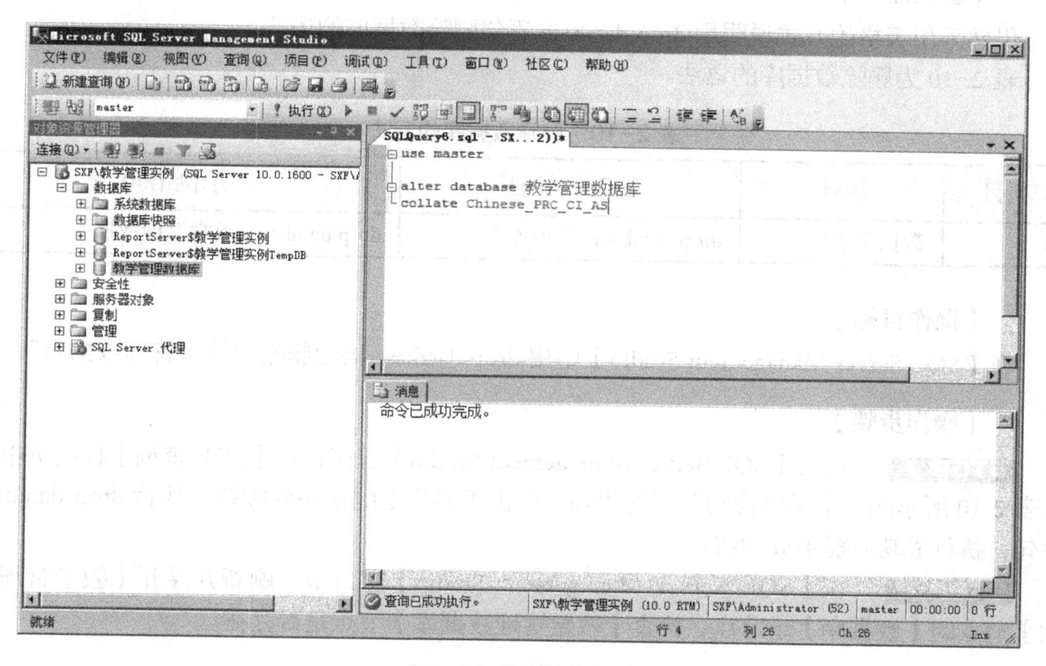

图2-14 修改排序规则

排序规则修改成功后，可以通过【数据库属性】对话框检查属性是否修改成功。

任务三 删除数据库

数据库的删除操作非常简单，只要指定所要删除数据库的名称即可。

（一） 在【SQL Server Management Studio】中删除数据库

通过对本节的执行，读者应掌握在【SQL Server Management Studio】中删除指定数据库的操作步骤。

【操作目标】

在【SQL Server Management Studio】中删除“教学管理数据库”。

【操作步骤】

STEP 1 启动【SQL Server Management Studio】程序，展开【教学管理实例】节点的【数据库】子节点。在【教学管理数据库】节点上单击鼠标右键，弹出快捷菜单。

STEP 2 单击【删除】菜单项，显示【删除对象】信息提示对话框。在【要删除的对象】列表框中选中“教学管理数据库”并单击 确定 按钮，完成删除“教学管理数据库”。在删除数据库的同时，自动删除与其相关的节点及其子节点。

（二） 用 drop database 语句删除数据库

通过对本节的执行，读者应掌握 drop database 语句的语法。

【基础知识】

仍然采用表格的方式说明用 drop database 语句删除数据库的语法。

表 2-10 为删除数据库的语法。

表 2-10 删除数据库的语法

项目	属性	T-SQL 语法	本示例语句
1	数据库名称	drop database 数据库名	drop database 教学管理数据库

【操作目标】

在【SQL Server Management Studio】中用 drop database 语句删除“教学管理数据库”。

【操作步骤】

STEP 1 启动【SQL Server Management Studio】程序，在【SQL 查询】标签页中输入表 2-10 所示的“本示例语句”列的语句。单击工具栏上的 ! 执行(X) 按钮，执行 drop database 语句，执行成功后提示成功信息。

STEP 2 在【SQL Server Management Studio】窗口中，刷新并展开【教学管理实例】节点的【数据库】子节点，检查【教学管理数据库】节点是否存在。

实训

本项目介绍了两种创建、管理数据库的方式。虽然在【数据库属性】窗口中创建和修改数据库的方法简单、直观，但是对于数据库开发人员来说，不能只满足于掌握此种方法，应该把学习的重点放在理解并掌握 create database、alter database 和 drop database 的语法上，以便熟练使用 T-SQL 语句编写数据库开发程序。

在项目实训中，首先用 create database 语句在“教学管理实例”下创建“测试数据库”，排序规则为 Chinese_PRC_CI_AS，数据文件和事务日志文件见表 2-11。

表 2-11 数据文件和事务日志文件

文件类型	文件组	逻辑名称	操作系统文件名	初始尺寸	最大尺寸	增长尺寸
数据文件	Primary	Pri_测试数据库 1	D:\ Test\Pri_测试数据库 1.mdf	3MB	33MB	10MB
数据文件	UserFleGrp	Snd_测试数据库 1	D:\Test\Snd_测试数据库 1.ndf	3MB	33MB	10MB
事务日志		LF_测试数据库 1	D:\Test\LF_测试数据库 1.ldf	1MB	10MB	1MB

参考语句如下：

```
create database 测试数据库
on primary
( name=Pri_测试数据库 1,
  filename='D:\Test\Pri_测试数据库 1.mdf',
  size=3MB,
  maxsize=33MB,
  filegrowth=10MB
),
filegroup UserFleGrp
( name=Snd_测试数据库 1,
  filename='D:\Test\Snd_测试数据库 1.ndf',
  size=3MB,
  maxsize=33MB,
  filegrowth=10MB
)
log on
( name=LF_测试数据库 1,
  filename='D:\Test\LF_测试数据库 1.ldf',
  size=1MB,
  maxsize=10MB,
  filegrowth=1MB
)
collate Chinese_PRC_CI_AS
```

然后用 alter database 语句为“测试数据库”增加数据文件和事务日志文件，见表 2-12，并且修改排序规则为 Latin1_General_BIN。

表 2-12 数据文件和事务日志文件

文件类型	文件组	逻辑名称	操作系统文件名	初始尺寸	最大尺寸	增长尺寸
数据文件	Primary	Pri_测试数据库 2	D:\Test\Pri_测试数据库 2.mdf	3MB	33MB	10MB
数据文件	UserFleGrp	Snd_测试数据库 2	D:\Test\Snd_测试数据库 2.ndf	3MB	33MB	10MB
事务日志		LF_测试数据库 2	D:\Test\LF_测试数据库 2.ldf	1MB	10MB	1MB

参考语句如下：

```
alter database 测试数据库
add file
( name=Pri_测试数据库 2,
  filename='D:\Test\Pri_测试数据库 2.mdf',
  size=3MB,
  maxsize=33MB,
  filegrowth=10MB
)
```

```
alter database 测试数据库
add file
( name=Snd_测试数据库 2,
  filename='D:\Test\Snd_测试数据库 2.ndf',
  size=3MB,
  maxsize=33MB,
  filegrowth=10MB
)
to filegroup SndFleGrp
```

```
alter database 测试数据库
add log file
( name=LF_测试数据库 2,
  filename='D:\Test\LF_测试数据库 2.ldf',
  size=1MB,
  maxsize=10MB,
  filegrowth=1MB
)
```

```
alter database 测试数据库
collate Latin1_General_BIN
```

最后用 drop database 语句删除“测试数据库”。

参考语句如下：

```
drop database 测试数据库
```


思考与练习

一、填空题

1. 数据库的名称是数据库的________标识。
2. 表是数据按逻辑关系作的分类，而数据文件是数据库中数据的________存储方式。
3. SQL Server 的数据文件有________和________两种名称。
4. 描述数据文件的大小有________、________和________3 种。
5. 数据文件可以存放在________或________硬盘分区上。
6. 数据文件组可以分为________和________。
7. 事务日志文件和数据文件一样，具有________和________两种名称。

二、选择题

1. 每一个数据库都有（　　）的标识，这个标识就是数据库名称。
   A. 一个唯一　　B. 多个　　C. 两个　　D. 不同
2. SQL Server 的数据文件的名称有（　　）。
   A. 初始尺寸　　B. 最大尺寸
   C. 逻辑名称和操作系统名称　　D. 增长尺寸
3. SQL Server 的数据文件可以分为（　　）。
   A. 重要文件和次要文件　　B. 主要数据文件和次要数据文件
   C. 初始文件和最大文件　　D. 初始文件和增长文件
4. 下列描述正确的是（　　）。
   A. 主要文件组只能包含主要文件
   B. 主要文件组不能包含次要文件
   C. 主要文件允许在用户定义文件组中
   D. 主要文件组中除了有主要文件，也允许包含次要数据文件
5. create database 用来（　　）。
   A. 创建数据库　　B. 删除数据库　　C. 创建表　　D. 创建视图

三、简答题

1. 简述数据库包括哪 4 个基本属性。
2. 简述什么是数据文件的逻辑名称和操作系统名称。
3. 简述数据文件的尺寸有哪 3 种。
4. 简述对数据文件进行分组对数据检索的好处。
5. 简述事务日志文件的作用。
6. 简述在【数据库属性】对话框中创建和删除数据库的过程。
7. 简述 create database 语句的语法。

8. 简述 alter database 语句的语法。
9. 简述 drop database 语句的语法。

四、操作题

读者自行设计数据库的名称、数据文件的逻辑名称和操作系统名称、数据文件组、事务日志文件的逻辑名称和操作系统名称，并且分别用【数据库属性】对话框和 create database 语句创建数据库。

PART 3

项目三 创建与管理表

如前所述，实例为数据管理提供服务，数据库为数据存储和操作提供平台，而表是数据库中的数据按逻辑关系存储的基本单位。项目一和项目二为实现数据管理搭建了平台，本项目要通过 6 个任务讲解在“教学管理数据库”中创建表的操作方法。一个数据库中允许有多个表，本项目采用的示例为“学生表”。

知识技能目标

- 掌握在【表设计】标签页中创建表、修改表结构和删除表的步骤。
- 掌握 create table、alter table 和 drop table 语句的语法。
- 掌握在【表编辑】标签页中编辑记录的方法。
- 掌握 insert、update 和 delete 语句的语法。
- 在掌握了基本的 T-SQL 语句语法的基础上，能够编写简单的批处理程序。

SQL Server 同样提供图形化方式和命令方式创建和管理表。表是数据库中使用最多的对象，掌握对表的操作，是数据库管理和开发的基础。

任务一 创建“学生表”

本任务用两种方式创建“学生表”，不论哪种方式，对表中列的数据类型的理解是本任务学习的重点内容。

【基础知识】

1. 数据库中的表

表是反映现实世界某类事物的数学模型，表由行和列组成。现实世界中事物的属性对应表的列，表中的每一行记录代表一类事物中的一个特例。例如，学生是一类事物。有哪些属性来描述学生呢？有学生的姓名、性别、出生日期、入学日期、所属专业和班级。将学生定义为数据库中的一个表：“学生表”，以上属性就是表中的列，而具体的一个学生：王霞、女、1973 年 5 月 6 日出生、1990 年 9 月 1 日入学、计算机专业 B01 班，就是“学生表”中的一条记录。

2. SQL Server 中常用的数据类型

表可以将同一类数据存储在一起。数据类型是指列所保存数据的类型，是规范表中数据正确性的一种方法。SQL Server 提供了很多种数据类型，用户还可以根据需要定义新的数据类型。此处只介绍几个简单、常用的数据类型，见表 3-1。

表 3-1　SQL Server 中的常用数据类型

数据类型	说明
number(p)	整数（p 为精度）
decimal(p,s)	浮点数（p 为精度，s 为小数位数）
int	整数类型
char(n)	固定长度字符串（n 为长度）
varchar(n)	可变长度字符串（n 为最大长度）
datetime	日期和时间

char 和 varchar 类型的数据必须用单引号“'”括起来。

datetime 类型的数据有时也可以用固定格式的 char 型数据表示。例如，当 datetime 的格式指定为“yyyy-mm-dd”时，可以用“'1973-5-6'”表示 1973 年 5 月 6 日。

还需要解释一下什么是空值。空值是列的一种特殊取值，表示取值的不确定性。空值既不是 char 型或 varchar 型中的空字符串，也不是 int 型、number 型和 decimal 型的 0 值。表中主键列必须有确定的取值，其余列的取值可以不确定。例如，描述产品信息的表中产品编号、名称和产地必须有明确的取值，而产品所属的销售部门、价格可以暂时不确定。对于允许取值不确定的列，在创建表时则允许该列为空值，向表中插入记录时，此列可以不赋值。

本任务以创建“学生表”为例，讲解在【SQL Server Management Studio】和 create table 语句中定义表的列和数据类型的方法。“学生表”的数据结构见表 3-2。

表 3-2　“学生表”的数据结构

列名	数据类型	长度/精度	是否允许为空值	描述
学生编号	varchar	10	否	英文字符和数字，唯一区分标志，不允许重复
学生姓名	varchar	10	是	中文和英文字符，允许重复
所属专业编号	char	3	是	英文字符和数字
所属班级编号	char	3	是	英文字符和数字
职务	varchar	6	是	中文说明
性别	int	无	是	数字，1 代表男，0 代表女
出生日期	datetime	无	是	日期格式为“年-月-日（yyyy-mm-dd）”
籍贯	varchar	10	是	中文说明，包括省和市。
入学日期	datetime	无	是	日期格式为“年-月-日（yyyy-mm-dd）”

（一）在【SQL Server Management Studio】中创建表

通过对本节的执行，读者应该熟练使用【SQL Server Management Studio】，并根据需求创建表。

【基础知识】

在【SQL Server Management Studio】中，定义表的标签页可以分成上下两部分。上面为列表框，在其中定义表的列名、数据类型、长度和是否允许为空的主要属性；下面为【列属性】标签页，在其中可以对各列的含义进行文字说明、定义精度、默认值等次要属性的编辑，如图 3-1 所示。

【操作目标】

在图 3-1 所示的【表设计】标签页中定义表 3-2 所示的表。

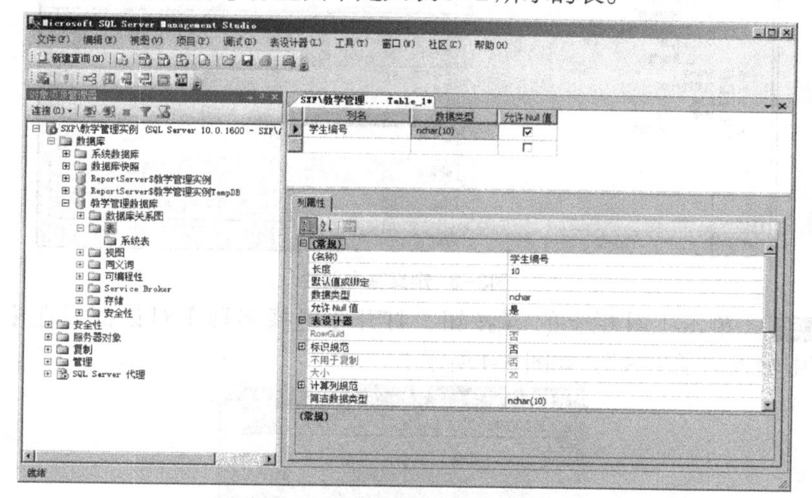

图3-1 【表设计】标签页的界面

【操作步骤】

STEP 1 启动【SQL Server Management Studio】程序，展开【教学管理数据库】节点，在子节点【表】上单击鼠标右键，弹出快捷菜单，如图 3-2 所示。

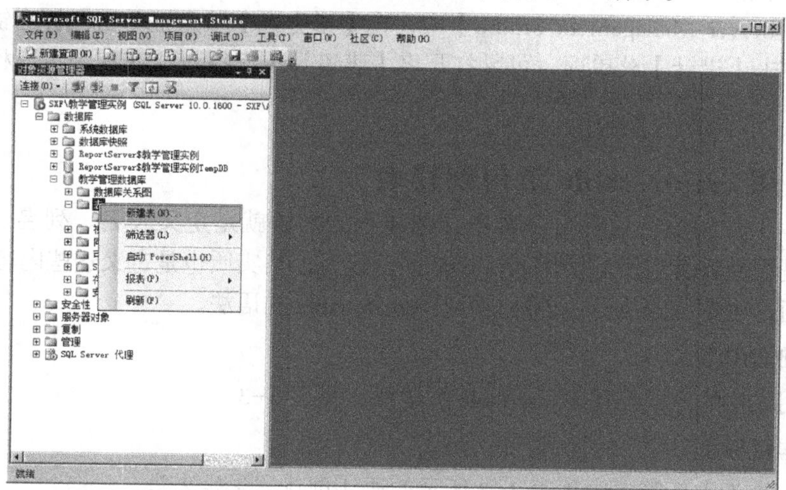

图3-2 新建表

STEP 2 单击【新建表】菜单项，在右侧打开【表设计】标签页。按照表 3-2 所示的内容在列表框中输入列名、数据类型、长度，并选择列是否允许为空，在【列属性】标签页的“说明”中输入表 3-2 中各个列的描述部分，如图 3-3 所示。

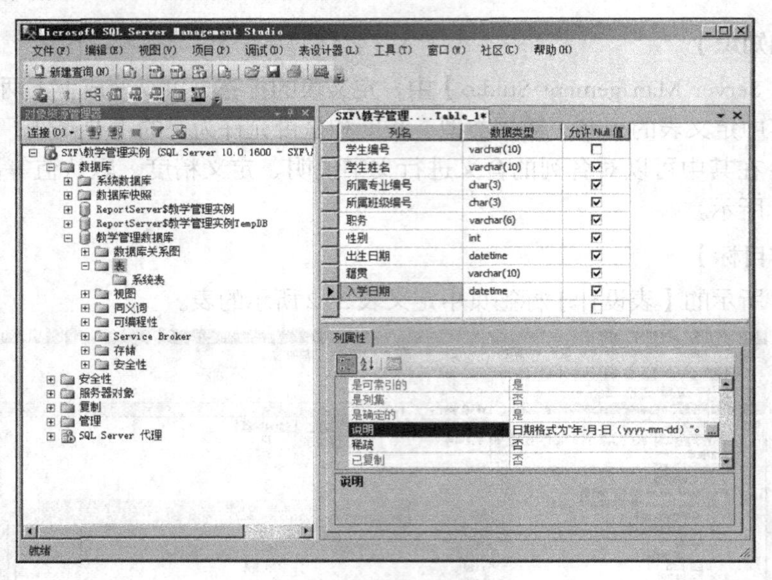

图3-3 定义基本属性

STEP 3 单击工具栏上的按钮，打开【选择名称】对话框，在【输入表名称(E)】文本框中输入“学生表”，如图 3-4 所示。

图3-4 输入表名

STEP 4 单击 确定 按钮，保存“学生表”，关闭【表设计】标签页。在【SQL Server Management Studio】窗口中，在【教学管理数据库】节点的子节点【表】下自动增加了【学生表】节点。

在【SQL Server Management Studio】中，在【学生表】节点上单击鼠标右键，在弹出的快捷菜单中单击【设计】菜单项，可以打开表【表设计】标签页，在其中可以检查表的各个属性的定义。

（二） 用 create table 语句创建表

从第（一）节的执行过程可以看出，创建表的实质就是定义表名、列名、列的数据类型，以及列是否允许有空值。使用 create table 创建表，其实质也是定义这些内容。

读者应通过对本节的执行，理解并掌握 create table 的语法。

【基础知识】

仍然采用表格的方式描述 create table 的语法，见表 3–3。

【操作目标】

在【SQL 查询】标签页中用表 3–3 所示的语法创建“学生表”。

表 3-3 create table 语句的语法

项目	属性	T-SQL 语法	本示例语法
1	表名	create table 表名	create table 学生表
2	各列的定义	(列名 数据类型 是否允许为空值， 列名 数据类型 是否允许为空值， …… 列名 数据类型 是否允许为空值) 各列之间用“,”隔开	(学生编号 varchar(10) not null, 学生姓名 varchar(10), 所属专业编号 char(3), 所属班级编号 char(3), 职务 varchar(6), 性别 int, 出生日期 datetime, 籍贯 varchar(10), 入学日期 datetime)

【操作步骤】

STEP 1 启动【SQL Server Management Studio】程序，将可用数据库设置为 教学管理数据库 。

STEP 2 在【SQL 查询】标签页中输入图 3-5 所示的 create table 语句。

STEP 3 单击工具栏中的 执行(X) 按钮，执行 create table 语句，执行结果在如图 3-5 所示的【消息】标签页中提示。

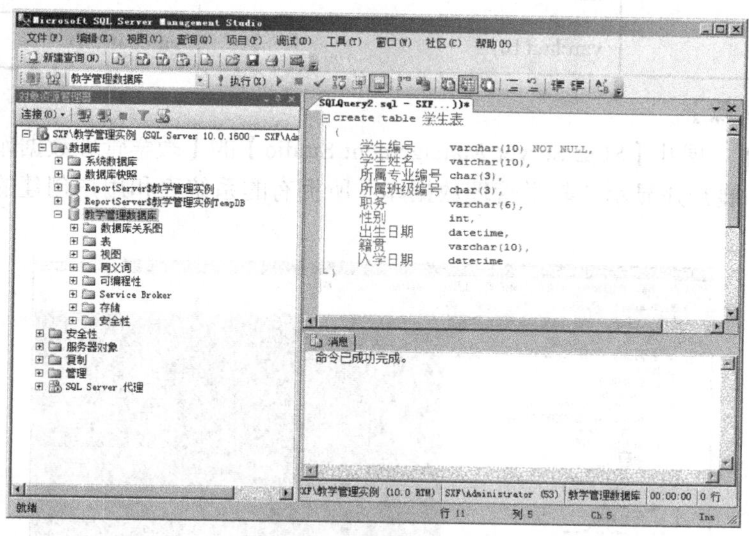

图3-5 用 create table 语句创建表

任务二 修改表的数据结构

在项目实施过程中，经常会遇到表结构的最初设计与实际使用存在差距的情况。如“学生表”的“籍贯”列的最大长度为 10，实际使用时很可能会超过这个长度；再如，“性别”

列只有 0 和 1 两个值，用 char(1)型更合适；又如，所有记录的“学生编号”的值都是固定的 4 个字符，设置为 char(4)比 varchar(10)更节省存储空间。因此，为了避免浪费存储空间和保证应用程序的稳定运行，需要修改表的数据结构。类似的还有以下几种情况。

- 向已经存在的表中增加新的列。
- 删除表中不需要的列。
- 修改列的数据类型（包括修改字符串类型的长度）。

本任务以修改“学生表”的数据类型为例，分别介绍在【表设计】标签页和 alter table 语句中修改表结构的方法。

（一） 在【表设计】标签页中修改表结构

读者应通过对本节的执行，掌握在【表设计】标签页中修改表结构的方法。

【基础知识】

在【表设计】标签页中修改表结构的操作方法与定义表属性的操作方法完全一致。

【操作目标】

修改“学生表”的数据类型，修改内容见表 3-4。

表 3-4 修改“学生表”的数据结构

列名	原数据结构定义	新数据结构定义
学生编号	varchar(10)	char(4)
性别	Int	char(1)
籍贯	varchar(10)	varchar(50)

【操作步骤】

STEP 1 展开【SQL Server Management Studio】的【教学管理数据库】节点，单击子节点【表】，展开并显示“教学管理数据库”所拥有的系统表和用户创建的表，如图 3-6 所示。

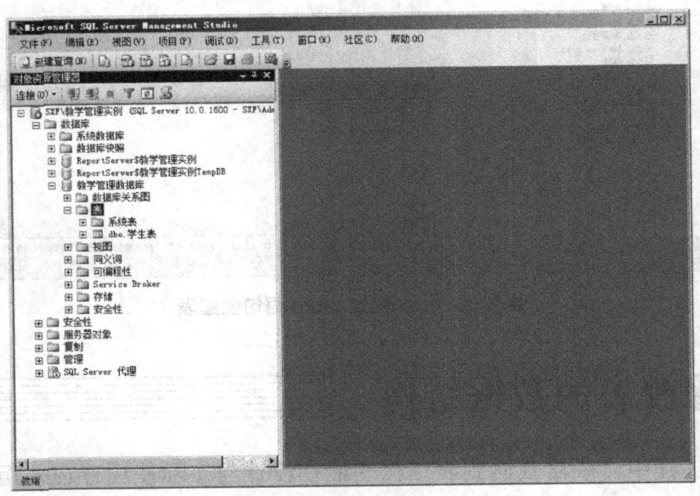

图3-6 显示“教学管理数据库”的系统表和用户定义表

STEP 2 在【dbo.学生表】节点上单击鼠标右键，在弹出的快捷菜单中单击【设计】菜单项，打开“学生表”的【表设计】标签页。在列表框中按表 3-4 的要求修改数据类型，如图 3-7 所示。

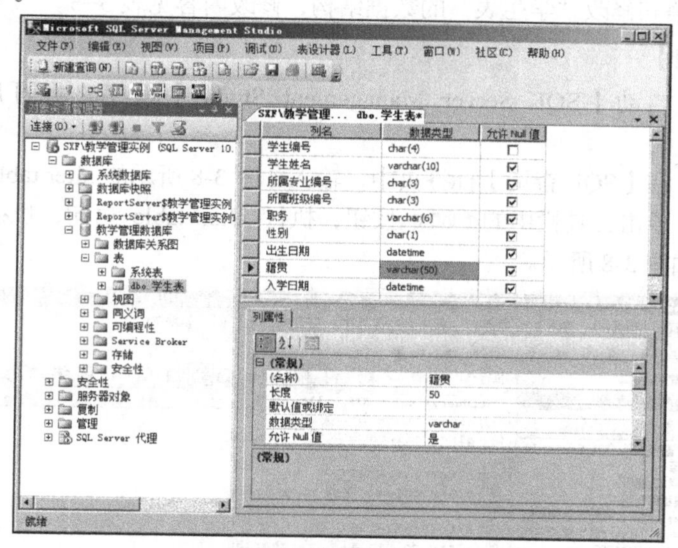

图3-7 修改数据类型

STEP 3 单击工具栏上的按钮，保存对“学生表”的修改。

请读者注意，如果表中已经存在数据，修改列的数据类型及字符串类型的长度时不能与已有的数据产生矛盾。假设“学生表”中存在一条记录，“学生姓名”取值为“那斯鲁丁·阿凡提”，长度为 15 个字节，如果将其数据类型改为 varchar(10)，将会丢失部分数据，变成“那斯鲁丁·”。修改 char 或 varchar 类型的列的长度时，数字和一个英文字母占一个字节，一个汉字占两个字节。

（二） 用 alter table 语句修改表结构

alter table 语句的参数很多，本节中只介绍几个用于完成常用功能的参数，如修改列的数据类型、增加列、删除列。

读者应通过对本节的执行，掌握 alter table 语句的语法。

【基础知识】

修改“学生表”中“学生编号”列的数据类型为 char(4) 的语法见表 3-5。

表 3-5 alter table 语句的语法

项目	属性	T-SQL 语法	本示例语法
1	指定表名	alter table 表名	alter table 学生表
2	修改指定列的数据类型	alter column 列名 数据类型 NULL/NOT NULL	alter column 学生编号 char(4)
	增加列	add 列名 数据类型 NULL/NOT NULL	
	删除列	drop column 列名	

用 alter table 语句修改表结构时，一次只能完成一项修改。

【操作目标】

用 alter table 语句修改“学生表”的数据结构，修改内容见表 3-5。

【操作步骤】

STEP 1 启动【SQL Server Management Studio】程序，将可用数据库设置为 教学管理数据库。

STEP 2 在【SQL 查询】标签页中，输入如图 3-8 所示的 alter table 语句。

STEP 3 单击工具栏中的 执行(X) 按钮，执行 alter table 语句，执行信息在【消息】标签页中提示，如图 3-8 所示。

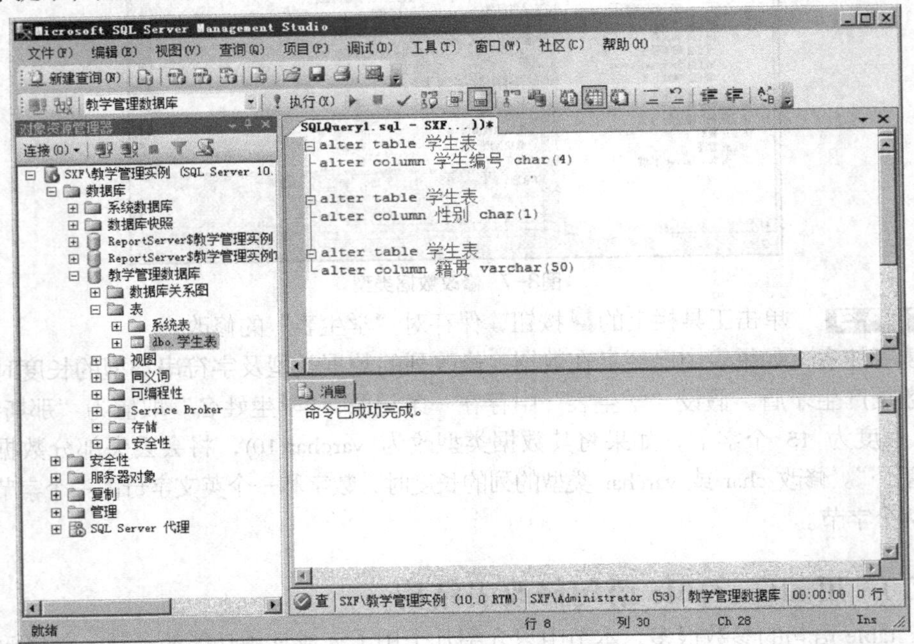

图3-8 用 alter table 语句修改表结构

关于 alter table 语句其他参数的详细说明，有兴趣的读者可以参考“联机丛书”的“ALTER TABLE 语句”的“Transact-SQL 参考”部分。

任务三　向“学生表”插入记录

创建数据库表的目的是为了有效地保存数据，本任务将介绍两种向表中添加记录的方法：图形化的交互方式和命令方式。

- 图形化的交互方式：在【表编辑】标签页中添加记录。
- 命令方式：用 insert 语句向表中添加记录。

（一）在【表编辑】标签页中插入记录

在【表编辑】标签页中输入记录的方式与在 Excel 文件中输入数据的方式很相似。

【基础知识】

【表编辑】标签页包括 4 个窗格，每个窗格从不同的角度显示同一个表。默认情况下只显示【结果窗格】，单击工具栏上对应的按钮，可隐藏或显示各窗格。

- 【关系窗格】：显示数据库中与此表存在关联关系的其他表，单击按钮显示或隐藏此窗格。
- 【条件窗格】：显示对表中记录的筛选条件，单击按钮显示或隐藏此窗格。
- 【SQL 窗格】：显示查询此表的查询语句，单击按钮显示或隐藏此窗格。
- 【结果窗格】：显示此表中的全部或部分记录，单击按钮显示或隐藏此窗格。

在本节中，只使用到了【结果窗格】。

【操作目标】

在【表编辑】标签页的【结果窗格】中输入表 3-6 所示的第 1 条到第 9 条记录。

表 3-6　“学生表”记录

学生编号	学生姓名	所属专业编号	所属班级编号	职务	性别	出生日期	籍贯	入学日期
X001	宋小南	Z01	B01	班长	0	1980-8-1	黑龙江省哈尔滨市	2001-9-1
X002	宋雪燕	Z01	B01	学生	0	1982-12-26	北京市	2001-9-1
X003	张经纬	Z01	B01	学生	1	1981-10-10	北京市	2001-9-1
X004	张黎辉	Z01	B02	班长	1	1983-6-2	辽宁省沈阳市	2002-9-1
X005	张黎阳	Z01	B02	学生	1	1983-4-12	上海市	2002-9-1
X006	王霞	Z02	B03	班长	0	1973-5-6	黑龙江省哈尔滨市	2001-9-1
X007	王旭	Z02	B03	学生	0	1978-4-1	北京市	2001-9-1
X008	曹轩明	Z02	B04	班长	1	1984-5-5	福建省厦门市	2002-9-1
X009	曹万里	Z02	B04	学生	1	1977-12-10	重庆市	2002-9-1
X010	包海中	Z03	B05	班长	1	1980-11-8	新疆乌鲁木齐市	2003-9-1
X011	郑贤淑	Z03	B05	学生	0	1984-9-7	北京市	2003-9-1
X012	王忆浦	Z03	B06	班长	0	1982-3-21	云南省昆明市	2004-9-1
X013	薛智	Z03	B06	学生	1	1976-1-1	上海市	2004-9-1

【操作步骤】

STEP 1　展开【SQL Server Management Studio】的【教学管理数据库】节点，单击子节点【表】，在【SQL Server Management Studio】的右半部分显示“教学管理数据库”所拥有的系统表和用户创建的表。

STEP 2　在【dbo.学生表】节点上单击鼠标右键，在弹出的快捷菜单中单击【编辑前 200 行】菜单项，在【SQL Server Management Studio】左半部分打开表【表编辑】标签页。在列表框中按行、按列输入表 3-6 所示内容的前 9 行数据，如图 3-9 所示。

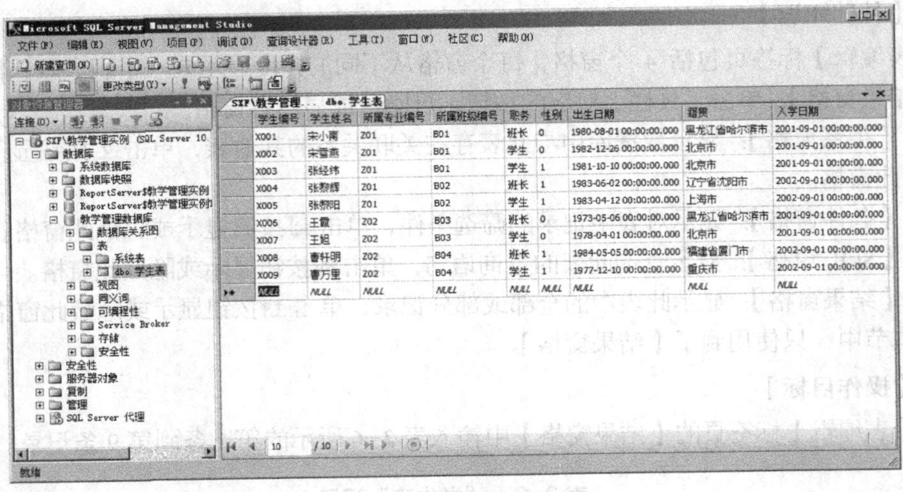

图3-9 向“学生表”添加记录

输入记录的同时，系统自动保存。如果输入的数据与列的数据类型不符，则提示错误信息。

（二） 用 insert 语句插入记录

上一节向“学生表”中添加了一部分数据，在本节中使用 insert 语句插入其余记录。在【表编辑器】中为表添加记录虽然简单，但是不适于批量插入记录的情况，在数据库管理和开发项目中使用最多的还是 insert 语句。

读者应通过编写、执行 insert 语句，理解并掌握 insert 语句的语法结构。

【基础知识】

在 insert 语句中需要指定表名、接收数据的列名、列对应的数据。下面以向“学生表”中插入表 3-6 所示的第 1 条记录为例，其语法见表 3-7。

表 3-7 insert 语句的语法

项目	属性	T-SQL 语法	本示例语法
1	指定表名	insert into 表名	insert into 学生表
2	指定插入的列名	(列名,列名,列名……) 列名之间用“,”隔开	(学生编号, 学生姓名, 所属专业编号, 所属班级编号, 职务, 性别, 出生日期, 籍贯, 入学日期)

续表

项目	属性	T-SQL 语法	本示例语法
3	输入对应列名的数据	values (数据,数据,数据……) 对应列名的数据，各数据之间用“,”隔开，字符串数据用单引号“'”括起来	values ('X001', '宋小南', 'Z01', 'B01', '班长', 0, '1980-8-1', '黑龙江省哈尔滨市', '2001-9-1')

【操作目标】

在【SQL Server Management Studio】的【SQL 查询】子窗口中用 insert 语句向“学生表”插入剩余记录。

【操作步骤】

STEP 1 启动【SQL Server Management Studio】程序，将可用数据库设置为 教学管理数据库 。

STEP 2 在【SQL 查询】标签页中输入如图 3-10 所示的 insert 语句。

STEP 3 单击工具栏中的 执行(X) 按钮，执行 insert 语句，执行信息在【消息】标签页中提示，如图 3-10 所示。

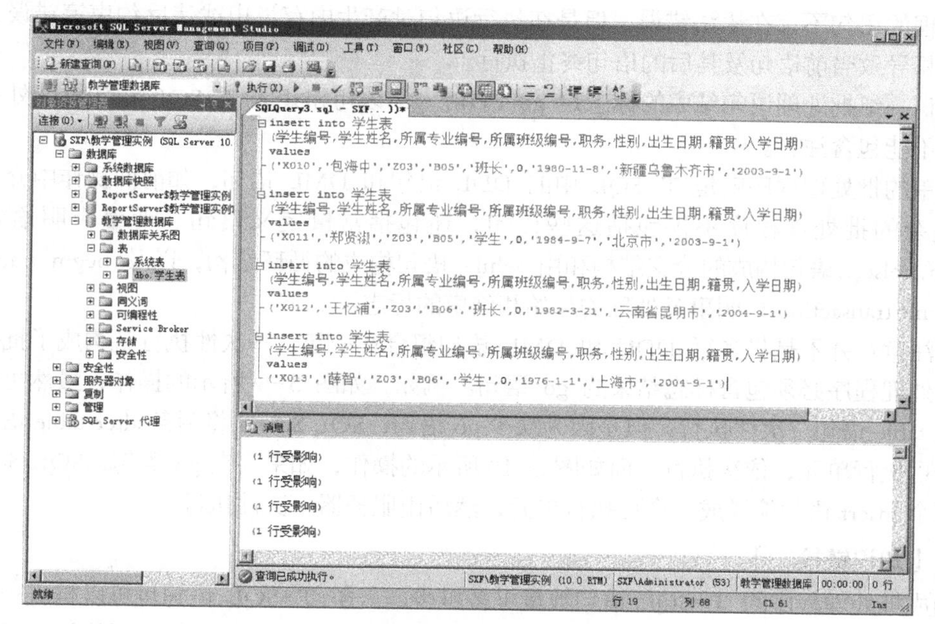

图3-10 用 insert 语句插入记录

【知识链接一】

用图形化的交互工具创建表、修改表、向表中插入记录，虽然操作简单，但是对于数据库开发人员来说，不能只满足于掌握此种方法，应该把学习的重点放在对 T-SQL 语句的理解和灵活运用上，以便能够熟练地编写批处理程序。

那么什么是批处理程序呢？批处理是包含一个或多个 T-SQL 语句的组合，SQL Server 将批处理语句编译成一个可执行单元，由客户机一次性地发送给服务器。SQL Server 服务器对批处理脚本的处理方式如图 3-11 所示。

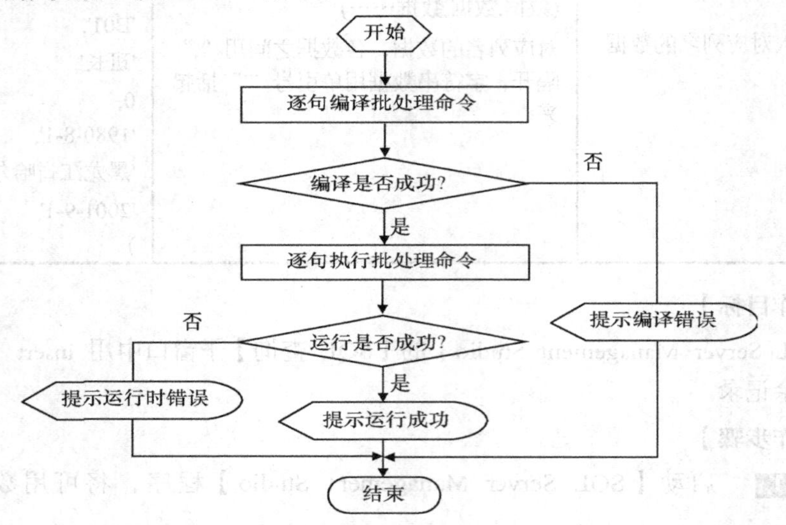

图3-11 批处理程序执行过程

批处理语句可能存在两种错误："编译错误"和"运行时错误"。编译错误是指批处理的语句存在语法错误，这种错误将导致批处理执行单元中的全部语句无法执行。运行时错误是指批处理的语句不存在语法错误，但是在执行语句时产生内存溢出或违反约束等错误。运行时错误将导致当前语句及其后的语句终止执行。

标识一组批处理语句结束的标志是 go 语句。go 语句和其他 T-SQL 语句不能处在同一行，也不能包含注释。

简单的批处理程序就是 T-SQL 中的 DDL 语句和 DML 语句，如前面操作中介绍的语句。复杂的批处理程序不仅包括这些语句，还包括常量定义语句、变量声明语句、由 if…then…else…语句构成的分支结构和由 while 语句构成的循环结构，以及 begin transaction 和 commit transaction 声明事务处理的起始和结束的标志。

请注意：并不是将多行 DDL 和 DML 语句组合在一起，一次性执行就构成了批处理程序，批处理程序必须包含标志结束的 go 语句。例如，如图 3-8 所示的操作，虽然可以将两个 alter table 语句一次性执行，但是因为缺少 go 语句，SQL Server 将两条 alter table 语句编译成两个可执行单元，依次执行。而如图 3-10 所示的操作，如果存在 go 语句，SQL Server 首先将多个 insert 语句编译成一个可执行单元，然后由服务器一次性执行。

【知识链接二】

构成批处理程序的 T-SQL 语句数量可多可少，一条 T-SQL 语句也可以构成一个批处理程序，可有时批处理程序的语句多达几百行、几千行。对于可以重复利用的批处理程序，如果每次都将语句在【SQL 查询】标签页中重新输入，显然浪费时间。SQL Server 可以将批处理程序保存为扩展名为“.sql”的文本文件，再次使用时可以直接打开文件，读取其中的语句到【SQL 查询】标签页中。

1. 如何保存批处理程序

以保存图 3-10 的批处理程序为例。在【SQL Server Management Studio】中，单击工具栏中的按钮，打开【另存文件为】对话框。在【保存于】下拉列表中选择文件保存路径，在【文件名】文本框中输入“插入记录.sql”，在【保存类型】下拉列表中选择“SQL 文件(*.sql)”，如图 3-12 所示。单击保存(S)按钮，保存为批处理程序。

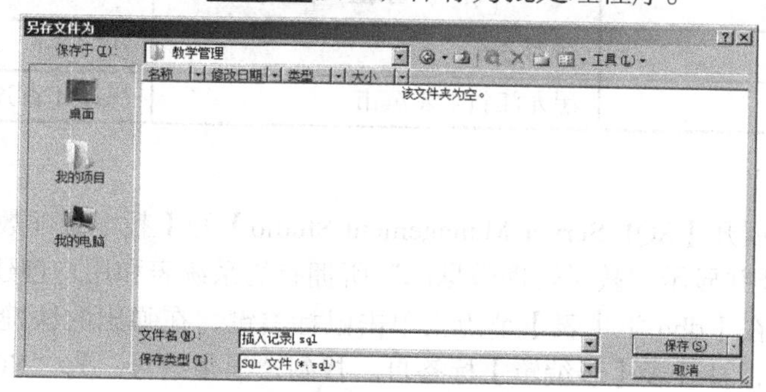

图3-12 保存批处理程序

2. 如何打开批处理程序

以在【SQL Server Management Studio】中打开上面保存的“插入记录.sql”文件为例。单击【SQL Server Management Studio】工具栏上的按钮，打开【打开文件】对话框，在【文件类型】下拉列表框中选择“SQL Server 文件(*.sql)”，如图 3-13 所示。在【查询范围】下拉列表框中选择“插入记录.sql”文件所在路径，下面的列表框中自动显示此路径下扩展名为“.sql”的全部文件。在文件列表框中单击并选中“插入记录.sql”。单击打开(O)按钮，在【查询】子窗口中打开文件。

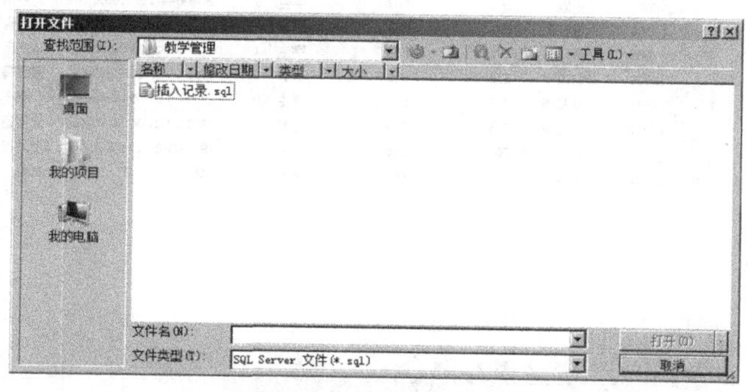

图3-13 打开查询文件

任务四 修改“学生表”的记录

表中的记录值随时都会改变，如某个学生被评选为班长，需要修改“职务”列的值；某个学生转专业，需要修改“所属专业编号”列的值。在本任务中，介绍在【表编辑】标签页和 update 语句中修改表中指定记录的方法。

（一） 在【表编辑】标签页中修改记录

在【表编辑】标签页中修改记录的方式与添加记录的方式完全相同。

【操作目标】

在【表编辑】标签页中修改“学生编号”为“X006”的“出生日期”和“籍贯”，如表3-8所示。

表3-8 修改X006的“出生日期”和“籍贯”

列	原值	新值
出生日期	1973-5-6	1979-5-6
籍贯	黑龙江省哈尔滨市	黑龙江省齐齐哈尔市

【操作步骤】

STEP 1 展开【SQL Server Management Studio】的【教学管理数据库】节点，单击子节点【表】，展开并显示“教学管理数据库”所拥有的系统表和用户创建的表。

STEP 2 在【dbo.学生表】节点上单击鼠标右键，在弹出的快捷菜单中单击【编辑前200行】菜单项，打开表【表编辑】标签页。找到“学生编号”为“X006”的记录，按表3-8所示内容修改记录，修改的同时系统自动保存修改结果，如图3-14所示。

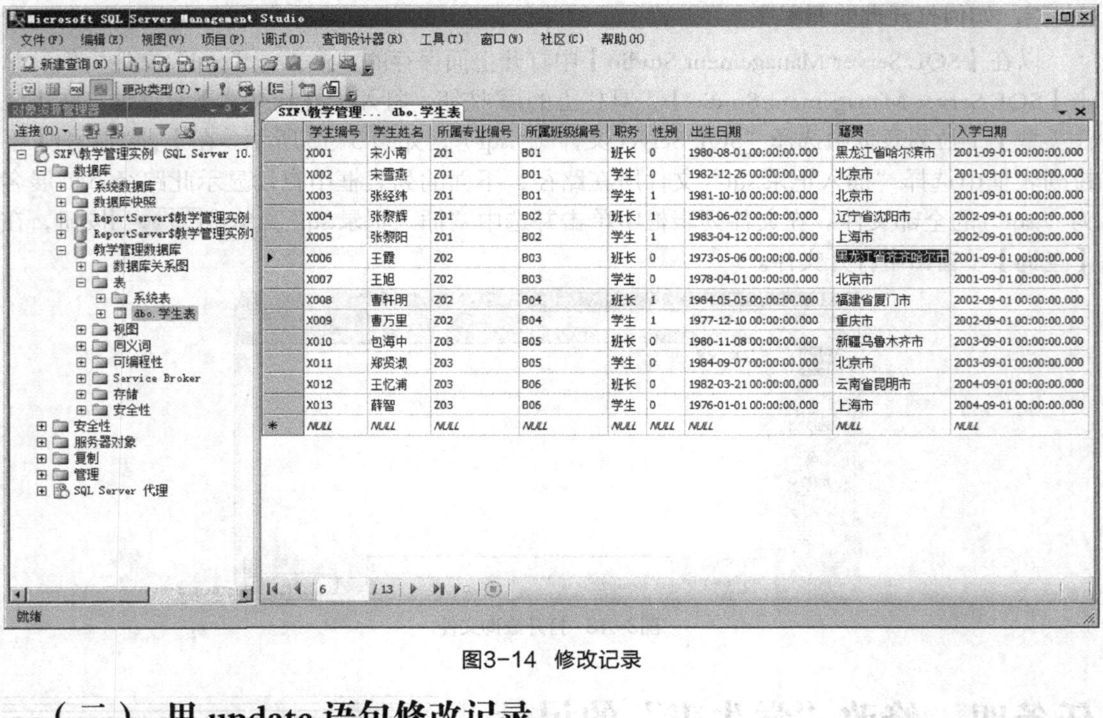

图3-14 修改记录

（二） 用update语句修改记录

在【表编辑】标签页中，修改记录一次只能修改一个单元格中的内容，对于批量修改使用update语句更方便。

本节以对“学生表”记录的修改为例介绍update语句的语法。读者应在执行本节的过程中，理解update语句的语法。

【基础知识】

以表 3-8 所示的修改为例，update 语句的语法见表 3-9。

表 3-9 update 语句的语法

项目	属性	T-SQL 语法	本示例语法
1	指定表名	update 表名	update 学生表
2	指定修改结果	set 列名 = 新值, …… 列名 = 新值	set 出生日期='1979-5-6', 籍贯='黑龙江省齐齐哈尔市'
3	修改记录的条件	where 列名 = 条件表达式	where 学生编号='X006'

T-SQL 是近似于英语的描述性语言，虽然有严格的语法限制，但很容易理解，关于 where 子句的语法将在“项目五”中介绍。

【操作目标】

在【SQL Server Management Studio】的【SQL 查询】标签页中用 update 语句修改“学生表”的记录。

【操作步骤】

STEP 1 启动【SQL Server Management Studio】程序，将可用数据库设置为 教学管理数据库 。

STEP 2 在【SQL 查询】标签页中输入如图 3-15 所示的 update 语句。

STEP 3 单击工具栏中的 执行(X) 按钮执行 update 语句，执行结果在【消息】标签页中提示，如图 3-15 所示。

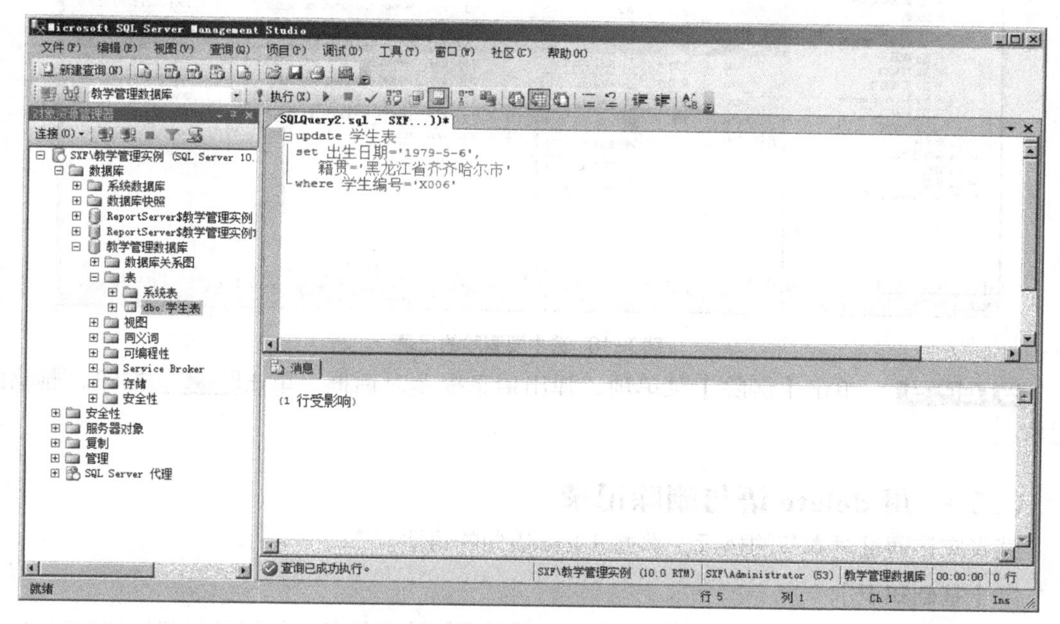

图3-15 用 update 语句修改记录

任务五　删除“学生表”的记录

删除表中的记录，同样有两种方式，即在【表编辑】标签页中删除指定记录，或用delete语句删除记录。

（一）在【表编辑】标签页中删除记录

在【表编辑】标签页中，可以同时删除一条或多条选中的记录，删除记录的方式与在Excel文件中删除选中的行类似。

【操作目标】

在【表编辑】标签页中删除“学生表”中“学生编号”为“X009”的记录。

【操作步骤】

STEP 1 展开【SQL Server Management Studio】的【教学管理数据库】节点，单击子节点【表】，展开并显示“教学管理数据库”所拥有的系统表和用户创建的表。

STEP 2 在【dbo.学生表】节点上单击鼠标右键，在弹出的快捷菜单中单击【编辑前200行】菜单项，打开表【表编辑】标签页。找到“学生编号”为“X009”的记录，单击记录左侧的▭按钮选中此记录。在此记录上单击鼠标右键，弹出快捷菜单，如图3-16所示。

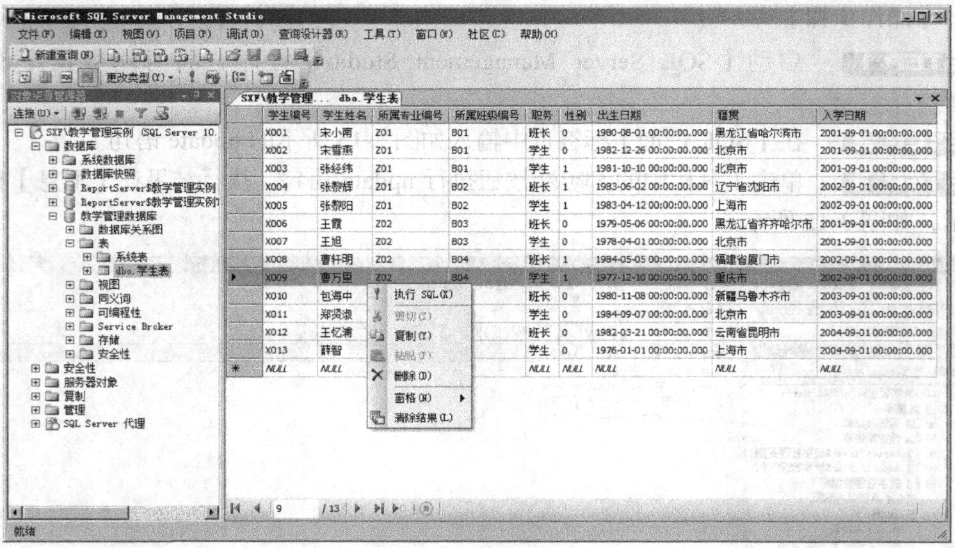

图3-16　选中要删除的记录

STEP 3 单击【删除】菜单项，弹出信息提示对话框。单击【是】按钮，删除此记录。

（二）用delete语句删除记录

读者应该通过对本节的执行，掌握delete语句的语法。

【基础知识】

delete 语句可以删除表中的全部记录，也可以只删除满足条件的记录，其语法如表3-10所示。

表 3-10 delete 语句的语法

项目	属性	T-SQL 语法	本示例语法
1	指定表名	delete from 表名	delete from 学生表
2	修改记录的条件	where 列名 = 条件表达式	where 学生编号='X009'

如果只使用“delete from 学生表”，将删除表中的全部记录；如果追加 where 条件，则只删除符合条件的记录。

【操作目标】

在【SQL Server Management Studio】的【SQL 查询】标签页中用 delete 语句删除“学生编号”为“X009”的记录。

【操作步骤】

STEP 1 启动【SQL Server Management】程序，将可用数据库设置为 教学管理数据库 。

STEP 2 在【SQL 查询】标签页中输入如图 3-17 所示的 delete 语句。

STEP 3 单击工具栏中的 执行(X) 按钮执行 delete 语句，执行信息在【消息】标签页中提示，如图 3-17 所示。

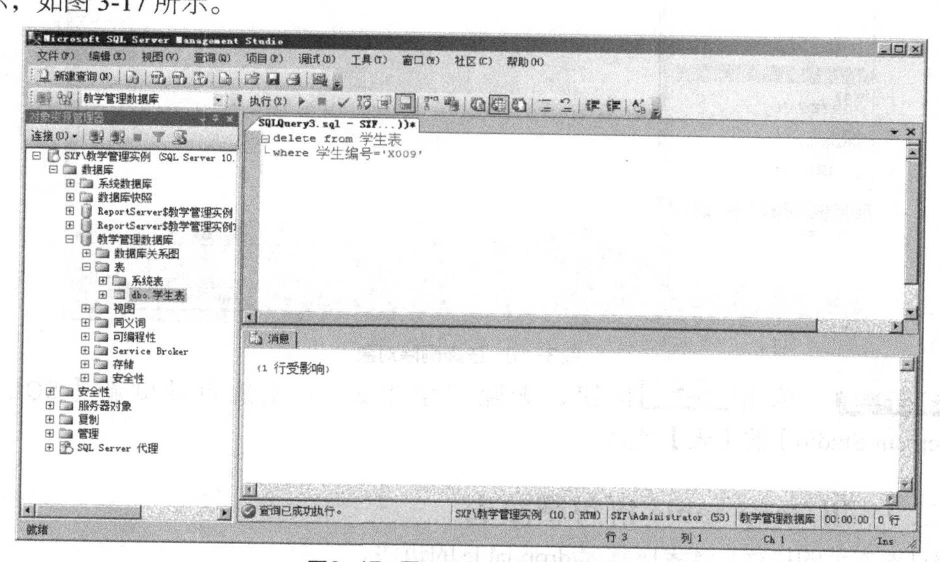

图3-17 用 delete 语句删除记录

任务六 删除表

删除表的操作与删除数据库的操作相似，只需要指定表的名称即可。在本任务中介绍如何使用【SQL Server Management Studio】和 drop table 语句删除表。在删除指定的表之前，需要关闭与此表有关的【表设计】和【表编辑】标签页。

（一） 在【SQL Server Management Studio】中删除表

本节来介绍在【SQL Server Management Studio】中删除表的方法。

【操作目标】

在【SQL Server Management Studio】中删除“学生表”。

【操作步骤】

STEP 1 展开【SQL Server Management Studio】的【教学管理数据库】节点，单击子节点【表】，展开并显示“教学管理数据库”所拥有的系统表和用户创建的表。

STEP 2 在【学生表】项目上单击鼠标右键，在弹出的快捷菜单中单击【删除】菜单项，打开【删除对象】对话框。在【要删除的对象(O)】列表框中选中“学生表”，如图 3-18 所示。

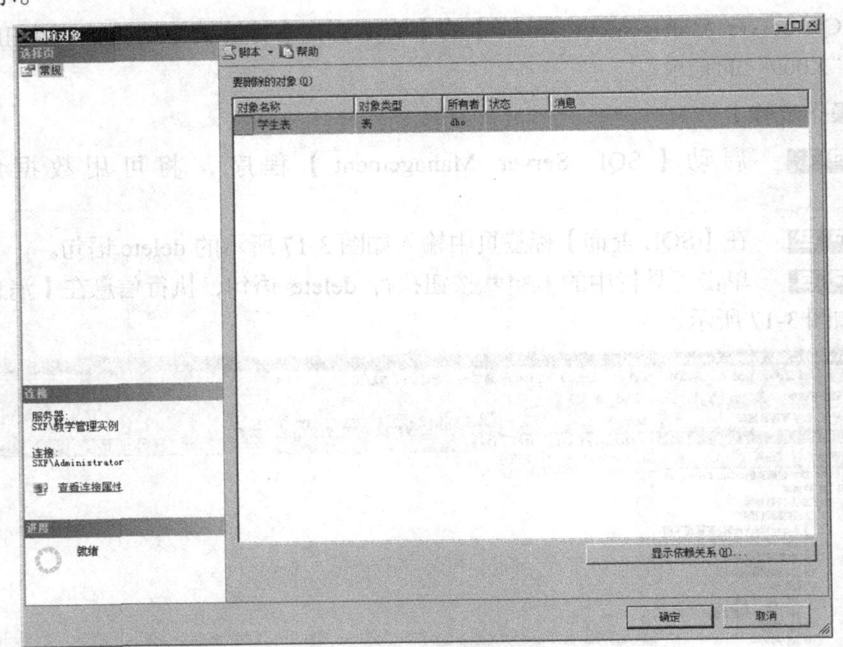

图3-18 选择删除对象

STEP 3 单击 确定 按钮，删除“学生表”。系统自动刷新【SQL Server Management Studio】的【表】节点。

（二）用 drop table 语句删除表

通过对本节的执行，读者应掌握 drop table 的语法。

【基础知识】

使用 drop table 语句删除表，只要在语句中指出表名即可，其语法如表 3-11 所示。

表 3-11 drop table 语句的语法

项目	属性	T-SQL 语法	本示例语法
1	指定表名	drop table 表名	drop table 学生表

【操作目标】

在【SQL 查询】标签页中用 drop table 语句删除“学生表”。

【操作步骤】

STEP 1 启动【SQL Server Management Studio】程序，将可用数据库设置为 教学管理数据库 。

STEP 2 在【SQL 查询】子窗口中输入如图 3-19 所示的 drop table 语句。

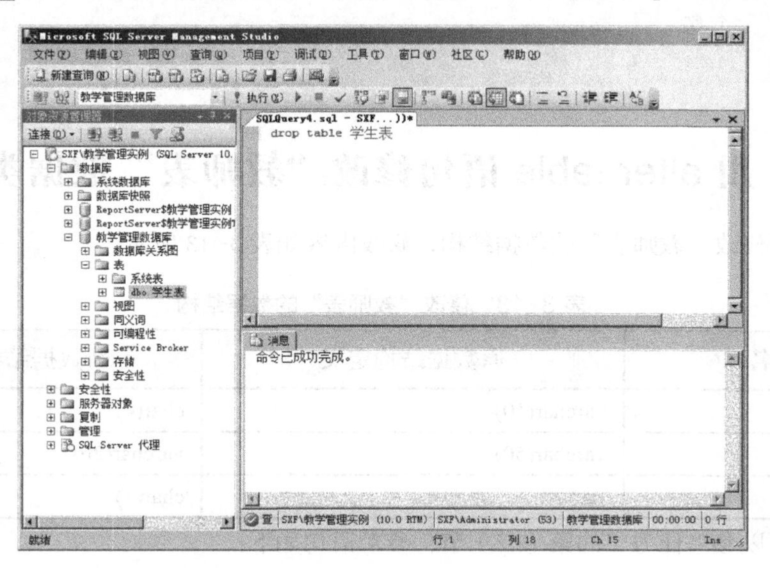

图3-19 用 drop table 语句删除表

STEP 3 单击工具栏中的 执行(X) 按钮执行 drop table 语句，执行信息在【消息】标签页中提示。

实训一 用 create table 语句创建“教师表”

在【表设计】标签页中创建表、修改表结构及在【表编辑】标签页中插入、修改和删除记录操作都很简单，不作为本实训的内容。本实训要求使用各操作中的 T-SQL 语句完成各实训项目。“教师表”的数据结构如表 3-12 所示。

表 3-12 “教师表”的数据结构

列名	数 据 类 型	长度/精度	是否允许为空
教师编号	varchar	10	否
教师姓名	varchar	50	是
职务	varchar	6	是
性别	varchar	10	是
年龄	int	无	是

本实训可以参考任务一的第（二）节，参考语句如下：

```
create table 教师表
(
```

```
        教师编号 varchar(10) not null,
        教师姓名 varchar(50),
        职务     varchar(6),
        性别     varchar(10),
        年龄     int
)
```

实训二　用 alter table 语句修改“教师表”数据类型

本实训要修改“教师表”的数据结构，修改内容如表 3-13 所示。

表 3-13　修改“教师表”的数据结构

列名	原数据结构定义	新数据结构定义
教师编号	varchar(10)	char(4)
教师姓名	varchar(50)	varchar(20)
性别	int	char(1)

本实训可以参考任务二的第（二）节，参考语句如下：

```
alter table 教师表
alter column 教师编号 char(4)
```

```
alter table 教师表
alter column 教师姓名 varchar(20)
```

```
alter table 教师表
alter column 性别 char(1)
```

实训三　用 alter table 语句为“教师表”增加列

本实训要删除“教师表”的“年龄”属性，并且增加两个属性，如表 3-14 所示。

表 3-14　“教师表”新增属性

列　名	数 据 类 型	长度/精度	是否允许为空
出生日期	datetime	无	是
入职日期	datetime	无	是

本实训可以参考任务二的第（二）节，参考语句如下：

```
alter table 教师表
drop column 年龄
```

```
alter table 教师表
```

```
add 出生日期 datetime
```

```
alter table 教师表
add 入职日期 datetime
```


实训四 用 insert 语句为“教师表”添加记录

用 insert 语句向“教师表”中插入表 3-15 所示的记录。

表 3-15 “教师表”记录

教师编号	教师姓名	职务	性别	出生日期	入职日期
J001	宋怀仁	教师	1	1934-10-1	1996-7-1
J002	陈维英	辅导员	0	1935-7-27	1998-7-1
J003	陈维豪	辅导员	0	1940-6-6	1998-7-1
J004	孙丽芳	教师	0	1939-10-2	1996-7-1
J005	王琛	辅导员	1	1938-9-3	1997-7-1
J006	文翠霞	辅导员	0	1970-5-6	1997-7-1
J007	陈维雄	教师	1	1938-4-12	1996-7-1
J008	徐家忠	教师	1	1973-12-1	1999-7-1
J009	董敏	辅导员	1	1968-11-6	1999-7-1
J010	何云汉	教师	1	1900-5-1	1999-7-1
J011	王兆安	教师	1	1972-5-9	1999-7-1

本实训可以参考任务三的第（二）节，以插入第 1 条记录为例，参考语句如下：

```
insert into 教师表
(教师编号,教师姓名,职务,性别,出生日期,入职日期)
values
('J001','宋怀仁','教师',1,'1934-10-1','1996-7-1')
```

请读者用 insert 语句构成的批处理程序，向“教师表”中插入记录。

实训五 用 update 语句为“教师表”修改记录

修改“教师编号”为“J010”的“职务”为“辅导员”“出生日期”为“1980-5-1”。本实训可以参考任务四的第（二）节，参考语句如下：

```
update 教师表
set 职务='辅导员',
    出生日期='1980-5-1'
where 教师编号='J010'
```

实训六 用 delete 语句删除“教师表”中的记录

删除“教师编号”为“J005”的记录。

本实训可以参考任务五的第（二）节，参考语句如下：

```
delete from 教师表
where 教师编号='J005'
```

项目拓展

在项目拓展中要运用任务二中所学的知识。

【拓展要求】

- 要求使用 alter table 语句为“成绩表”分别定义与“学生表”“课程表”和“班级表”的关系，以及“班级表”与“专业表”之间的关系。
- 在关系定义成功后，在新建的数据库关系图中检查关系是否正确，并保存数据库关系图。

【分析提示】

仔细观察“成绩表”“学生表”“课程表”“班级表”“专业表”的列和数据，会发现各表之间存在以下关联关系。

STEP 1 “成绩表”与“学生表”的关系命名为“FK_成绩表_学生表”，产生关联的列为“成绩表”的“学生编号”列和“学生表”的“学生编号”列。

STEP 2 “成绩表”与“课程表”的关系命名为“FK_成绩表_课程表”，产生关联的列为“成绩表”的“选修课程编号”列和“课程表”的“课程编号”列。

STEP 3 “成绩表”与“班级表”的关系命名为“FK_成绩表_班级表”，产生关联的列为“成绩表”的“班级编号”列和“班级表”的“班级编号”列。

STEP 4 “班级表”与“专业表”的关系命名为“FK_班级表_专业表”，产生关联的列为“班级表”的“所属专业编号”列和“专业表”的“专业编号”列。

以上关系可以在“alter table 成绩表”语句中定义。如果关系定义成功，在向新建的数据库关系图中添加以上 4 个表以后，系统会自动用连接线显示 4 个表之间的关系。

思考与练习

一、填空题

1. 表是数据库中数据存储的________单位。

2. 表是反映现实世界某类事物的数学模型，表由________和________组成。现实世界中事物的属性对应表的________，表中的________代表一类事物中的一个特例。

3. 数据类型是指定列所保存数据的类型，是规范表中数据________的一种方法。

4. 对表操作的数据定义语言（DDL）有创建表的_____语句、修改表结构的_______语句和删除表的______语句。

5. 对表中数据更新操作的数据定义语言（DML）有添加记录的________语句、修改记录的________语句和删除记录的________语句。

6. 批处理是包含一个或多个 T-SQL 语句的组合，SQL Server 将批处理语句编译成一个________，由客户机一次性地发送给服务器。

7. 批处理程序在编译和运行过程中，可能会产生________错误和________错误。

二、选择题

1. 表是反映现实世界中一类事务的数学模型，现实世界中一类事务的属性是表中的（　　）。

A. 列　　B. 行
C. 记录　　D. 数值

2. 如果表的某一列的取值为不固定长度的字符串，适合采用（　　）数据类型描述。

A. char　　B. number
C. varchar　　D. int

3. 下列对空值的描述，正确的是（　　）。

A. char 或 varchar 类型的空格
B. int 类型的 0 值
C. char 或 varchar 类型的空格或 int 类型的 0 值
D. 既不是 char 或 varchar 类型的空格，也不是 int 类型的 0 值，而是表的某一列取值不确定的情况

4. 下列对批处理程序描述，正确的是（　　）。

A. 一条 T-SQL 语句不能构成批处理程序
B. 可以将批处理程序保存为扩展名为“.sql”的文件，重复利用
C. 必须由多条 T-SQL 语句组成
D. 每一次必须重新编写批处理程序

三、简答题

1. 简述表、表中的列和行的含义。
2. 简述常用的数据类型有哪些。
3. 简述在【表设计器】中创建和修改表的方法。
4. 简述在【表编辑器】中向表添加、修改和删除记录的方法。
5. 简述 create table、alter table 和 drop table 语句的语法。
6. 简述 insert、update 和 delete 语句的语法。

四、操作题

1. 使用 create table 语句按照表 3-16～表 3-19 的结构创建表。

表 3-16　“专业表”数据结构

列名	数据类型	长度/精度	允许空	描述
专业编号	char	3	否	英文字符和数字，唯一区分标志，不允许重复
专业名称	varchar	20	是	中文描述

表 3-17 “班级表”数据结构

列名	数据类型	长度/精度	允许空	描述
班级编号	char	3	否	英文字符和数字，唯一区分标志，不允许重复
所属专业编号	char	3	是	中文描述
班主任编号	char	4	是	取值为“教师表”中的“教师编号”

表 3-18 “课程表”数据结构

列名	数据类型	长度/精度	允许空	描述
课程编号	char	3	否	英文字符和数字，唯一区分标志，不允许重复
课程名称	varchar	20	是	中文描述
课时	float	8	是	整数
所属专业编号	char	3	是	取值为“专业表”的“专业编号”
教师编号	char	4	是	取值为“教师表”中的“教师编号”

表 3-19 “成绩表”数据结构

列名	数据类型	长度/精度	允许空	描述
班级编号	char	3	是	取值为“班级表”的“班级编号”
学生编号	char	4	是	取值为“学生表”的“学生编号”
选修课程编号	char	3	是	取值为“课程表”的“课程编号”
成绩	decimal	9,2	是	浮点数

2. 使用 insert 语句向表中添加记录，如表 3-20～表 3-23 所示。

表 3-20 “专业表”数据

专业编号	专业名称
Z01	计算机系
Z02	建筑系
Z03	美术系
Z04	中医护理

表 3-21 “班级表”数据

班级编号	所属专业编号	班主任编号
B01	Z01	J002
B02	Z01	J003
B03	Z02	J005
B04	Z02	J006
B05	Z03	J009
B06	Z03	J010

表 3-22 “课程表”数据

课程编号	课程名称	课时	所属专业编号	教师编号
K01	数据结构	30	Z01	J002
K02	数据库原理	40	Z01	J003
K03	编译原理	50	Z01	J002
K04	计算机原理	60	Z01	J002
K05	建筑制图	50	Z02	J005
K06	建筑结构	30	Z02	J005
K07	模型制作	60	Z02	J005
K08	素描基础	70	Z03	J008
K09	色彩构成	50	Z03	J009
K10	自动控制原理	60	Z01	
K11	电气工程原理	55	Z01	
K12	中医基础	30	Z01	J004
K13	护理基础	40	Z01	J004
K14	病理学	60	Z01	J011

表 3-23 “成绩表”数据

班级编号	学生编号	选修课程编号	成绩
B01	X001	K01	95
B01	X001	K02	85
B02	X005	K04	55

续表

班级编号	学生编号	选修课程编号	成绩
B03	X006	K05	78
B01	X002	K01	88
B01	X002	K02	77
B03	X006	K06	68
B01	X003	K01	66
B01	X003	K02	55
B02	X004	K04	95
B03	X007	K05	87
B03	X007	K06	53
B04	X008	K07	99
B04	X009	K07	89
B05	X010	K08	90
B05	X011	K08	80
B06	X012	K09	70
B06	X013	K09	60
B02	X004	K01	70
B02	X005	K01	99
	T001	K01	100
	T002	K01	80

PART 4 项目四 设置主键、关系和索引

表是反应现实世界中一类事物的抽象模型，现实世界中的事物不是孤立存在的，事物和事物之间总是存在着直接或间接的关联关系，如学生和班级之间的从属关系。因此，在关系数据库中，表与表之间也存在着关联关系。如何用数据库中的概念来体现这种关系？这就是本项目中要介绍的主键和关系。而索引是为了对表中的记录快速定位而定义的一种记录存储规范。

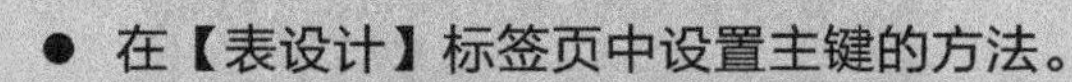

知识技能目标

- 在【表设计】标签页中设置主键的方法。
- 在表的【外键关系】和【数据库关系图】中定义表之间关系的方法。
- 在 create table 和 alter table 语句中定义主键的语法。
- 在 create table 和 alter table 语句中定义表之间关系的语法。
- 在表的【索引/键】对话框中定义索引的方法。
- 用 create index 语句和 drop index 语句创建、删除索引的语法。

通过对本项目中各任务、操作的执行，读者不仅要掌握设置主键、关系、索引的方法和步骤，更重要的是理解主键、关系、索引的含义，对保证表中数据完整性的作用，以及对数据快速定位的作用。

任务一　为“学生表”设置主键

通过对前面项目的学习，读者应该清楚 SQL Server 对数据库中的每一种对象，都提供两种创建和删除方式，一种是图形化的交互方式，另一种是执行 T-SQL 语句的命令行方式。主键和表一样，也是数据库对象之一，本任务中同样用两种方式设置和移除主键。

【基础知识】

什么是表的主键？主键是唯一能够区分表中每一行记录的一个或多个列。关系数据库设计和实施过程中要求表中不能出现全部列取值完全相同的两条记录。例如，在“学生表”中，学生的姓名、性别、籍贯、出生日期、入学日期，甚至班级都可能相同，但是每一个学

生只能有唯一的一个编号，不能存在编号相同的两个学生，这个“学生编号”列就是“学生表”的主键。被设置为主键的列称为“主键列”。

不是所有的表都必须设置主键，但一个表只能有一个主键，主键不能为空值，并且可以强制表中的记录的唯一性。主键的标志为“primary key”，简写为“PK”。

（一） 在【表设计】标签页中设置主键

通过对本节的操作，读者应掌握在【表设计】标签页中设置主键的方法。

【操作目标】

将“学生编号”设置为“学生表”的主键。

【操作步骤】

STEP 1 展开【SQL Server Management Studio】的【教学管理数据库】节点，单击子节点【表】，展开并显示“教学管理数据库”所拥有的系统表及用户创建的表，如图 4-1 所示。

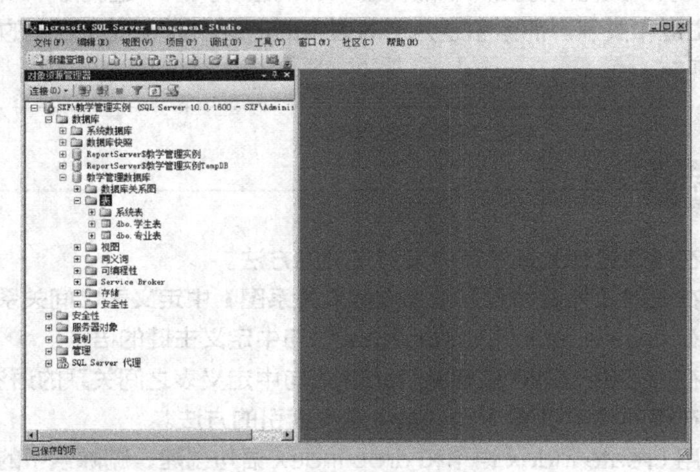

图4-1 “教学管理数据库”的表

STEP 2 在【dbo.学生表】节点上单击鼠标右键，在弹出的快捷菜单中单击【设计】菜单项，打开“学生表”的【表设计】标签页，如图 4-2 所示。

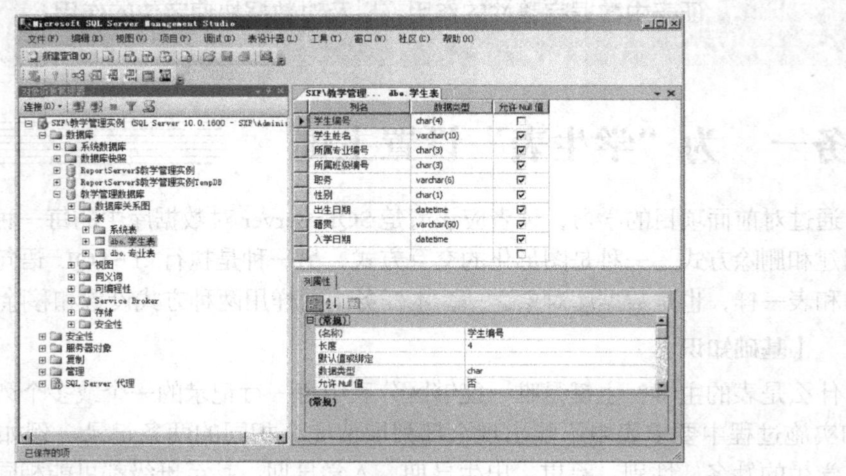

图4-2 在【表设计】中打开“学生表”

STEP 3 单击列表框中“学生编号”项左侧的▶按钮选中此项，并在此项上单击鼠标右键弹出快捷菜单，如图 4-3 所示。

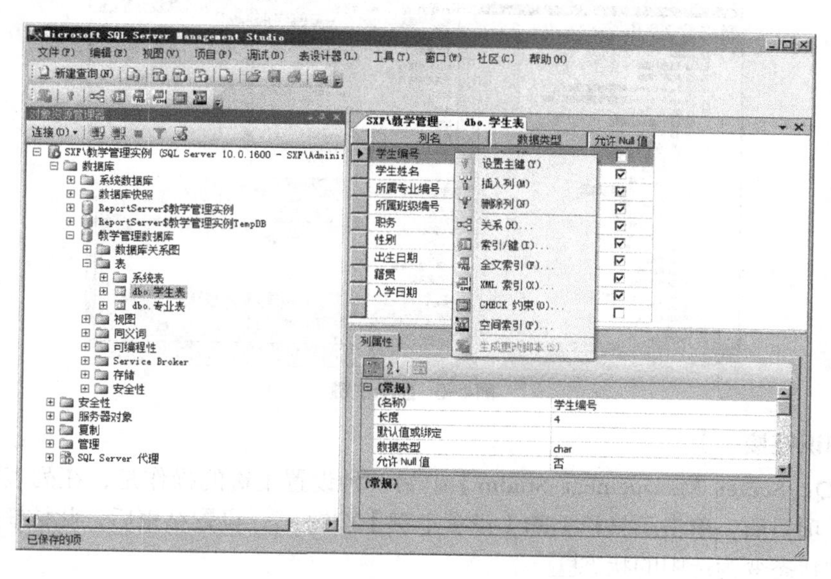

图4-3　选择主键列

STEP 4 单击【设置主键】菜单项，将“学生编号”列设置为主键。列表框中“学生编号”项左侧按钮的图标变为🔑，如图 4-4 所示。

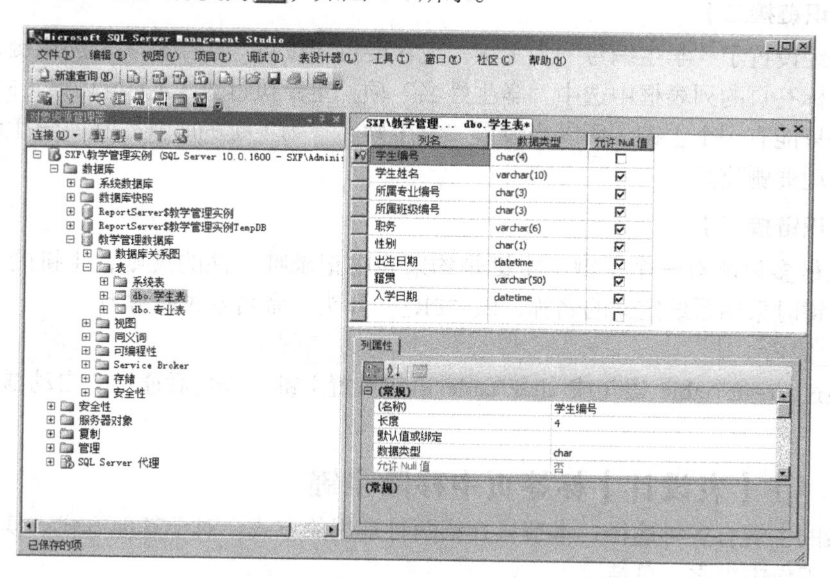

图4-4　设置“学生编号”为主键

STEP 5 单击工具栏上的💾按钮，保存对“学生表”的修改。

在【SQL Server Management Studio】中，展开【教学管理数据库】的【表】节点。选中【dbo.学生表】节点，单击鼠标右键，在弹出的快捷菜单中单击【刷新】菜单项。重新选中并展开【dbo.学生表】节点，继续展开【键】节点。可以看到一个名称为“PK_学生表”的主键，说明成功地为“学生编号”列定义了主键，如图 4–5 所示。

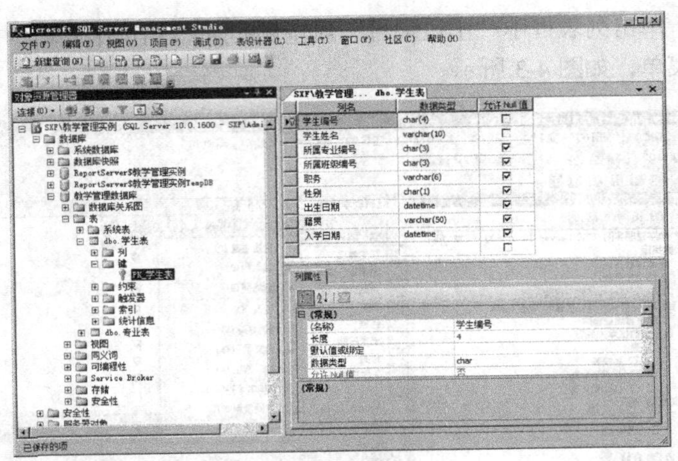

图4-5 显示主键

【知识链接一】

在【SQL Server Management Studio】中另一种设置主键的操作是，在列表框中选择了“学生列”项目后，单击工具栏上的【设置主键】按钮，设置结束后，此按钮的图标由原来的正常的状态变为选中的状态。

主键设置成功后，当光标落在主键列时，【设置主键】按钮由正常状态变为选中状态；当光标落在非主键列时，【设置主键】按钮仍为正常状态。

【知识链接二】

如果已经设置了“学生编号”为主键，现在要重新设置“学生姓名”为主键，只需要在【表设计】标签页的列表框中选中“学生姓名”项，重新执行第（4）步和第（5）步即可。因为一个表只能有一个主键，所以当设置“学生姓名”为主键的时候，在“学生编号”上定义的主键自动被删除掉。

【知识链接三】

一个表最多只能有一个主键，主键是约束表中记录唯一性的规则，主键的名称并不重要，设置主键时采用系统定义的名称，以“PK_”开头，命名方式通常为

```
PK_表名
```

如果通过 create table 语句或 alter table 语句设置主键，表名后通常会自动增加一个默认的编号。

（二） 在【表设计】标签页中移除主键

移除表的主键有多种途径，本节只介绍两种常用的方式。对于其他方式，读者可以在今后的学习、工作中摸索、总结。

【操作目标】

取消“学生表”的主键。

【操作步骤】

STEP 1 在【SQL Server Management Studio】中打开“学生表”的【表设计】标签页，单击列表框中“学生编号”项左侧的▶按钮选中此项，并在此项上单击鼠标右键弹出快捷菜单，如图 4-6 所示。

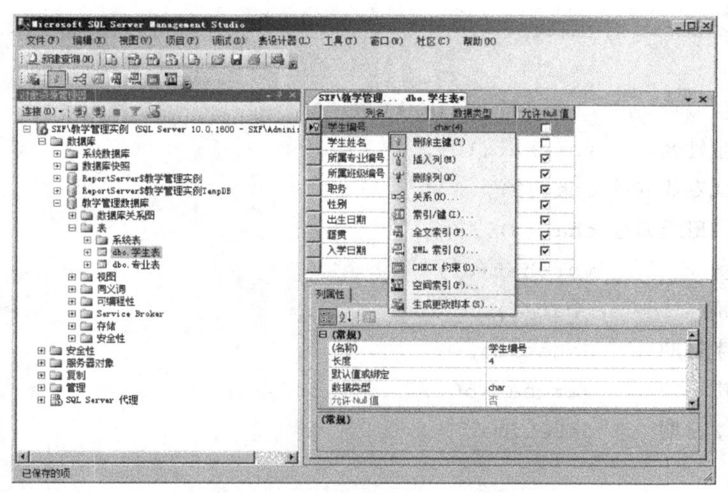

图4-6 选择要删除的主键列

STEP 2 单击【删除主键】菜单项，从“学生编号”列上移除主键，单击工具栏上的按钮，保存对“学生表”的修改。

【知识链接】

另一种更简便的移除主键的方法是利用【SQL Server Management Studio】工具栏上的【设置主键】按钮。从第（一）节的【知识链接一】可知，【设置主键】按钮不仅能够完成主键设置动作，而且存在两种状态，随着列表框中列的选择而变化。

- 正常状态表示选中的列为非主键列。
- 选中状态表示选中的列为主键列。

在【表设计】标签页中选中主键列“学生编号”后，【设置主键】按钮的图标由正常状态变为选中状态。单击此按钮，当【设置主键】按钮变为正常状态后，即移除了“学生表”的主键。

（三） 在 create table 语句中设置主键

通过对本节的执行，读者应理解并掌握在 create table 语句中定义主键的语法。

【基础知识】

设置主键的关键字是“primary key”，在 create table 语句中设置主键，就是在列名和列的数据类型之后加上“primary key”。

【操作目标】

重新创建“学生表”，在 create table 语句中将“学生编号”设置为主键。

【操作步骤】

STEP 1 启动【SQL Server Management Studio】程序，将可用数据库设置为 教学管理数据库 。

STEP 2 在【SQL 查询】标签页中首先删除已有的“学生表”，输入并执行以下语句：

```
drop table 学生表
```

STEP 3 在【SQL 查询】标签页中重新创建“学生表”，输入以下语句：

```
create table 学生表
(
    学生编号      char(4) primary key,
    学生姓名      varchar(10),
    所属专业编号  char(3),
    所属班级编号  char(3),
    职务          varchar(6),
    性别          char(1),
    出生日期      datetime,
    籍贯          varchar(50),
    入学日期      datetime
)
```

STEP 4 单击工具栏中的 执行(X) 按钮执行 create table 语句，重新创建学生表。

STEP 5 打开“学生表”的【表设计】标签页，如果“学生编号”项左侧按钮的图标为钥匙图标，说明以上语句执行成功。

在【SQL Server Management Studio】中，展开【dbo.学生表】节点下的【键】节点，可以看到系统为“学生表”定义的主键名称。

【知识链接】

将“学生编号”定义为“学生表”的主键后，在向表中插入、更新记录时，如果出现“学生编号”相同的两条记录，系统会自动提示错误信息。

例如，用下列两条 insert 语句向表中插入记录。

```
insert into 学生表
(学生编号,学生姓名,所属专业编号,所属班级编号,职务,性别,出生日期,籍贯,入学日期)
values
('X001','郑贤淑','Z03','B05','学生',0,'1984-9-7','北京市','2003-9-1')
```

```
insert into 学生表
(学生编号,学生姓名,所属专业编号,所属班级编号,职务,性别,出生日期,籍贯,入学日期)
values
('X001','王忆浦','Z03','B06','班长',0,'1982-3-21','云南省昆明市','2004-9-1')
```

执行结果如图 4-7 所示。

从图 4-7 中的信息提示可以看出，第 1 条语句执行成功后，“学生表”中已经存在了一个编号为“X001”的记录，当插入第 2 条编号也为“X001”的记录时，因为违反了主键唯一性的约束原则，所以终止执行。在【表编辑】标签页中打开“学生表”，会发现只有第 1 条记录。

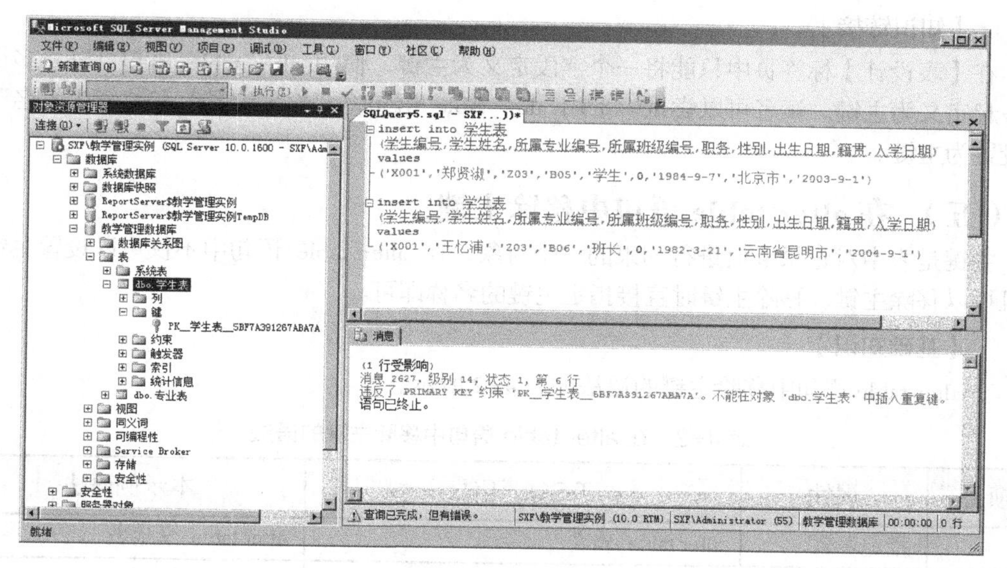

图4-7　主键测试

（四）在 alter table 语句中设置主键

如果创建表的时候没有设置主键，在表已经存在的情况下，可以在 alter table 语句中增加对主键的设置。

【基础知识】

在 alter table 语句中设置主键的语法如表 4-1 所示。

表 4-1　在 alter table 语句中设置主键的语法

项目	属性	T-SQL 语法	本示例语法
1	指定表名	alter table 表名	alter table 学生表
2	增加主键	add primary key (列名,列名……)	add primary key (学生编号)

【操作目标】

用 alter table 语句中将“学生编号”设置为主键。

【操作步骤】

STEP 1 启动【SQL Server Management Studio】程序，将可用数据库设置为 教学管理数据库。

STEP 2 在【SQL 查询】子窗口中输入以下语句：

```
alter table 学生表
add primary key (学生编号)
```

STEP 3 单击工具栏中的 执行(X) 按钮，执行 alter table 语句。

STEP 4 在【表设计】标签页中打开“学生表”，如果“学生编号”项左侧按钮的图标为 🔑，说明以上语句执行成功。

【知识链接】

在【表设计】标签页中只能将一个字段定义为主键，使用 alter table 语句可以将多个字段一起定义为主键。读者可以尝试一下用 alter table 语句将“学生编号”和“学生姓名”一起设置为主键。

（五） 在 alter table 语句中移除主键

主键是表中对记录取值进行约束的一个对象，在 alter table 语句中不仅可以设置主键，而且可以移除主键，移除主键时直接指定主键的名称即可。

【基础知识】

在 alter table 语句中移除主键的语法如表 4-2 所示。

表 4-2 在 alter table 语句中移除主键的语法

项目	属性	T-SQL 语法	本示例语法
1	指定表名	alter table 表名	alter table 学生表
2	删除主键	drop 主键名	drop PK_学生表

【操作目标】

删除“学生表”的主键“PK_学生表”。

【操作步骤】

STEP 1 启动【SQL Server Management Studio】程序，将可用数据库设置为 教学管理数据库 。

STEP 2 在【SQL 查询】标签页中输入以下语句：

```
alter table 学生表
drop PK_学生表
```

STEP 3 单击工具栏中的 ! 执行(X) 按钮，执行 alter table 语句。

STEP 4 打开“学生表”的【表设计】标签页，如果“学生编号”项左侧按钮的图标为▢，说明以上语句执行成功。

任务二 定义“学生表”与“专业表”的关系

关系数据库系统的主要特点就是表与表之间存在关联关系。在其他关系数据库系统（如 Oracle、Sysbase、DB2）中用“表的外键”来体现这种关系，SQL Server 中没有“外键”的概念，直接使用“关系”来说明表与表之间的关联。

【基础知识】

在介绍“关系”之前，先介绍什么是“表的外键”。假设存在两个表 A 和 B，表 A 中的主键列在表 B 中也存在，但并不是表 B 的主键，仅作为表 B 的一个必要的属性，则称此属性为表 B 的外键。例如，在“学生表”中存在“所属专业编号”列，该列的值与“专业表”的主键列“专业编号”列的值相同。通常称“所属专业编号”是“学生表”的外键，并且称“学生表”与“专业表”之间存在“关系”。因为“学生表”中含有本关系的外键，所以通常称“学生表”为“外键表”；“专业表”中含有本关系的主键，所以通常称“专业表”为“主键表”。

尽管 SQL Server 中没有外键的概念，但仍沿用了外键的标志“Foreign Key”来对“关系”命名，“Foreign Key”可以简写为“FK”。

（一） 在【外键关系】窗口中定义关系

通过对本节的执行，读者应进一步理解“关系”的含义，并掌握如何定义表与表之间关系。

【操作目标】

通过“学生表”的【外键关系】窗口，定义“学生表”和“专业表”之间的关系。

【操作步骤】

STEP 1 在【SQL Server Management Studio】中打开“学生表”的【表设计】标签页，在列表框中的任意位置单击鼠标右键，弹出快捷菜单。单击【关系】菜单项，打开【外键关系】对话框，如图 4-8 所示。

STEP 2 单击 添加(A) 按钮，在【选定的 关系（S）】列表框中自动显示默认的关系名称“FK_学生表_学生表*”。此时系统自动选择了同名的表作为【主键表】，并把“学生表”作为【外键表】，如图 4-9 所示。

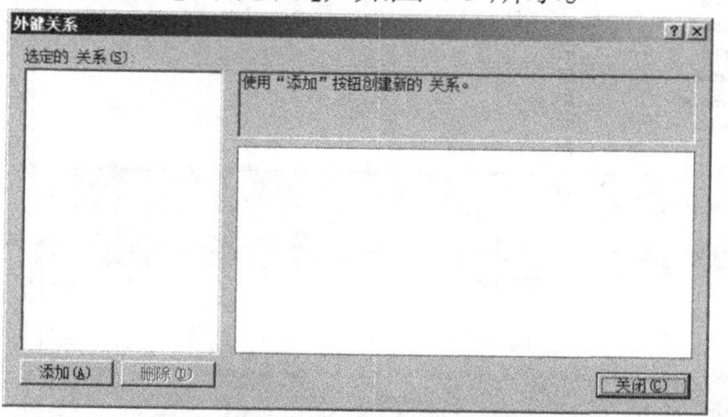

图4-8 为“学生表”定义“关系”

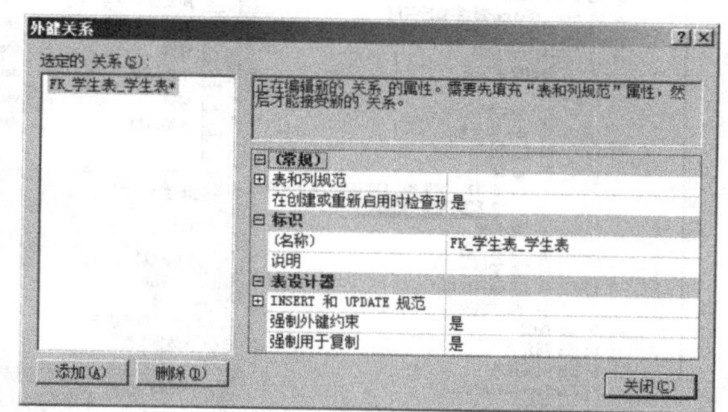

图4-9 新建“外键关系”

STEP 3 单击并展开右侧的【表和列规范】节点，单击 ... 按钮，显示【表和列】窗口。在【主键表(P):】下拉列表框中选择“专业表”，在“专业表”下面的第一个下拉列表框中选择“专业编号”。在【外键表】中默认定义的是“学生表”，在“学生表”下面的第一个下拉列表框中选择“所属专业编号”，如图 4-10 所示。

STEP 4 单击 确定 按钮，关闭【表和列】对话框，并返回到【外键关系】对话框。此时【选定的 关系（S）】列表框中关系的名称已自动更改为“FK_学生表_专业表*”，右侧的【表和列规范】中也自动做了调整，如图 4-11 所示。

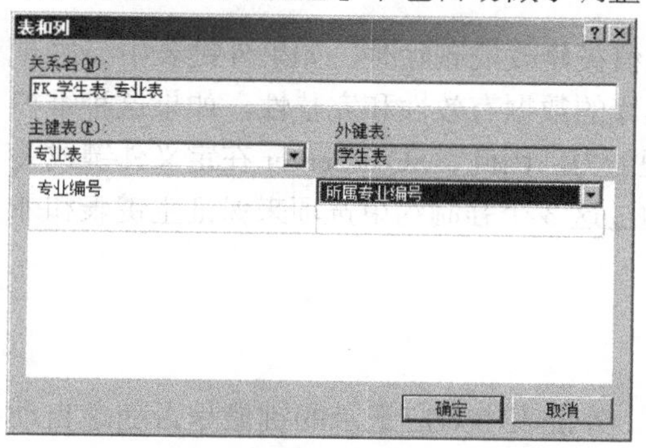

图4-10 设置“关系”

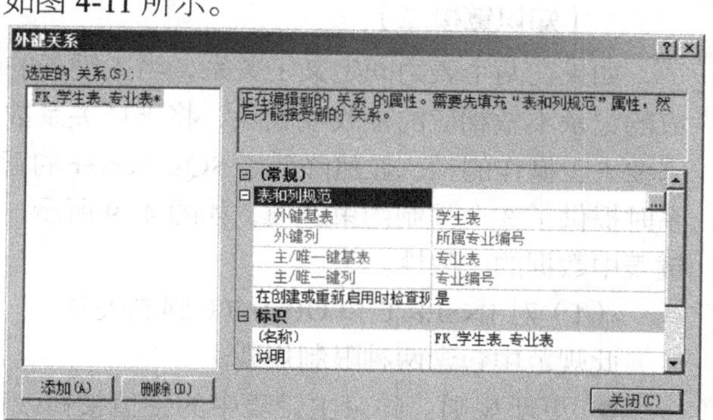

图4-11 定义“学生表”和“专业表”的关系

STEP 5 单击 关闭 按钮返回到“学生表”的【表设计】标签页，单击工具栏上的按钮，保存“学生表”与“专业表”的“关系”。

在【SQL Server Management Studio】中，展开【dbo.学生表】节点，单击鼠标右键，在弹出的快捷菜单中单击【刷新】菜单项。重新选中并展开【dbo.学生表】节点，继续展开【键】节点。如果看到一个名称为“FK_学生表_专业表”的外键，说明成功地为“学生编号”列定义了外键，如图 4-12 所示。如果两个表之间存在关系，在两个表之间建立起联系的字段可以是一个，也可以是多个。在如图 4-10 所示的【表和列】对话框中，选择了“主键表”和“外键表”之后，在其下面有多个下拉列表框，可以对两个表逐一选择存在关系的字段。

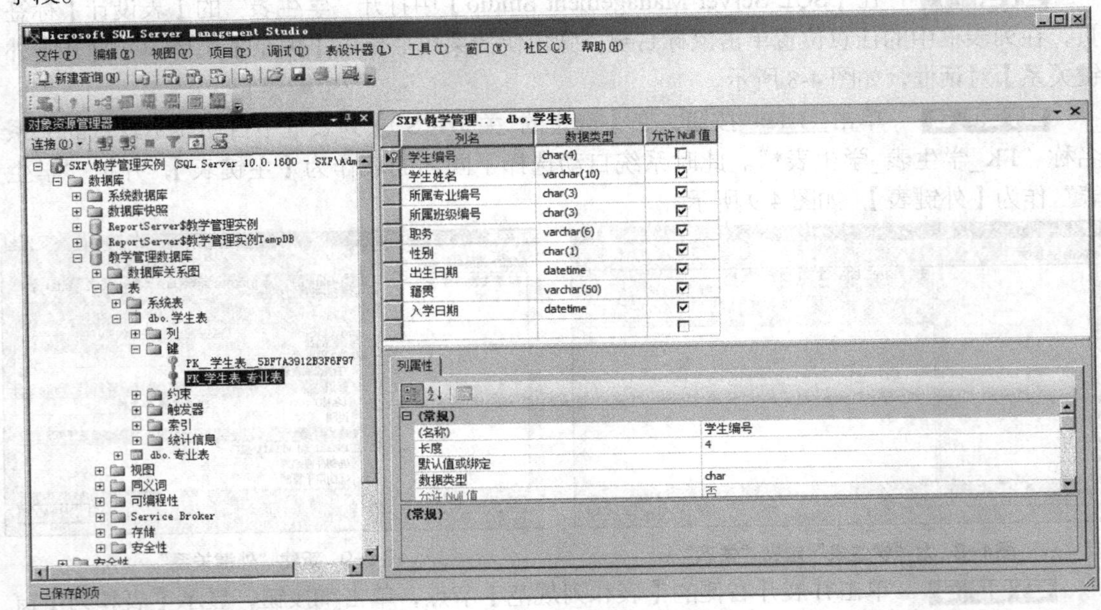

图4-12 “学生表”的外键

【知识链接一】

定义“关系”只是说明两个表之间存在关联，“关系”的名称并不重要，通常采用默认设置。“关系”的名称格式为：

```
FK_外键表名_主键表名
```

【知识链接二】

如果在两个表之间定义了关系，当主键表的键值被修改或删除时，如果外键表中与之对应的记录不做相应的修改或删除，将破坏关系数据库的数据有效性和完整性。如果这种维护需要人工操作的话，显然降低了 SQL Server 的管理能力。因此，SQL Server 在定义外键或关系时提供了 3 个强制约束选项，如图 4-9 所示，通过这 3 个强制约束选项来保证主键表和外键表中数据的一致性。

（1）对 INSERT 和 UPDATE 强制关系。

此规范中包含两种限制规则。

- 更新规则：约束主键表中的键值被修改时，外键表中对应记录的键值是否随之自动修改。

- 删除规则：约束当主键表中的键值记录被删除时，外键表中对应记录是否随之自动删除。

两种限制规则都包含 4 个选项，选项的含义如表 4-3 所示。

表 4-3 INSERT 和 UPDATE 规范选项的含义

选项	含义
不执行任何操作	主键表键值被修改或删除时，外键表不做任何改动
级联	主键表键值被修改或删除时，外键表随之自动修改或删除
设置 null	主键表键值被修改或删除时，外键表对应记录的键值设置为空值，如果键值列被定义为 not null，则提示错误信息
设置默认值	主键表键值被修改或删除时，外键表对应记录的键值设置为默认值，如果键值列未定义默认值，则提示错误信息

在“更新规则”和“删除规则”中都有一个“级联”选项。级联更新规则是指当主键表的主键列的值更新时，SQL Server 自动更新外键表中对应外键列的值。例如，将“专业表”的专业编号“Z03”改为“Z04”，“学生表”中“所属专业编号”值为“Z03”的记录自动改为“Z04”。级联删除规则是指当删除主键表的主键列的某个列值时，外键表中外键列列值与其相同的记录自动删除。例如，删除“专业表”的专业编号“Z03”，“学生表”中“所属专业编号”值为“Z03”的记录自动删除。有兴趣的读者可以亲自试一下。

（2）强制外键约束。

在定义外键时，对主键表和外键表将进行以下检查。

- 检查主键表选择的主键列是否已经被设置为主键。
- 检查外键表选择的列与主键表的主键列的数据类型是否一致。
- 检查外键表选择的列中是否存在主键表的主键列中不存在的值。

例如，如果“专业编号”不是“专业表”的主键，此时会提示错误；如果“学生表”的“所属专业编号”列的数据类型为 char(4)，而“专业表”的“专业编号”列的数据类型为 char(3)，此时也会提示错误；如果“学生表”中存在“所属专业编号”列值为“X99”的记录，而“专业表”的“专业编号”列值没有“X99”，此时也会提示错误。

（3）强制用于复制。

当把外键表复制到其他数据库时保留此关系。例如，“教学管理实例”存在“教学管理数据库”和“测试数据库”两个数据库。把“学生表”和“专业表”恢复到“测试数据库”时，它们之间的关系也一起复制过去。

【知识链接三】

前面介绍的定义“关系”的操作是在【表设计】标签页的【外键关系】对话框中进行的，打开【外键关系】对话框的途径不只上面介绍的一种，在数据库关系图中同样可以定义关系。数据库关系图是表与表之间关系的一种更直观的展示。

下面以创建“学生表”与“专业表”的关系图为例，介绍如何在数据库关系图中定义关系。操作步骤如下。

（1）在【SQL Server Management Studio】中展开【教学管理数据库】节点，在【数据库关系图】子节点上单击鼠标右键，弹出快捷菜单，如图 4-13 所示。

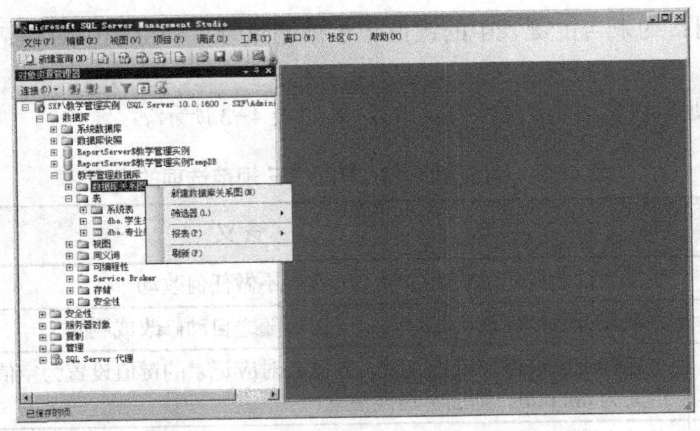

图4-13 为“教学管理数据库”定义数据库关系图

（2）单击【新建数据库关系图】菜单项，打开【添加表】窗口。选中“学生表”和“专业表”，单击 添加(A)> 按钮，添加到【数据库关系图设计】标签页中，如图 4-14 所示。单击 关闭(C) 按钮，关闭【添加表】窗口。

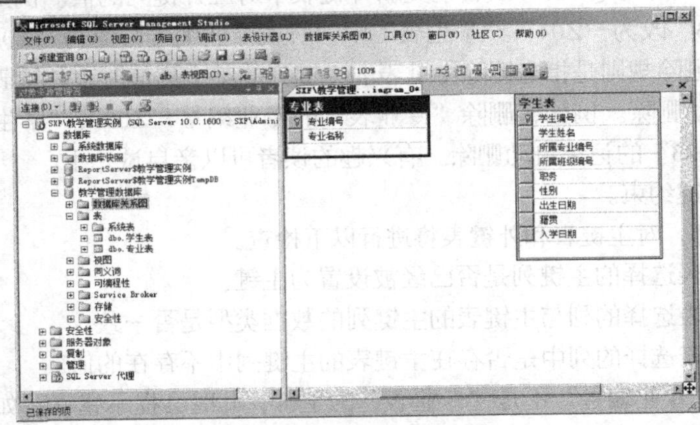

图4-14 选择关系图中的表

（3）在【学生表】上单击鼠标右键，在弹出的快捷菜单中单击【关系】菜单项，显示如图 4-8 所示的【外键关系】对话框。按照第（一）节中的（2）至（4）的操作步骤操作，为“学生表”和“专业表”定义关系，如图 4-15 所示。

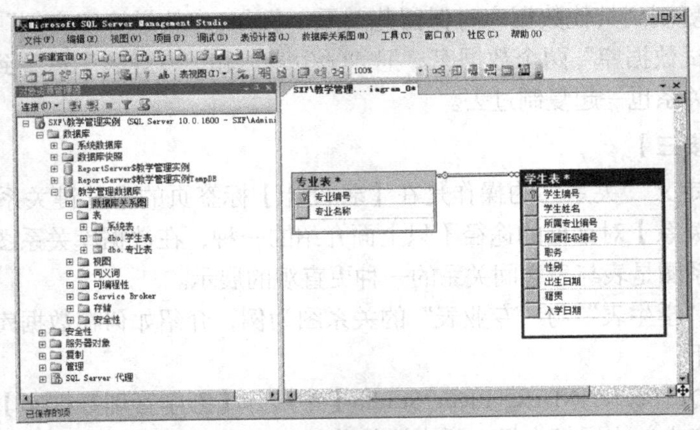

图4-15 定义“学生表”与“专业表”的关系

（4）单击工具栏上的 按钮，弹出【选择名称】对话框。在【输入关系图名称】文本框中输入"学生表与专业表的关系"，单击 确定 按钮，保存关系图。

在【SQL Server Management Studio】中，展开【教学管理数据库】节点的【数据库关系图】子节点。在下面可以看到刚刚定义的"学生表与专业表的关系"项。如果展开【dbo.学生表】节点的【键】节点，也可以看到与关系同时生成的外键"FK_学生表_专业表"，如图4-16所示。

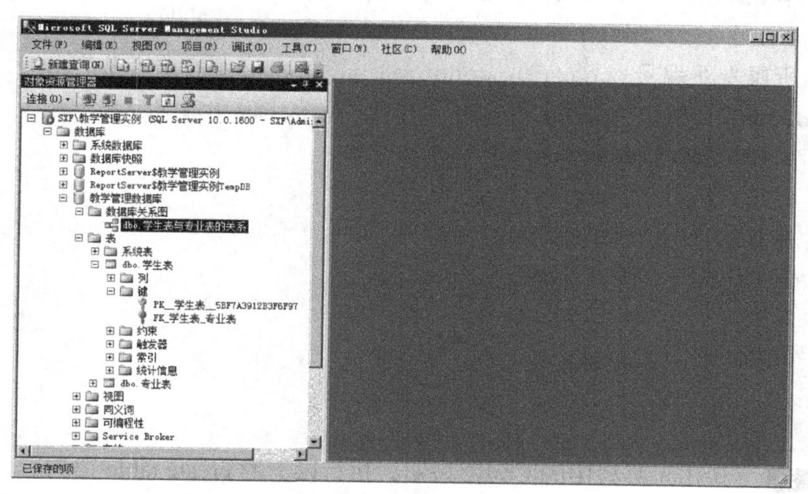

图4-16 数据库关系图和外键

本知识链接不仅介绍了如何在关系图中定义关系，而且介绍了如何创建数据库关系图。

（二） 在 create table 语句中定义关系

第（一）节介绍了如何在表的【属性】窗口中定义关系。本节介绍在创建表的 create table 语句中定义关系的语法。

【基础知识】

在 create table 语句中定义关系，只要在外键列的后面加上以下说明即可。

```
constraint 关系名 foreign key references 主键表（主键列）
```

其中，"关系名"的格式为

```
FK_外键表名_主键表名
```

在定义关系之前，主键表和主键列必须已经存在，否则终止语句执行。

【操作目标】

用 create table 构成批处理程序，为"学生表"和"专业表"定义关系。

【操作步骤】

在执行操作之前首先删除"学生表"和"专业表"。

STEP 1 启动【SQL Server Management Studio】程序，将可用数据库设置为 教学管理数据库 。

STEP 2 在【SQL 查询】标签页中输入以下语句：

```
create table 专业表
(
```

```
    专业编号    char(3) primary key,
    专业名称    varchar(30)
)
create table 学生表
(
    学生编号    char(4) primary key,
    学生姓名    varchar(10),
    所属专业编号 char(3) constraint FK_学生表_专业表 foreign key 
references 专业表(专业编号),
    所属班级编号 char(3),
    职务        varchar(6),
    性别        char(1),
    出生日期    datetime,
    籍贯        varchar(50),
    入学日期    datetime
)
go
```

STEP 3 单击工具栏中的 执行(X) 按钮，执行以上的 create table 语句。

STEP 4 刷新【表】节点，打开"学生表"的【键】子节点，如果存在名称为"FK_学生表_专业表"的外键，说明以上语句执行成功，如图 4-17 所示。

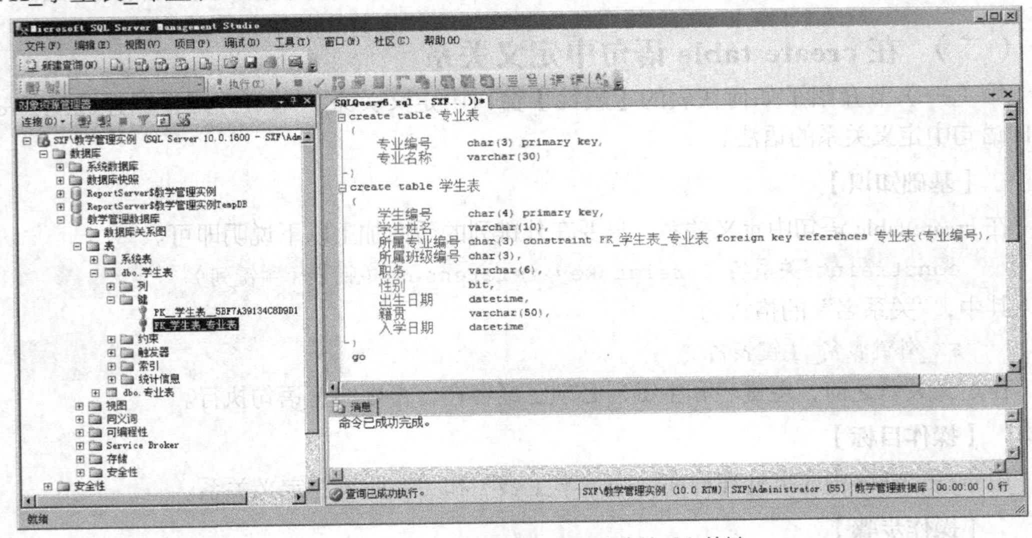

图4-17 用 create table 语句创建关系和外键

（三） 在 alter table 语句中定义关系

如果在创建"学生表"的时候没有定义关系，可以用 alter table 语句增加关系。

【基础知识】

在 alter table 语句中定义关系的语法如表 4-4 所示。

表 4-4　在 alter table 语句中定义关系的语法

项目	属性	T-SQL 语法	本示例语法
1	指定表名	alter table 表名	alter table 学生表
2	增加外键	add foreign key (列名) references 主键表(主键列)	add foreign key (所属专业编号) references 专业表 (专业编号)

【操作目标】

在 alter table 语句中为“学生表”定义外键（关系）。

【操作步骤】

STEP 1 启动【SQL Server Management Studio】程序，可用数据库设置为 教学管理数据库 。

STEP 2 在【SQL 查询】标签页中输入以下语句：

```
alter table 学生表
add foreign key (所属专业编号) references 专业表 (专业编号)
```

STEP 3 单击工具栏中的 ! 执行(X) 按钮，执行 alter table 语句。

语句执行成功后 SQL Server 会自动定义关系名称。

（四） 在【外键关系】窗口中删除关系

删除表与表之间的关系就是解除对表之间数据一致性的约束。

【操作目标】

删除“学生表”与“专业表”之间的关系。

【操作步骤】

STEP 1 在【SQL Server Management Studio】中，打开“学生表”的【表设计】标签页，在列表框中的任意位置单击鼠标右键，弹出快捷菜单。单击【关系】菜单项，打开【外键关系】窗口，如图 4-18 所示。

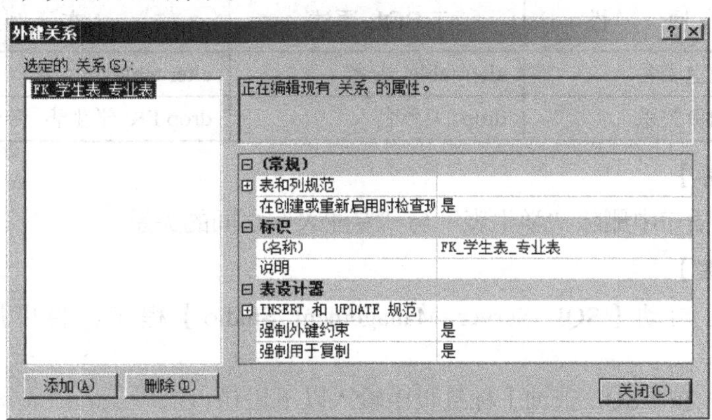

图4-18　选择要删除的关系

STEP 2 在【选定的 关系(S)】列表框中选中“FK_学生表_专业表”，单击 删除(D) 按钮，删除关系。单击工具栏上的保存按钮，保存“学生表”与“专业表”的修改。

【知识链接】

在【数据库关系图】中删除关系的操作也非常简单，参考如下步骤。

在【SQL Server Management Studio】中打开数据库关系图“学生表与专业表的关系”，在关系连接线上单击鼠标右键，弹出快捷菜单，如图 4–19 所示。

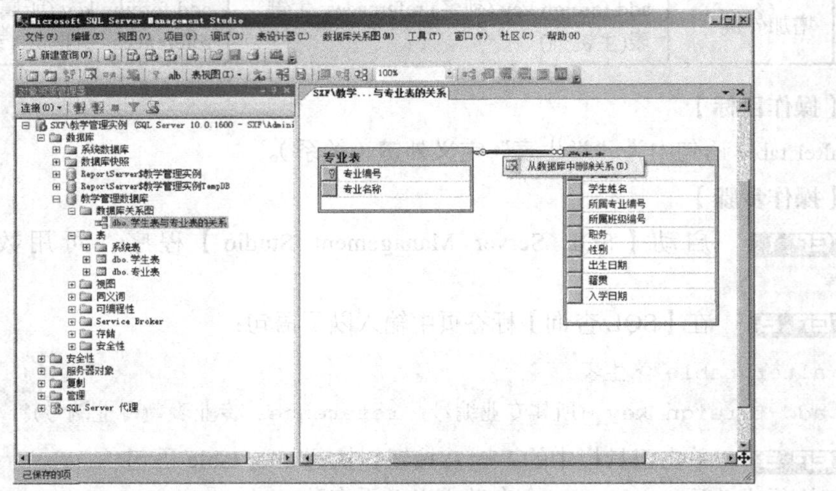

图4–19 选择要删除的关系

单击【从数据库中删除关系】菜单项，从数据库中删除关系。删除成功后单击菜单栏中的按钮，保存对“学生表”和“专业表”的更改。

（五） 在 alter table 语句中删除关系

在 alter table 语句中删除关系，只需要在语句中指定关系名即可。

【基础知识】

在 alter table 语句中删除关系的语法如表 4–5 所示。

表 4–5 alter table 语句中移除关系的语法

项目	属　性	T-SQL 语法	本示例语法
1	指定表名	alter table 表名	alter table 学生表
2	删除关系	drop 关系名	drop FK_学生表_专业表

【操作目标】

在 alter table 语句中删除“学生表”与“专业表”之间的关系。

【操作步骤】

STEP 1 启动【SQL Server Management Studio】程序，将可用数据库设置为 教学管理数据库。

STEP 2 在【SQL 查询】标签页中输入以下语句：

```
alter table 学生表
drop FK_学生表_专业表
```

STEP 3 单击工具栏中的 执行(X) 按钮，执行 alter table 语句。

任务三 为“学生表”定义索引

索引是由表中的一个或多个列生成的键值，是反映表中数据存储位置的指针。设计良好的索引可以快速确定表中数据的存储位置，能显著提高数据库的查询速度。被设置为索引的列称为“索引列”。

【基础知识】

索引可以分为“唯一索引”“非唯一索引”“聚集索引”和“非聚集索引”。

（1）唯一索引

如果表的某列被设置为索引列，表的全部记录在此列上的列值均不相同，称此索引为“唯一索引”。唯一索引用“unique index”表示。表的主键是特殊的唯一索引。

主键是唯一索引，但唯一索引不一定是主键。例如，“专业表”中“专业名称”列的取值也不相同，但“专业名称”并不是主键。

（2）非唯一索引

如果表的某列被设置为索引列，表的全部记录在此列上的列值存在重复值，称此索引为“非唯一索引”。非唯一索引用“index”表示。

非唯一索引一定不是主键。

（3）聚集索引

同一个表中的记录在磁盘上的物理存储位置并不连续，如果记录的物理存储顺序与表的索引的顺序一致，称此索引为“聚集索引”。聚集索引用“clustered index”表示。聚集索引可以大大提高记录的检索速度。

（4）非聚集索引

如果记录的物理存储顺序与表的索引的顺序不一致，称此索引为“非聚集索引”。非聚集索引用“nonclustered index”表示。

（一） 在【表设计】标签页中定义索引

通过执行本节，读者应掌握在【表设计】标签页中定义索引的方法。

【基础知识】

索引是指示记录在磁盘上的存储位置的指针，也需要占用存储空间，而且在对表新增、删除、修改数据后需要占用时间更新索引值。因此，如果对表设置了过多的索引，不仅占用了过多的存储空间，反而会降低记录更新效率。通常情况下，只对经常检索的列设置索引。

在 SQL Server 中，索引名的默认格式为

```
IX_表名
```

【操作目标】

将“课程名称”定义为“课程表”的唯一索引。

【操作步骤】

STEP 1 打开“课程表”的【表设计】标签页，在列表框中的任意位置单击鼠标右键，弹出快捷菜单。单击【索引/键】菜单项，打开【索引/键】窗口，如图 4-20 所示。

STEP 2 单击 添加(A) 按钮，在【选定的 主/唯一键或索引(S)】列表框中显示默认

的索引名“IX_课程表*”，同时在右半部分显示与此索引有关的项目。首先选中“课程名称（ASC）”，单击按钮，显示【索引列】窗口。在【列名】下拉列表框中选择“课程名称”，在【排序顺序】下拉列表框中选择“升序”，如图 4-21 所示。

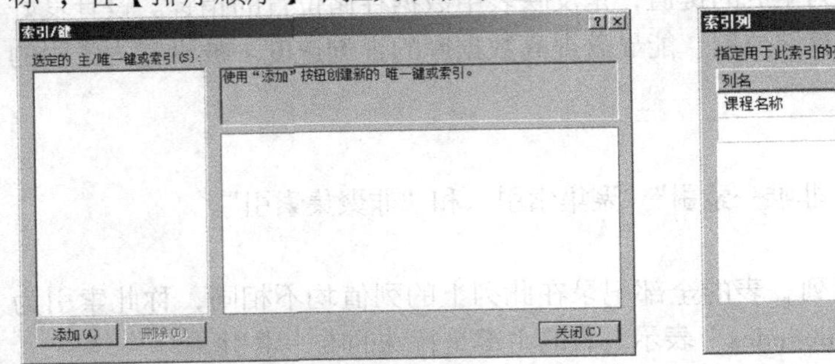

图4-20 默认索引设置

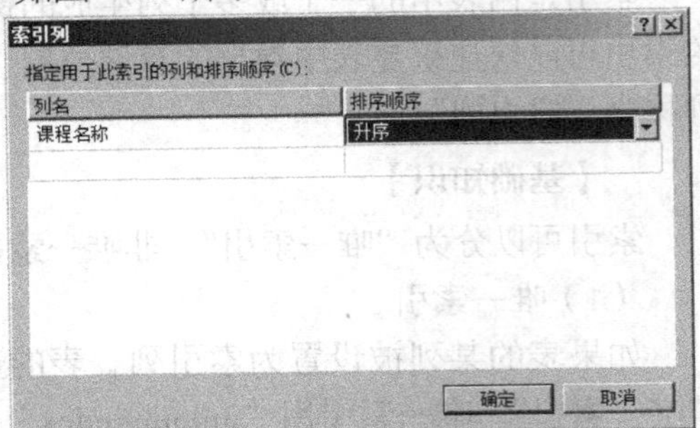

图4-21 设置索引

STEP 3 单击 确定 按钮返回【索引/键】窗口，并将【是唯一的】项目选择为“是”，将【创建为聚集的】项目选择为“是”，如图 4-22 所示。

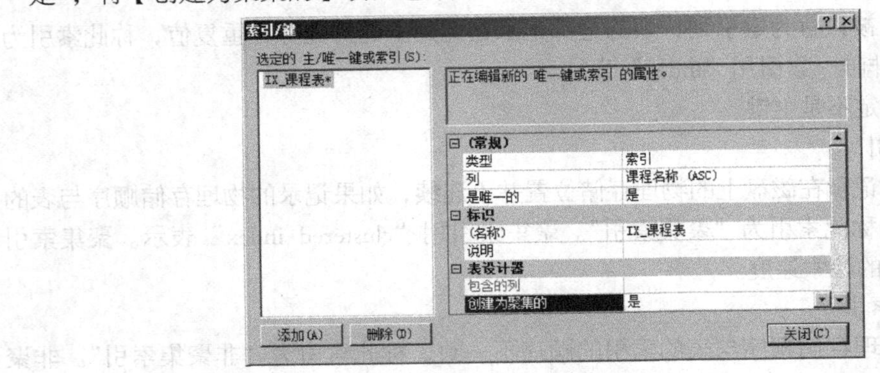

图4-22 设置索引属性

STEP 4 单击 关闭 按钮，关闭【索引/键】窗口。在【SQL Server Management Studio】中单击按钮，保存定义的索引和对“课程表”的修改。

【知识链接】

在【索引/键】窗口中删除索引的方式与删除主键的方式相同。

（二）用 create index 语句定义索引

如果表已经存在，并且存在记录，此时对表创建唯一索引，可能会因为表中存在重复记录而使索引创建失败。通常情况下，都是在创建表的同时为表定义索引。

【基础知识】

创建索引的 T-SQL 语句是 create index，其语法如表 4-6 所示。

表 4-6 create index 语句的语法

项目	属性	T-SQL 语法	本示例语法
1	指定索引类型和名称	create [unique/clustered/nonclustered] index 索引名	create unique index IX_课程表
2	指定表名和列名	on 表名 (列名,列名……)	on 课程表 (课程名称)

【操作目标】

用 create index 语句为“课程表”定义唯一索引，索引列为“课程名称”。

【操作步骤】

STEP 1 启动【SQL Server Management Studio】程序，将可用数据库设置为 教学管理数据库。

STEP 2 在【SQL 查询】标签页中输入以下语句：

```
create unique index IX_课程表
on 课程表 (课程名称)
```

STEP 3 单击工具栏中的 执行(X) 按钮执行语句。

STEP 4 在“课程表”的【索引】子节点中检查索引是否创建成功。

（三） 用 drop index 语句删除索引

由于索引占用一定的存储空间，因此在不需要索引的时候，尽量删除索引。

【基础知识】

删除索引的 T-SQL 语句是 drop index，其语法如表 4-7 所示。

表 4-7 drop index 语句的语法

项目	属性	T-SQL 语法	本示例语法
1	指定索引名称	drop index 索引名	drop index IX_课程表

【操作目标】

删除“课程表”的唯一索引“IX_课程表”。

【操作步骤】

STEP 1 启动【SQL Server Management Studio】程序，将可用数据库设置为 教学管理数据库。

STEP 2 在【SQL 查询】标签页中输入以下语句：

```
drop index IX_课程表
```

STEP 3 单击工具栏中的 执行(X) 按钮执行语句。

STEP 4 在“课程表”的【索引】子节点中检查索引是否已删除。

实训一 为“专业表”“班级表”和“教师表”设置主键

本实训要求在【表设计】标签页窗口中设置。“专业表”的主键为“专业编号”，“班级表”的主键为“班级编号”，“教师表”的主键为“教师编号”。

本实训参考任务一中第（一）节的内容，操作提示如下。

【操作提示】

STEP 1 打开表的【表设计】标签页窗口。

STEP 2　在列表框中选择主键列，单击鼠标右键，在弹出的快捷菜单中将列设置为主键。

实训二　定义“班级表”与“专业表”的关系

要求在“班级表”的【表设计】标签页中定义关系，其中“专业表”为主键表，“班级表”为外键表。本实训参考任务二中第（一）节的内容，主要操作步骤如下。

【操作提示】

STEP 1　打开“班级表”的【表设计】标签页。
STEP 2　在【主键表】下拉列表中选择“专业表”，列名选择为“专业编号”。
STEP 3　在【外键表】下拉列表中选择“班级表”，列名选择为“所属专业编号”。
STEP 4　其余用默认设置。
STEP 5　关闭【外键关系】窗口，在【SQL Server Management Studio】中保存修改。

实训三　将“学生编号”设置为“成绩表”的索引

要求在“成绩表”的【属性】窗口中设置索引，索引名称为“IX_成绩表_学生编号”。本实训参考任务三中第（一）节的内容，主要操作步骤如下。

【操作提示】

STEP 1　打开“成绩表”的【表设计】标签页。
STEP 2　在列表框中选择“学生编号”列，顺序为升序。
STEP 3　在【索引名】文本框中输入“IX_成绩表_学生编号”。
STEP 4　关闭【外键关系】窗口，在【SQL Server Management Studio】中保存修改。

实训四　将“选修课程编号”设置为“成绩表”的索引

要求用 create index 语句创建索引，索引名称为“IX_成绩表_选修课程编号”。本实训参考任务三中第（二）节的内容，参考语句如下：

```
create index IX_成绩表_课程编号 on 成绩表(选修课程编号)
```

项目拓展

在项目拓展中要运用任务二中第（三）节及任务二中第（一）节【知识链接三】中所学的知识。

【拓展要求】

- 要求使用 alter table 语句为“成绩表”分别定义与“学生表”“课程表”和“班级表”的关系，以及“班级表”与“专业表”之间的关系。
- 在关系定义成功后，在新建的数据库关系图中检查关系是否正确，并保存数据库关系图。

【分析提示】

仔细观察“成绩表”“学生表”“课程表”“班级表”和“专业表”的列和数据，会发现各表之间存在以下关联关系。

STEP 1 “成绩表”与“学生表”的关系命名为“FK_成绩表_学生表”，产生关联的列为“成绩表”的“学生编号”列和“学生表”的“学生编号”列。

STEP 2 “成绩表”与“课程表”的关系命名为“FK_成绩表_课程表”，产生关联的列为“成绩表”的“选修课程编号”列和“课程表”的“课程编号”列。

STEP 3 “成绩表”与“班级表”的关系命名为“FK_成绩表_班级表”，产生关联的列为“成绩表”的“班级编号”列和“班级表”的“班级编号”列。

STEP 4 “班级表”与“专业表”的关系命名为“FK_班级表_专业表”，产生关联的列为“班级表”的“所属专业编号”列和“专业表”的“专业编号”列。

以上关系可以在“alter table 成绩表”语句中定义。如果关系定义成功，在向新建的数据库关系图中添加以上 4 个表以后，会自动用连接线显示 4 个表之间的关系。

思考与练习

一、填空题

1. 主键是________能够区分表中每一行记录的一个或多个列。
2. 不是所有的表都必须设置主键，但一个表只能有________个主键，主键________为空值，并且可以强制表中的记录的________。主键的标志为________，简写为________。
3. 被设置为主键的列称为________。
4. 存在两个表 A 和 B，表 A 中的主键列在表 B 中也存在，但并不是表 B 的主键，仅作为表 B 的一个必要的属性，则称此属性为表 B 的________。
5. SQL Server 中外键的标志为________，简写为________。
6. SQL Server 的索引有________、________、________和________ 4 类。
7. 索引由表的一个或多个列构成，一个表允许具有________个索引。

二、选择题

1. 如果将某一列设置为表的主键，在表中此列的值（　　）。

   A. 可以出现重复值　　B. 允许为空值

   C. 不允许为空值，也不能出现重复值　　D. 不允许为空值，但允许列值重复

2. 对于表的外键，下列描述正确的是（　　）。

   A. 是表的非主键列，是另一个表的主键列

   B. 主键和外键不能描述表之间的关系

C. 外键不能是表的索引

D. 外键允许为空值

3. 下列对索引的描述，正确的是（　　）。

A. 索引用 create view 语句创建

B. 索引用 drop view 语句删除

C. 索引是描述表中记录存储位置的指针

D. 一个表只允许有一个索引

4. 表的主键也是表的（　　）。

A. 非唯一索引　　B. 聚集索引　　C. 非聚集索引　　D. 唯一索引

5. 如果一个表中记录的物理存储顺序与索引的顺序一致，则称此索引为（　　）。

A. 唯一索引　　B. 聚集索引　　C. 非唯一索引　　D. 非聚集索引

三、简答题

1. 简述表的主键的含义。
2. 简述在【表设计】标签页中定义主键的方法。
3. 简述在 create table 语句和 alter table 语句中定义主键的语法。
4. 简述在表的【属性】窗口中删除主键的方法。
5. 简述在 alter table 语句中移除表的主键的方法。
6. 简述表的外键的含义，以及表与表之间的关系的含义。
7. 简述在【属性】窗口中定义和删除两个表之间关系的方法。
8. 简述在 create table 语句和 alter table 语句中定义和移除外键或关系的语法。
9. 简述表的索引的含义。
10. 简述“唯一索引”“非唯一索引”“聚集索引”和“非聚集索引”的含义。
11. 简述在【属性】窗口中定义索引的方法。
12. 简述用 create index 语句创建索引的语法。
13. 简述用 drop index 语句删除索引的语法。

四、操作题

1. 用 alter table 语句为“专业表”“班级表”和“教师表”设置主键，主键列的选择参考“实训一”。

2. 用 alter table 语句定义“班级表”与“专业表”的关系，主键表和外键表参考“实训二”。

3. 用 create index 语句将“学生编号”设置为“成绩表”的索引。

PART 5

项目五 对表查询实现学籍管理

在前面的项目中为"教学管理数据库"创建了数据库表，并学习了如何向表中添加数据，现在讲解如何将表中的数据根据应用的需求展现出来。本项目通过完成两个任务，由浅入深地学习 SQL Server 常用查询操作的语法。

任务一用简单查询显示学生信息：讲解对单独一个表查询的语句的语法。

任务二使用函数管理学籍：讲解 SQL Server 常用内置函数的功能和语法。

在"项目实训"中，进一步熟悉查询语句的语法和常用内置函数用法，并在"项目拓展"中综合使用以上所学知识。

知识技能目标

- 理解并掌握查询语句的语法结构。
- 掌握在查询语句的 select 子句中指定列的语法。
- 理解算术运算符的含义、语法及算术表达式的定义。
- 掌握字符串串联运算符及字符串串联表达式的语法。
- 理解比较运算符的含义、语法及关系表达式的定义。
- 理解逻辑运算符的含义、语法及逻辑表达式的定义。
- 掌握如何在查询语句的 where 子句中使用关系表达式和逻辑表达式来限制返回行。
- 掌握特殊的逻辑运算符 like、between...and...的含义和语法。
- 掌握在查询语句中使用 order by 子句对查询结果排序的语法。
- 了解 SQL Server 提供的内置函数的分类。
- 掌握常用的内置函数 distinct、case...when...、convert 和 substring 的含义和语法。
- 通过对常用查询操作的学习，能够根据实际需求编写查询语句，并能从"联机丛书"中检索函数的用法。

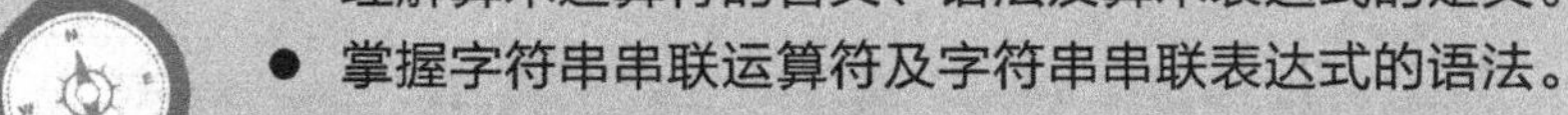

理解并熟练掌握以上内容为在后面项目中进一步学习聚合函数及对多个表的链接查询奠定基础。

任务一 简单查询

本任务从最简单的查询入手，由浅入深地讲解查询语句的语法结构。

【基础知识】

本任务的基础知识是查询语句的语法结构，如表 5-1 所示。

表 5-1 查询语句的语法结构

项目	语法	说明
1	select <*/列名/表达式,……>	select 子句，指定查询对象
2	from <表名>	from 子句，指定数据来源
3	where <关系表达式/逻辑表达式>	where 子句，筛选查询结果集中的记录，只返回符合条件的记录
4	group by <列名/表达式>	group by 子句，分组显示汇总查询结果
5	having <有聚合函数参与的关系表达式或逻辑表达式>	having 子句，筛选分组汇总查询结果
6	order by <列名/表达式> desc/asc,……	order by 子句，对查询结果集中的记录按升序或降序排列

完整的查询语句包括 6 个子句，其中除“select 子句”和“from 子句”是必选项外，其余子句都是根据实际需要添加的可选项，以下通过 6 个操作深入讲解查询语句的语法。在本任务中使用的示例表为项目三中创建的“学生表”，表中的记录如图 5-1 所示。

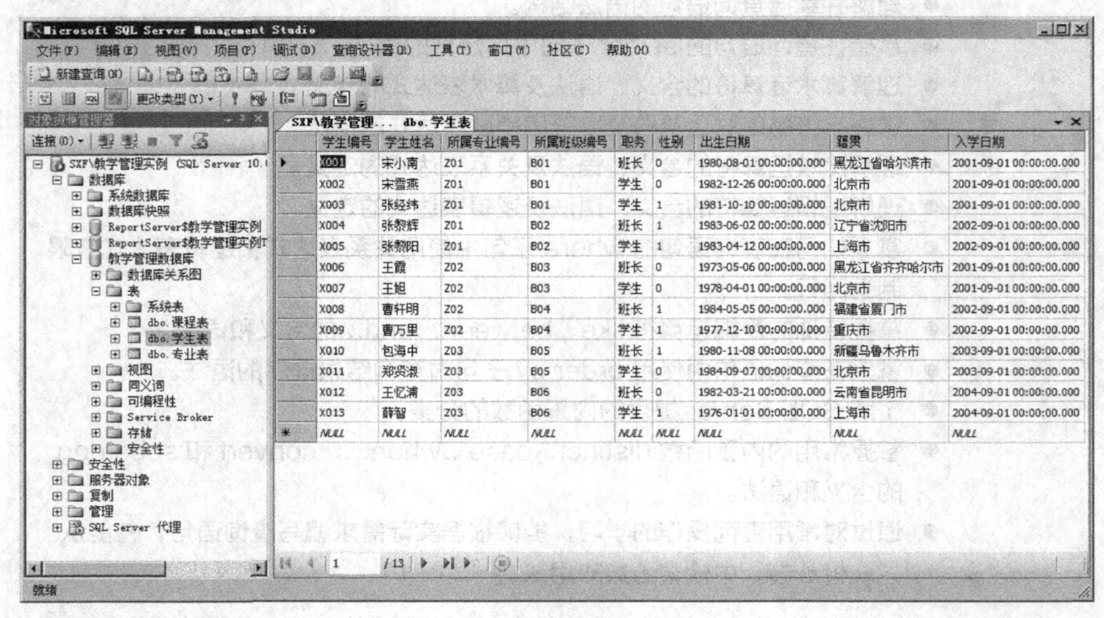

学生编号	学生姓名	所属专业编号	所属班级编号	职务	性别	出生日期	籍贯	入学日期
X001	宋小南	Z01	B01	班长	0	1980-08-01 00:00:00.000	黑龙江省哈尔滨市	2001-09-01 00:00:00.000
X002	宋雪燕	Z01	B01	学生	0	1982-12-26 00:00:00.000	北京市	2001-09-01 00:00:00.000
X003	张经纬	Z01	B01	学生	1	1981-10-10 00:00:00.000	北京市	2001-09-01 00:00:00.000
X004	张黎辉	Z01	B02	班长	1	1983-06-02 00:00:00.000	辽宁省沈阳市	2002-09-01 00:00:00.000
X005	张黎阳	Z01	B02	学生	1	1983-04-12 00:00:00.000	上海市	2002-09-01 00:00:00.000
X006	王霞	Z02	B03	班长	0	1973-05-06 00:00:00.000	黑龙江省齐齐哈尔市	2001-09-01 00:00:00.000
X007	王旭	Z02	B03	学生	0	1978-04-01 00:00:00.000	北京市	2001-09-01 00:00:00.000
X008	曹轩明	Z02	B04	班长	1	1984-05-05 00:00:00.000	福建省厦门市	2002-09-01 00:00:00.000
X009	曹万里	Z02	B04	学生	1	1977-12-10 00:00:00.000	重庆市	2002-09-01 00:00:00.000
X010	包海中	Z03	B05	班长	1	1980-11-08 00:00:00.000	新疆乌鲁木齐市	2003-09-01 00:00:00.000
X011	郑贤淑	Z03	B05	学生	0	1984-09-07 00:00:00.000	北京市	2003-09-01 00:00:00.000
X012	王忆浦	Z03	B06	班长	0	1982-03-21 00:00:00.000	云南省昆明市	2004-09-01 00:00:00.000
X013	薛智	Z03	B06	学生	1	1976-01-01 00:00:00.000	上海市	2004-09-01 00:00:00.000
NULL	NULL	NULL	NULL	NULL	NULL	NULL	NULL	NULL

图5-1 学生表中的记录

（一）用 select 子句查询指定列

一个表可能会拥有很多列，分别描述实体的不同属性，有些表甚至可能有上百个列。通常情况下，不同角色的用户只关注与自己有关的属性。例如，宿舍管理员只关注学生的姓名和性别，好依此分配宿舍；教师更关注学生的成绩等。因此，在查询表中的数据时不需要将全部列都显示出来，只需要显示指定的几列。

【基础知识】

在 select 子句中查询指定列的语法如表 5-2 所示。

表 5-2 在 select 子句中指定所查询列

项目	语法	说明
1	select <列名,列名,列名……>	指定查询的列名，列名之间用“,”隔开
2	from <表名>	指定数据来源的表

【操作目标】

本节要求显示“学生表”中的“学生姓名”“职务”和“入学日期”，如表 5-3 所示。

表 5-3 显示“学生表”指定列的执行结果

学生姓名	职务	入学日期
宋小南	班长	2001-9-1
宋雪燕	学生	2001-9-1
张经纬	学生	2001-9-1
张黎辉	班长	2002-9-1
张黎阳	学生	2002-9-1
王霞	班长	2001-9-1
王旭	学生	2001-9-1
曹轩明	班长	2002-9-1
曹万里	学生	2002-9-1
包海中	班长	2003-9-1
郑贤淑	学生	2003-9-1
王忆浦	班长	2004-9-1
薛智	学生	2004-9-1

【操作步骤】

STEP 1 启动【SQL Server Management Studio】程序，设置可用数据库为 教学管理数据库 。

STEP 2 在【SQL 查询】标签页中输入如图 5-2 所示的 select 语句。

STEP 3 单击工具栏上的 ! 执行(X) 按钮执行以上查询，执行结果如图 5-2 所示。

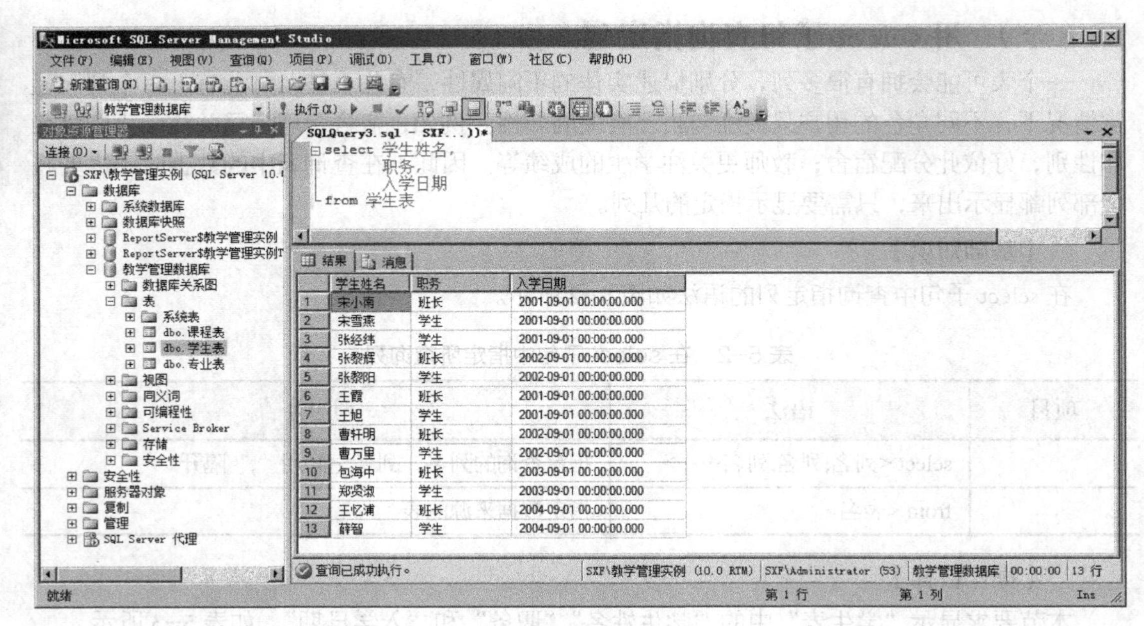

图5-2　查询指定列

请读者对比图 5-2 所示的查询结果与表 5-2 所示的内容是否一致。

【知识链接】

在显示表的全部列的时候，为避免发生错误，不必在 select 子句中将全部列名都写出来，为了保证查询语句的可读性和避免错误，SQL Server 允许用通配符“*”代表全部列名。

请读者在【SQL 查询】标签页中输入并执行以下查询语句，检查执行结果与图 5-1 所示的是否一致。

```
select *
from 学生表
```

（二） 用表达式计算学生年龄

表中的列虽然可以代表很多属性，但是有些属性不能直接由列表达出来，需要对列进行适当的运算，运算结果才是我们需要考察的内容。假设在“学生表”中存在一个列为“年龄”。因为学生的生日可能是一年中的任何一天，如果要得到每个学生确切的年龄，每一天都需要更新“学生表”，这显然增加了数据库维护的难度。聪明的做法是，在“学生表”中使用“出生日期”列，需要的时候用当前日期与出生日期相减，计算的结果就是学生的年龄。

通过对本节的执行，读者应掌握各种算术运算符的含义和语法、字符串串联运算符的语法，以及算术表达式和字符串串联表达式的用法。

【基础知识】

（1）算术运算符和算术表达式

算术运算符对一个列或多个列执行数学运算，如表 5-4 所示。

由算术运算符构成的表达式称为“算术表达式”。列是最简单的表达式，一个算术表达式也可以嵌套在另一个算术表达式中参与运算。

表 5-4　算术运算符

算术运算符	名称	说明	语法
+	加	执行两个数相加的算术运算	数值类型列 + 数值类型列
-	减	执行一个数减去另一个数的算术运算	数值类型列 - 数值类型列
*	乘	执行两个数相乘的算术运算	数值类型列 * 数值类型列
/	除	执行一个数除以另一个数的算术运算	被除数列 / 除数列
%	取模	返回一个除法运算的整数余数	被除数列 % 除数列

（2）字符串串联运算符和字符串串联表达式

“+”不仅可以作为两个算术表达式相加的算术运算符，而且可以将两个或更多的字符串表达式按顺序组合为一个字符串，如表 5-5 所示。

表 5-5　字符串串联运算符

字符串串联运算符	名称	说明	语法
+	字符串串联	执行两个数相加的算术运算	字符串类型列 + 字符串类型列

由“+”连接的字符串称为“字符串串联表达式”。一个字符串串联表达式也可以嵌套在另一个字符串串联表达式中参与运算。

【操作目标】

本节要求显示“学生姓名”“籍贯”“出生日期”和“年龄”，其中“年龄”为当前日期与出生日期相减的年数，如表 5-6 所示。

表 5-6　显示学生年龄

学生姓名	籍贯	出生日期	年龄
宋小南	黑龙江省哈尔滨市	1980-8-1	34
宋雪燕	北京市	1982-12-26	32
张经纬	北京市	1981-10-10	33
张黎辉	辽宁省沈阳市	1983-6-2	31
张黎阳	上海市	1983-4-12	31
王霞	黑龙江省齐齐哈尔市	1979-5-6	41
王旭	北京市	1978-4-1	36
曹轩明	福建省厦门市	1984-5-5	30
曹万里	重庆市	1977-12-10	37
包海中	新疆乌鲁木齐市	1980-11-8	34
郑贤淑	北京市	1984-9-7	30
王忆浦	云南省昆明市	1982-3-21	32
薛智	上海市	1976-1-1	38

【操作步骤】

STEP 1　启动【SQL Server Management Studio】程序，设置可用数据库为 教学管理数据库 。

STEP 2　在【SQL 查询】标签页中输入如图 5-3 所示的 select 语句。

STEP 3　单击工具栏上的 ! 执行(X) 按钮执行以上查询，执行结果如图 5-3 所示。

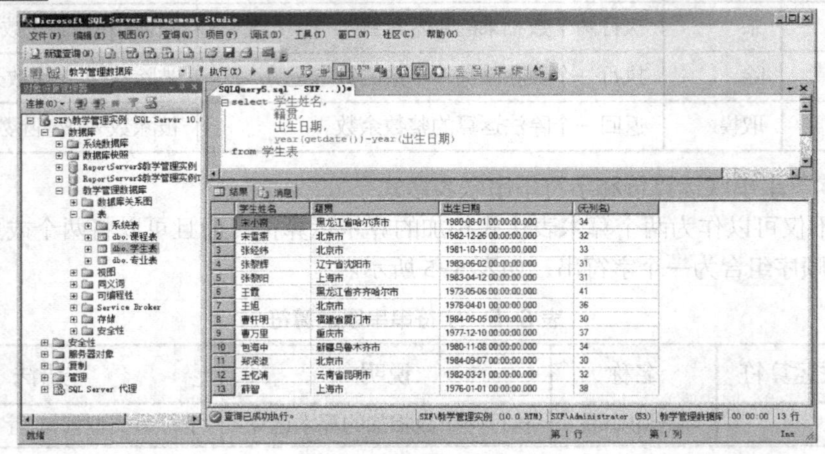

图5-3　显示表达式结果

select 子句中的函数 getdate()可以获取系统的当前日期和时间，函数 year()可以只获取日期中的年，详细内容参见本书“附录 A SQL Server 的内置函数”。请读者对比图 5-3 所示的查询结果与表 5-6 所示的内容是否一致。

【知识链接一】

读者一定注意到了，在图 5-3 中年龄列的列头为“无列名”。SQL Server 对于表达式的计算结果，默认显示的列头均为“(无列名)”。如果要让此列头显示“学生年龄”，则必须在 select 子句中为表达式定义别名。有以下两种方式定义别名。

- 表达式 as 别名
- 表达式 别名

按以上任意一种方式重新编写并执行本节的查询语句，结果如图 5-4 所示。

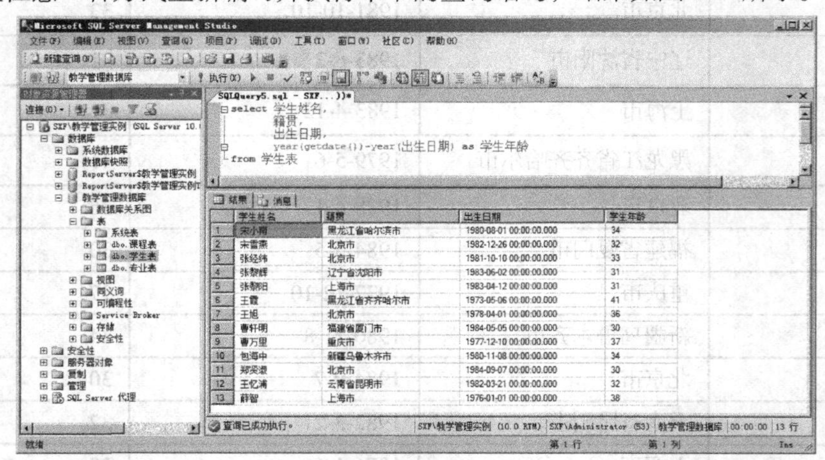

图5-4　为表达式定义别名

为了增加查询语句的可读性，不仅可以对表达式定义别名，对列、表都可以定义别名，尤其常在多个表连接查询的查询语句中使用。详细内容将在“项目八”中介绍。

【知识链接二】

在图 5-3 所示的查询语句中，“year(getdate())-year(出生日期)”表达式在前面没有介绍过。读者在今后的学习和工作中会经常遇到这种情况，因为任何一本教材都是有针对性的，不可能面面俱到地把 SQL Server 的全部知识介绍完整。这就需要读者能够通过查找 SQL Server 帮助文件解决问题。

SQL Server 的帮助文件（或称联机丛书）是一个可执行程序，安装 SQL Server 2008 时可选择是否安装“联机丛书”项目，参见项目一的图 1-9。SQL Server 2008 安装成功后，在 Windows 操作系统的“Microsoft SQL Server 2008”程序组中可以看到“联机丛书”的快捷菜单项【SQL Server 联机丛书】。

“SQL Server 联机丛书”程序启动后，程序主界面中包括左右两部分，以查询函数“year()”的使用方法为例。在【筛选依据】下拉列表框中选择“SQL Server 2008”，选中下面的【索引】标签页，在【查找】文本框中输入“year”。随着输入，联机丛书程序会自动匹配与其相关的结果。根据需要选择一个要查找的项目，在本例子中，选择“YEAR 函数 [SQL Server]”，如图 5-5 所示。

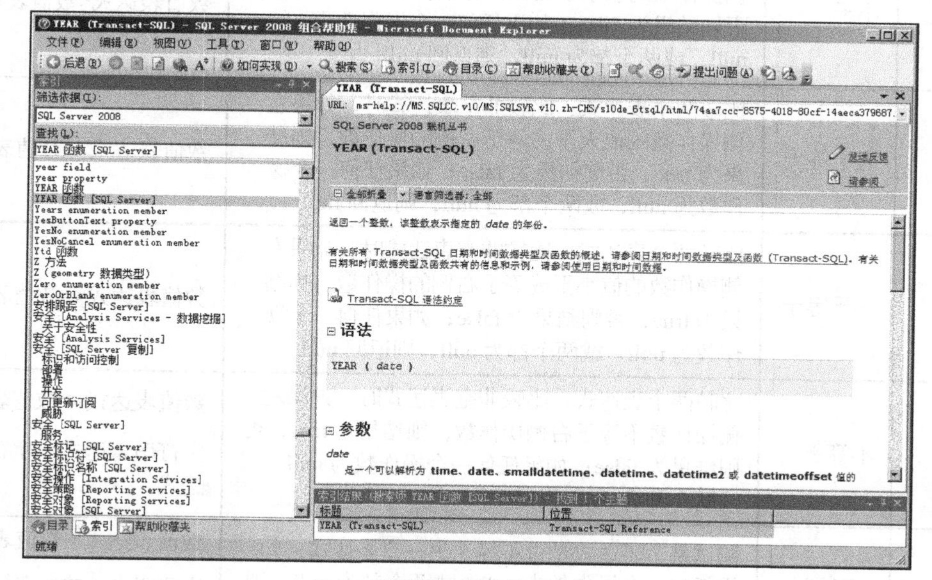

图5-5 联机丛书

按照以上操作，读者可以根据自己的问题在联机丛书中查找答案。

（三）用 where 子句限制查询结果

在实际应用中，表中的记录可能会多达几万条甚至几百万条，如果将全部记录都显示出来，显然为观察查询结果造成困难。SQL Server 允许在 where 子句中使用“关系表达式”和“逻辑表达式”设置查询条件，只返回符合条件的记录。

通过对本节的执行，读者应掌握各种比较运算符和逻辑运算符的含义，并且能够根据应用的实际需求，在 where 子句中编写关系表达式和逻辑表达式。

【基础知识】

（1） 比较运算符和关系表达式

比较运算符用于测试两个表达式的值是否相同，如表 5-7 所示。

表 5-7 比较运算符

比较运算符	名称	说明	语法
=	等于	比较两个表达式的等价性	数值表达式=数值表达式 字符串表达式=字符串表达式
>	大于	比较两个表达式：当比较非空表达式时，如果左侧操作数的值大于右侧操作数，则结果为 true，否则结果为 false；如果任何一个操作数为 null，或两个都为 null，则返回 null	数值表达式>数值表达式
<	小于	比较两个表达式：比较非空表达式时，如果左侧操作数的值小于右侧操作数，则结果为 true，否则结果为 false；如果任何一个操作数为 null，或两个都为 null，则返回 null	数值表达式<数值表达式
>=	大于等于	比较两个表达式：比较非空表达式时，如果左侧操作数的值大于或等于右侧的操作数，则结果为 true，否则结果为 false；如果任何一个操作数为 null，或两个都为 null，则返回 null	数值表达式>=数值表达式
<=	小于等于	比较两个表达式：比较非空表达式时，如果左侧操作数的值小于或等于右侧的操作数，则结果为 true，否则结果为 false；如果任何一个操作数为 null，或两个都为 null，则返回 null	数值表达式<=数值表达式
<>	不等于	比较两个表达式：比较非空表达式时，如果左侧操作数不等于右侧操作数，则结果为 true，否则结果为 false；如果任何一个操作数为 null，或两个都为 null，则返回 null	数值表达式<>数值表达式 字符串表达式<>字符串表达式
!=	不等于	测试某个表达式是否不等于另一个表达式：如果任何一个操作数为 null，或两个都为 null，则返回 null（其功能与<>比较运算符相同）	数值表达式!=数值表达式 字符串表达式!=字符串表达式
!<	不小于	比较两个表达式：比较非空表达式时，如果左侧操作数的值不小于右侧操作数的值，则结果为 true，否则结果为 false。如果任何一个操作数为 null，或两个都为 null，则返回 null	数值表达式!<数值表达式
!>	不大于	比较两个表达式：比较非空表达式时，如果左侧操作数的值不大于右侧的操作数，则结果为 true，否则结果为 false；如果任何一个操作数为 null，或两个都为 null，则返回 null	数值表达式!>数值表达式

有比较运算符连接的表达式称为“关系表达式”，关系表达式的结果只能为“true（真）”或“false（假）”。在比较运算符两端，参与比较运算的表达式可以是数值表达式，也可以是字符串表达式，但类型必须一致，否则将提示错误信息。原则上，数值表达式可以参与以上任何一种比较运算，字符串表达式只能参与“等于”和“不等于”的运算。

（2） 逻辑运算符和逻辑表达式

逻辑运算符对表达式按条件进行测试，获得其真实情况。常用的几种逻辑运算符如表5-8所示。

表 5-8 逻辑运算符

逻辑运算符	名称	说明	语法
and	与	参与运算的两个表达式全部为 true 时结果为 true，两个表达式任意一个为 false 时结果为 false	关系表达式 and 关系表达式
or	或	参与运算的两个表达式全部为 false 时结果为 false，两个表达式任意一个为 true 时结果为 true	关系表达式 or 关系表达式
not	非	参与运算的表达式为 true 时结果为 false，表达式为 false 时结果为 true	not 关系表达式

有逻辑运算符参与的表达式称为“逻辑表达式”，逻辑表达式的结果也只能为“true（真）”或“false（假）”。

SQL Server 还提供了很多特殊的逻辑运算符，如 in、any、all、exist、like、between…and…等，关于它们的含义和用法将在后续的项目和任务中详细介绍。

关系表达式和逻辑表达式有时也称为“条件表达式”。

【操作目标】

本节要求显示年龄为 33～38 岁的学生记录，包括“学生姓名”“所属班级编号”“职务”和“年龄”，如表 5-9 所示。

表 5-9 年龄为 33～38 岁的学生记录

学生姓名	所属班级编号	职务	年龄
宋小南	B001	班长	34
张经纬	B001	学生	33
王旭	B003	学生	36
曹万里	B004	学生	37
包海中	B005	班长	34
薛智	B006	学生	38

【操作步骤】

STEP 1 启动【SQL Server Management Studio】程序，设置可用数据库为 教学管理数据库 。

STEP 2 在【SQL 查询】标签页中输入如图 5-6 所示的语句。

STEP 3 单击工具栏上的 ! 执行(X) 按钮执行以上查询，执行结果如图 5-6 所示。

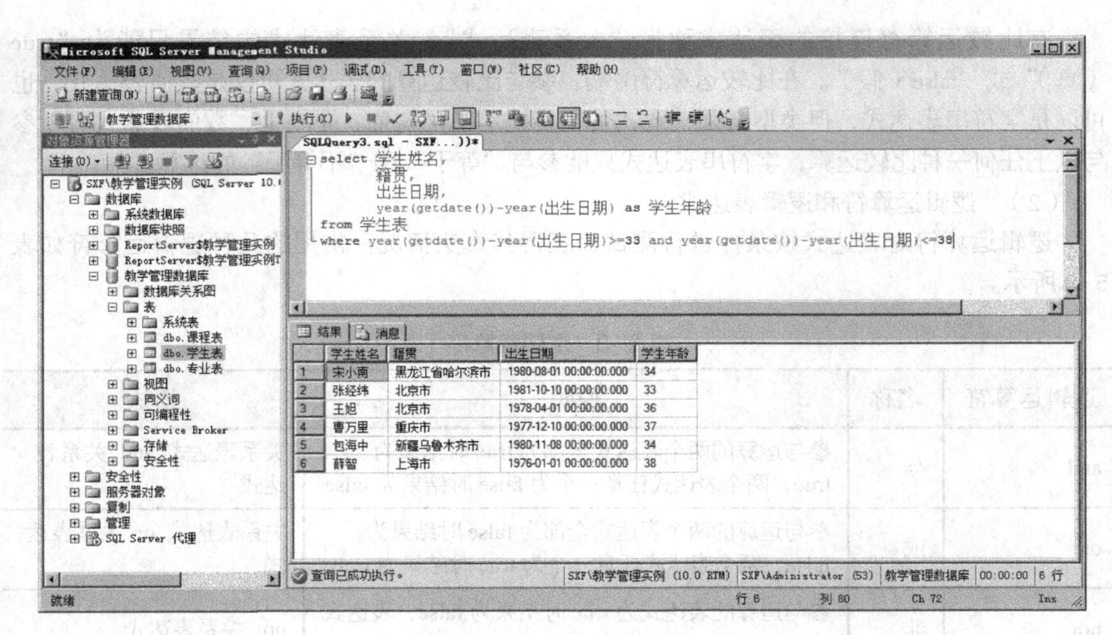

图5-6 用 where 子句限制返回行

请读者比较图 5-6 所示的查询结果与表 5-9 所示的内容是否一致。

【知识链接】

在本任务的第（二）节和第（三）节中介绍了 SQL Server 常用的算术运算符、字符串串联运算符、比较运算符和基本的逻辑运算符。当一个复杂的表达式中存在多种运算符时，运算符的优先级决定运算执行的先后次序，执行顺序有时会严重地影响运算结果。当相邻的两个运算符的优先级相同时，将按照它们在表达式中的位置从左到右进行运算。括号“()”可以强制改变运算符优先级的顺序。如果一个表达式中包含括号，将按照括号的层次由内层到外层的顺序运算。运算符的优先级别如表 5-10 所示。

表 5-10 运算符的优先级别

级别	运算符	级别	运算符
1	*（乘）、/（除）、%（取模）	4	not
2	+（正）、-（负）、+（加）、（+连接）、-（减）	5	and
3	=、>、<、>=、<=、<>、!=、!>、!<（比较运算符）	6	all、any、between、in、like、or、some

【任务拓展】

使用逻辑运算符 or，查询年龄在 33 岁以下（不包括 33 岁）和 35 岁以上（包括 35 岁）的学生记录，包括“学生姓名”“籍贯”“出生日期”和“年龄”。查询语句和结果如图 5-7 所示。

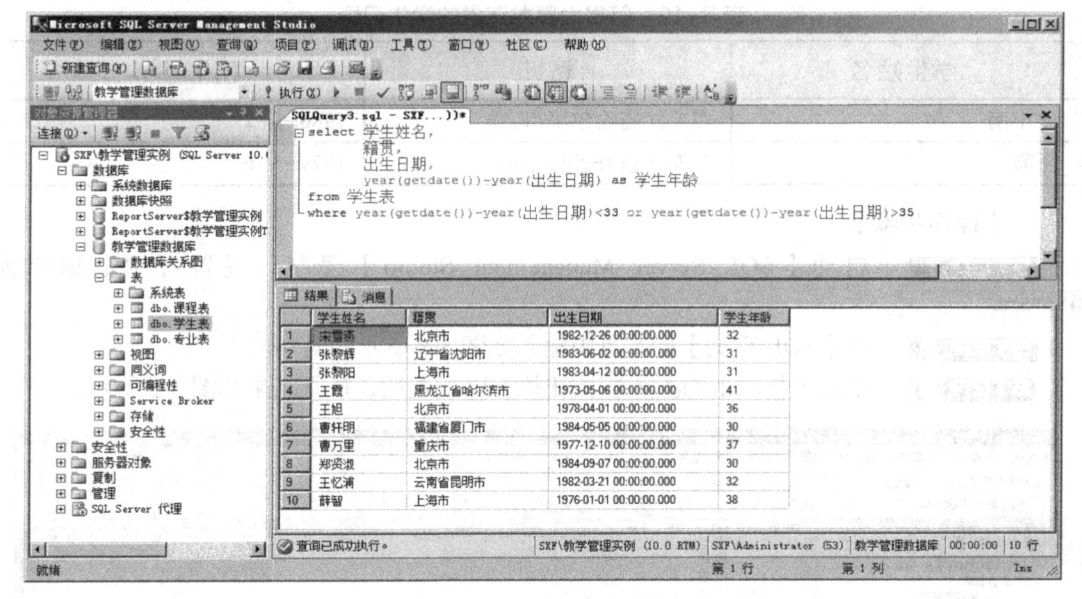

图5-7 逻辑表达式示例

（四） 用 like 实现模糊查询

有些时候，在 where 子句中并不能给出确切的查询条件，如查询籍贯为黑龙江省的学生记录。因为籍贯列的值不仅包括省名也包括市名，如果在 where 子句中使用以下关系表达式，可能没有匹配成功的记录。

```
select *
from 学生表
where 籍贯='黑龙江省'
```

有兴趣的读者可以试一下。为了解决这类需求，SQL Server 提供逻辑运算符 like 和 not like 实现模糊查询。

通过对本节的执行，读者应掌握 like 和 not like 的使用方法。

【基础知识】

在 like 或 not like 的逻辑表达式中，存在两种通配符，分别代替不确定的字符和字符串，如表 5-11 所示。

表 5-11 like 模糊查询的通配符

通配符	说明
%	包含零个或多个字符的任意字符串
_	任意单个字符

【操作目标】

本节要求显示籍贯是黑龙江省的学生记录，包括“学生姓名”“籍贯”和“出生日期”，如表 5-12 所示。

表 5-12 籍贯为黑龙江省的学生记录

学生姓名	籍贯	出生日期
宋小南	黑龙江省哈尔滨市	1980-8-1
王霞	黑龙江省齐齐哈尔市	1979-5-6

【操作步骤】

STEP 1 启动【SQL Server Management Studio】程序，设置可用数据库为 教学管理数据库 。

STEP 2 在【SQL 查询】标签页中输入如图 5-8 所示的语句。

STEP 3 单击工具栏上的 执行(X) 按钮执行以上查询，执行结果如图 5-8 所示。

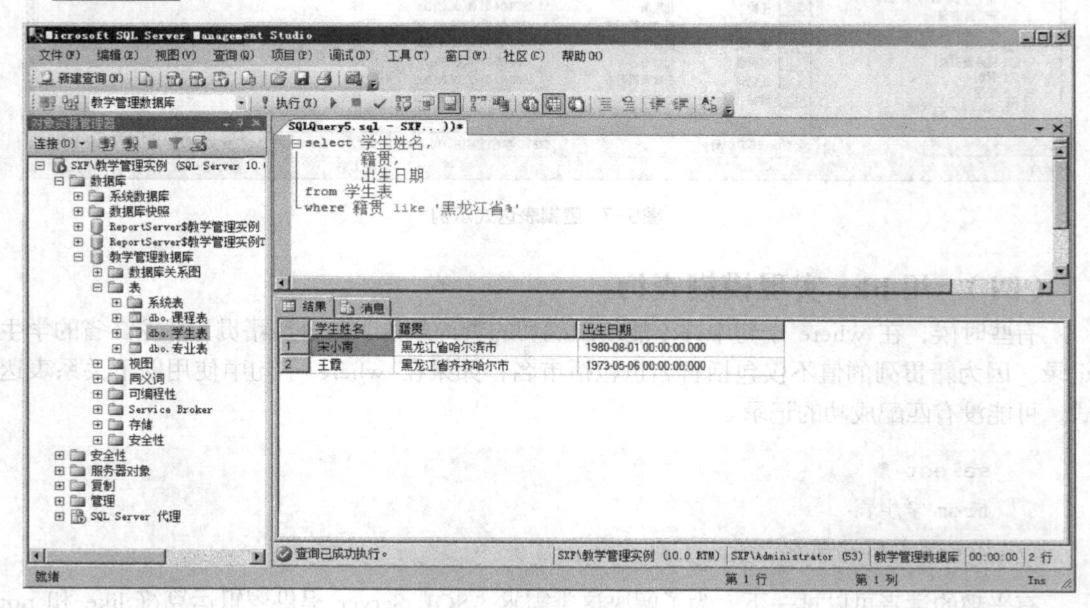

图5-8 使用 like 的模糊查询

请读者比较图 5-8 所示的查询结果与表 5-12 所示的内容是否一致。

（五） 用 between…and…设置闭合区间

在第（三）节的 where 子句中，用关系表达式和逻辑运算符 or 组成的逻辑表达式，显示了年龄为 33～38 岁的学生记录。其实，特殊的逻辑表达式 between…and…不仅可以实现此功能，而且简化了条件表达式的编写，增加了可读性。

通过对此操作的执行，读者应理解并掌握 between…and…的使用方法。

【基础知识】

逻辑表达式 between…and…的含义与代数中的闭合区间相同，如表 5-13 所示。

表 5-13 between…and…的含义

表达式	含义
列名 between 最小值 and 最大值	最小值≤列名≤最大值

【操作目标】

本节要求使用 between…and…构成的逻辑表达式改写第（三）节的查询条件，显示年龄在 33～38 岁的学生记录，查询结果应与表 5-9 相同。

【操作步骤】

STEP 1 启动【SQL Server Management Studio】程序，设置可用数据库为 教学管理数据库。

STEP 2 在【SQL 查询】标签页中输入如图 5-9 所示的语句。

STEP 3 单击工具栏上的 执行(X) 按钮执行以上查询，执行结果如图 5-9 所示。

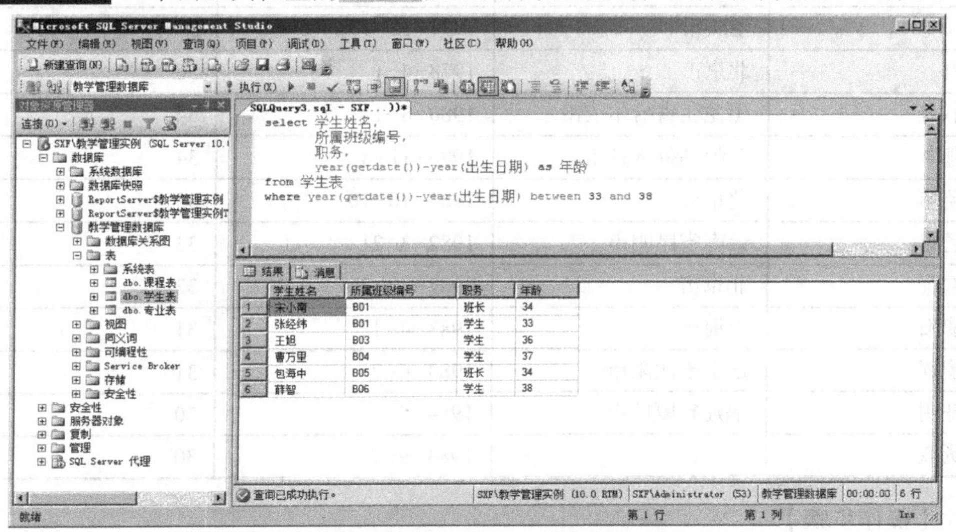

图5-9 用 between…and…设置闭合区间

请读者比较图 5-9 所示的查询结果与表 5-9 所示的内容是否一致。

（六） 使用 order by 对查询结果排序

在实际应用中，我们希望查询结果中的记录按照指定的顺序排列显示，这也符合我们对事物的观察习惯。默认情况下查询结果的排序并不是杂乱无章的，而是按照表的主键列的升序顺序排列。但这个顺序并不一定符合各种查询的要求，我们希望能够对指定的列按升序或降序排列查询结果。利用 SQL Server 提供的“order by”子句可对查询结果进行排序。

通过对操作的执行，读者应该能够掌握根据应用的需求，在 order by 子句中按指定列的升序或降序对查询结果排序，并且进一步掌握对多个列（主列和附加列）分别按不同顺序排序的方法。

【基础知识】

在 order by 子句中可以定义两种排序方式，如表 5-14 所示。

表 5-14 order by 子句中的排序方式

关 键 字	说 明
asc	升序（默认情况下可以不写）
desc	降序

【操作目标】

本节要求按学生的出生日期由早到晚对学生记录进行排序，包括“学生姓名”“籍贯”“出生日期”和“年龄”，如表 5-15 所示。

表 5-15 学生出生日期排序

学生姓名	籍贯	出生日期	年龄
王霞	黑龙江省齐齐哈尔市	1973-5-6	41
薛智	上海市	1976-1-1	38
曹万里	重庆市	1977-12-10	37
王旭	北京市	1978-4-1	36
宋小南	黑龙江省哈尔滨市	1980-8-1	34
包海中	新疆乌鲁木齐市	1980-11-8	34
张经纬	北京市	1981-10-10	33
王忆浦	云南省昆明市	1982-3-21	32
宋雪燕	北京市	1982-12-26	32
张黎阳	上海市	1983-4-12	31
张黎辉	辽宁省沈阳市	1983-6-2	31
曹轩明	福建省厦门市	1984-5-5	30
郑贤淑	北京市	1984-9-7	30

【操作步骤】

STEP 1 启动【SQL Server Management Studio】程序，设置可用数据库为 教学管理数据库 。

STEP 2 在【SQL 查询】标签页中输入如图 5-10 所示的语句。

STEP 3 单击工具栏上的 执行(X) 按钮执行以上查询，执行结果如图 5-10 所示。

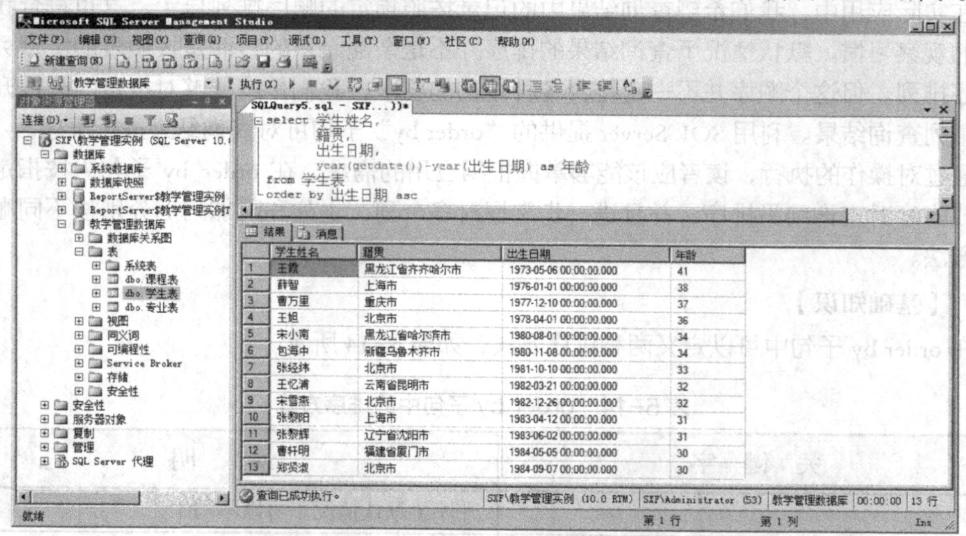

图5-10 用 order by 对查询结果排序

请读者比较图 5-10 所示的查询结果与表 5-15 所示的内容是否一致。

【任务拓展一】

在 order by 子句中不仅可以对列进行排序，而且可以对算术表达式进行排序。

本任务拓展要求按学生“入学时间（当前日期与入学日期相减的年数）”由大到小排列学生记录，包括“学生姓名”“所属班级编号”“职务”“入学日期”和“入学时间”。查询语句和结果如图 5-11 所示。

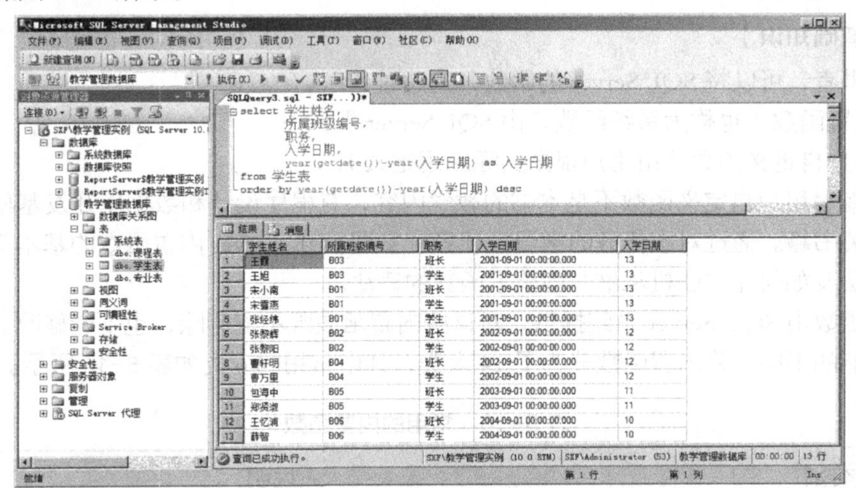

图5-11　按入学时间排序

【任务拓展二】

在 order by 子句中不仅可以对一个列或算术表达式进行排序，而且可以对多个列或算术表达式进行不同顺序的排序。本任务拓展要求按学生“入学时间（当前日期与入学日期相减的年数）”由大到小排列学生记录，对于“入学时间”相同的记录按“年龄”由小到大排序，包括“学生姓名”“所属班级编号”“籍贯”“入学时间”和“年龄”。查询语句和结果如图 5-12 所示。

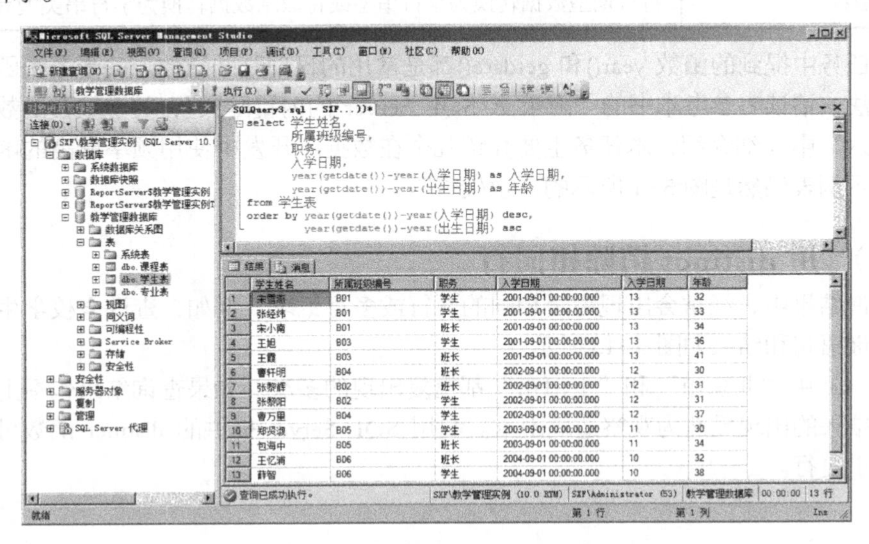

图5-12　对不同列或表达式按不同顺序排序

任务二　查询中的常用处理

在“任务一”介绍的查询语句中，参与表达式运算的都是列。列是构成表达式的最简单的元素，而函数同样是构成表达式的基本元素。函数是能够完成特定功能并返回处理结果的一组 T-SQL 语句，处理需要的基本数据称为“输入参数”，处理过程称为“函数体”，处理结果称为“返回值”。

【基础知识】

按提供者，可以将 SQL Server 的函数分为两种：

- 内置函数（也称为系统函数，由 SQL Server 提供）；
- 用户自定义函数（由用户根据实际应用定义）。

如何编写用户自定义函数不是本书的教学内容，有程序设计和数据库开发基础的读者可以参考相关书籍。通过对本任务的学习，读者应掌握 SQL Server 内置函数的基本类型、常用函数的语法及如何在“联机丛书”中检索函数的语法。

内置函数由 SQL Server 系统提供，对这些内置函数既不能删除，也不能修改。根据处理对象和功能的不同，将内置函数分为了 14 大类，其中常用的 6 类如表 5-16 所示。

表 5-16　常用的内置函数

类别	说明
系统函数	对系统级的各种选项和对象进行操作或报告
数学函数	执行三角、几何和其他数学运算
字符串函数	可更改 char、varchar、nchar、nvarchar、binary 和 varbinary 类型变量的值
聚合函数	将多个值合并为一个值，如 count、sum、avg、min 和 max
日期和时间函数	可以更改日期和时间的值
类型转换函数	将日期型数据转换为字符串型或将数制数据转换为字符串类型等

前面任务中提到的函数 year()和 getdate()都是常用的日期时间函数。关于系统函数和数学函数的语法，请读者参考本书的“附录 A SQL Server 的内置函数”，关于聚合函数的语法将在“项目六”中详细介绍，本任务主要介绍几个在数据库开发中使用频率最高的函数。本任务使用的示例表仍然是图 5-1 所示的“学生表”。

（一） 用 distinct 消除相同行

在查询结果中，经常会出现完全相同的两行或多行记录。例如，查询全校学生的籍贯有哪些？查询语句和结果如图 5-13 所示。

图 5-13 中“北京市”和“上海市”都重复出现的多次。如果查询结果包括上百万条记录，重复结果的出现显然为观察造成困难。利用 SQL Server 提供的 distinct 函数可消除查询结果中的重复行。

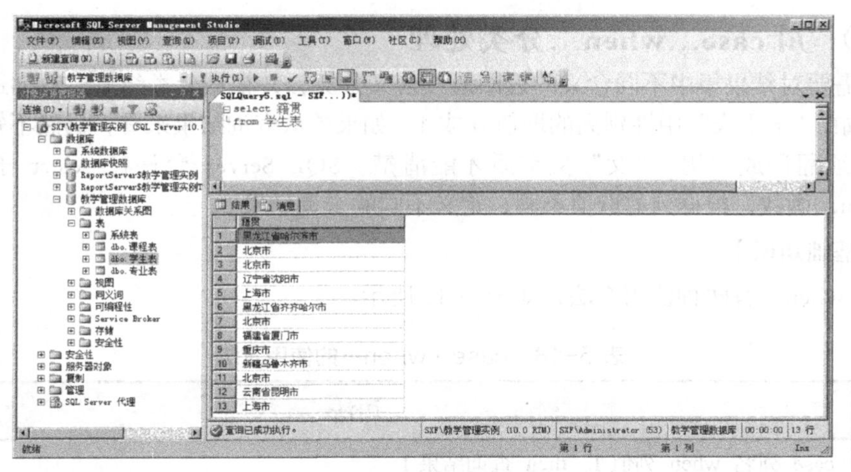

图5-13 查询学生籍贯

【操作目标】

本节要求显示全校学生的籍贯，并按籍贯首字的拼音由先到后排序，如表 5-17 所示。

表 5-17 学生籍贯

序号	籍贯	序号	籍贯	序号	籍贯
1	北京市	4	黑龙江省齐齐哈尔市	7	新疆乌鲁木齐市
2	福建省厦门市	5	辽宁省沈阳市	8	云南省昆明市
3	黑龙江省哈尔滨市	6	上海市	9	重庆市

【操作步骤】

STEP 1 启动【SQL Server Management Studio】程序，设置可用数据库为 教学管理数据库 。

STEP 2 在【SQL 查询】标签页中输入如图 5-14 所示的语句。

STEP 3 单击工具栏上的 ! 执行(X) 按钮执行以上查询，执行结果如图 5-14 所示。

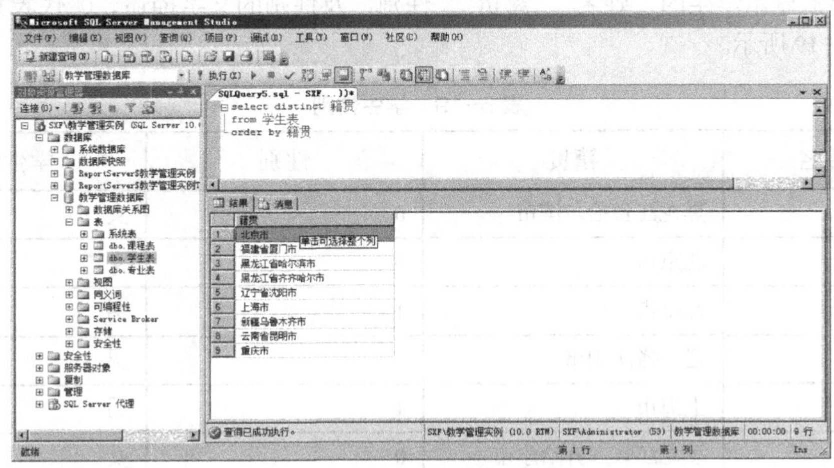

图5-14 用 distinct 函数消除相同行

请读者比较图 5-14 所示的查询结果与表 5-17 所示的内容是否一致。

（二）用 case...when...分类处理

有时需要对结果集中不同含义的返回值按含义分类，并根据分类结果对数据进一步加工计算。例如，“学生表”中性别列的取值 0 或 1。如果单从查询结果来看，仍然不知道学生的性别，必须翻译成“男”“女”文字后才能清楚。SQL Server 允许在 select 子句中使用 case...when...函数，根据列的取值不同，定义不同的查询结果。

【基础知识】

case...when...有两种使用方法，如表 5-18 所示。

表 5-18　case…when…的使用方法

方法	语法
1	case 列名 when 列值 1　then 查询结果 1 when 列值 2　then 查询结果 2 …… when 列值 n　then 查询结果 n else 其他查询结果 End
2	case when 关系表达式或逻辑表达式 1　then 关系表达式或逻辑表达式 1 结果为 true 的查询结果 when 关系表达式或逻辑表达式 2　then 关系表达式或逻辑表达式 2 结果为 true 的查询结果 …… when 关系表达式或逻辑表达式 n　then 关系表达式或逻辑表达式 n 结果为 true 的查询结果 else 其他查询结果 end

【操作目标】

本节要求显示学生的“姓名”“籍贯”“性别”及性别的文字描述，0 代表女，1 代表男，如表 5-19 所示。

表 5-19　学生性别

学生姓名	籍贯	性别	学生性别
宋小南	黑龙江省哈尔滨市	0	女
宋雪燕	北京市	0	女
张经纬	北京市	1	男
张黎辉	辽宁省沈阳市	1	男
张黎阳	上海市	1	男
王霞	黑龙江省齐齐哈尔市	0	女
王旭	北京市	0	女

续表

学生姓名	籍贯	性别	学生性别
曹轩明	福建省厦门市	1	男
曹万里	重庆市	1	男
包海中	新疆乌鲁木齐市	1	男
郑贤淑	北京市	0	女
王忆浦	云南省昆明市	0	女
薛智	上海市	1	男

【操作步骤】

STEP 1 启动【SQL Server Management Studio】程序，设置可用数据库为 教学管理数据库 。

STEP 2 在【SQL 查询】标签页中输入如图 5-15 所示的语句。

STEP 3 单击工具栏上的 ! 执行(X) 按钮执行以上查询，执行结果如图 5-15 所示。

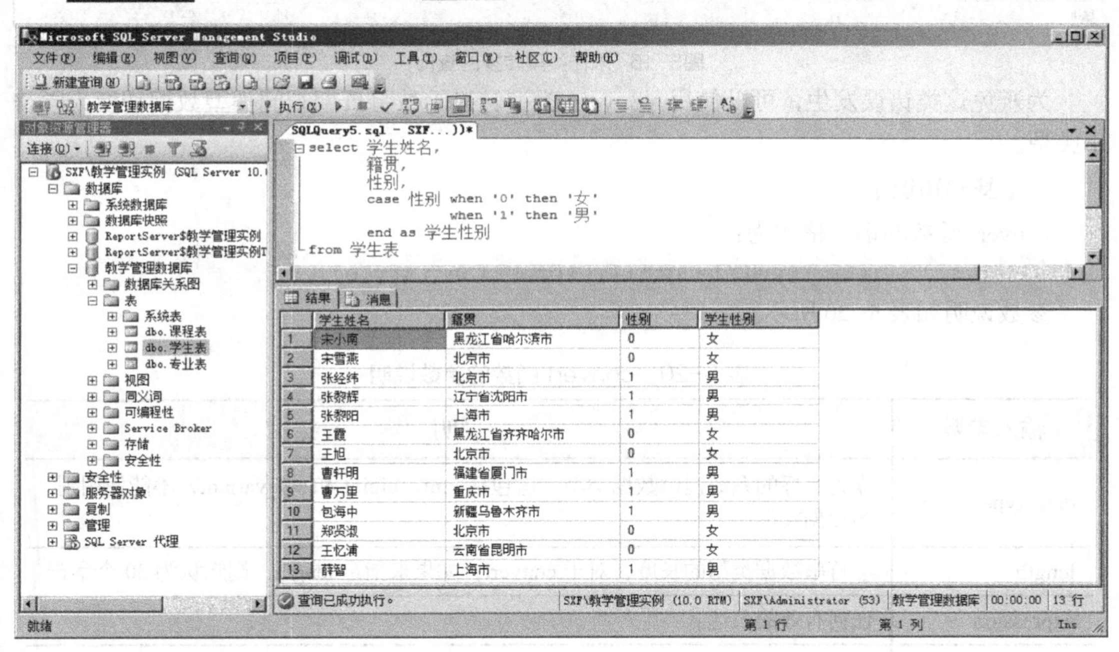

图5-15 用 case...when...函数分类处理

请读者比较图 5-15 所示的查询结果与表 5-19 所示的内容是否一致。

（三） 用 convert 转换数据类型

在一个表达式中，参与运算的各列的数据类型必须一致，否则系统就会提示错误信息。例如，直接用日期时间类型的“出生日期”列参与字符串串联运算，查询语句和错误信息如图 5-16 所示。

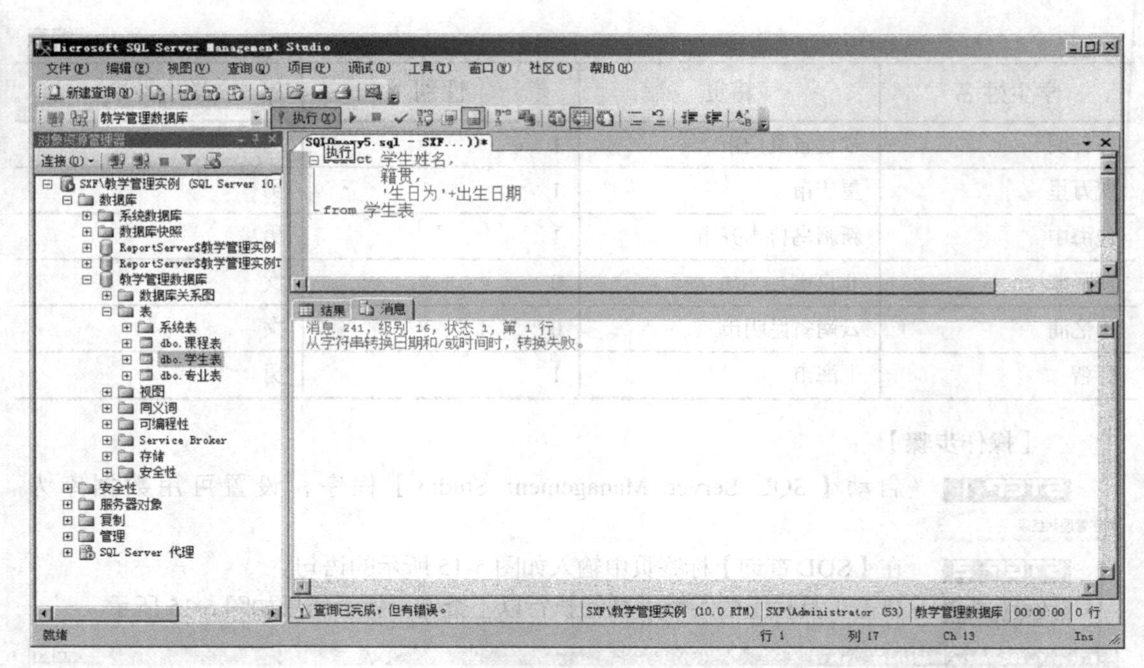

图5-16 未作类型转换的查询

为避免这类错误发生，可以使用 convert 类型转换函数将日期时间类型数据转换为字符串类型。

【基础知识】

convert 函数的语法格式为：

```
convert(data_type[(length)],expression[,style])
```

参数说明如表 5-20 所示。

表 5-20 convert 函数的参数说明

输入参数	说明
data_type	作为目标的系统提供数据类型，这包括 xml、bigint 和 sql_variant，不能使用别名数据类型
length	字符串数据类型的长度，对于 convert，如果未指定 length，则默认为 30 个字符
expression	任何有效的表达式
style	用于将 datetime 或 smalldatetime 数据转换为字符数据（char、varchar、nchar 或 nvarchar 数据类型）的日期格式的样式，或用于将 float、real、money 或 smallmoney 数据转换为字符数据（char、varchar、nchar 或 nvarchar 数据类型）的字符串格式的样式（如果 style 为 NULL，则返回的结果也为 NULL）

返回值类型：返回与参数 data_type 类型相同的值。

对于日期时间类型，根据转换后日期和时间表示格式的不同，参数 style 的常用取值如表 5-21 所示。

表 5-21 style 的常用取值

日期和时间表示格式	参数 style 取值
mon dd yyyy hh:miAM（或 PM）	0 或 100
mm/dd/yyyy	101
yy.mm.dd	102
mm-dd-yy	110
yymmdd	112
yyyy-mm-dd hh:mm:ss	20 或 120
yyyy-mm-dd hh:mm:ss.fff	21 或 121，显示到 ms 级

【操作目标】

本节要求显示“学生姓名”“籍贯”及由“出生日期”列参与的字符串串联运算，结果如表 5-22 所示。

表 5-22 类型转换示例

学生姓名	籍贯	出生日期参与的运算
宋小南	黑龙江省哈尔滨市	生日为 1980-08-01 00:00:00.000
宋雪燕	北京市	生日为 1982-12-26 00:00:00.000
张经纬	北京市	生日为 1981-10-10 00:00:00.000
张黎辉	辽宁省沈阳市	生日为 1983-06-02 00:00:00.000
张黎阳	上海市	生日为 1983-04-12 00:00:00.000
王霞	黑龙江省齐齐哈尔市	生日为 1979-05-06 00:00:00.000
王旭	北京市	生日为 1978-04-01 00:00:00.000
曹轩明	福建省厦门市	生日为 1984-05-05 00:00:00.000
曹万里	重庆市	生日为 1977-12-10 00:00:00.000
包海中	新疆乌鲁木齐市	生日为 1980-11-08 00:00:00.000
郑贤淑	北京市	生日为 1984-09-07 00:00:00.000
王忆浦	云南省昆明市	生日为 1982-03-21 00:00:00.000
薛智	上海市	生日为 1976-01-01 00:00:00.000

【操作步骤】

STEP 1 启动【SQL Server Management Studio】程序，设置可用数据库为 教学管理数据库 。

STEP 2 在【SQL 查询】标签页中输入如图 5-17 所示的语句。

STEP 3 单击工具栏上的 ! 执行(X) 按钮执行以上查询，执行结果如图 5-17 所示。

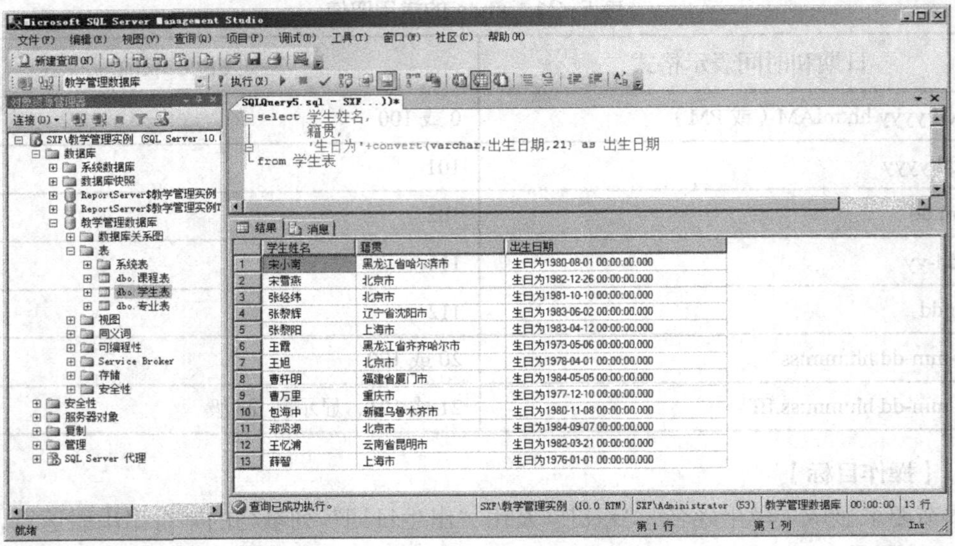

图5-17 用 convert 函数进行数据类型转换

请读者比较图 5-17 所示的查询结果与表 5-22 所示的内容是否一致。

（四） 用 substring 截取字符串

在图 5-17 所示的查询结果中，“出生日期”列存在许多无用的“时:分:秒.毫秒”信息，利用 SQL Server 提供的字符串截取函数 substring 按长度截取字符串，保留有用信息，舍弃无用信息。

【基础知识】

substring 函数的语法格式为：

```
substring(expression,start,length)
```

参数说明如表 5-23 所示。

表 5-23 substring 函数的参数说明

输入参数	说明
expression	是字符串、二进制字符串、文本、图像、列或包含列的表达式。不要使用包含聚合函数的表达式
start	指定子字符串开始位置的整数。start 可以为 bigint 类型
length	一个正整数，指定要返回的 expression 的字符数或字节数。如果 length 为负，则会返回错误。length 可以是 bigint 类型。中文单字长度为 1

返回值类型：如果 expression 是受支持的字符数据类型，则返回字符数据。如果 expression 是受支持的 binary 数据类型，则返回二进制数据。

【操作目标】

本节要求显示“学生姓名”“籍贯”及由“出生日期”列参与的字符串串联运算，运算结果中不包括“时:分:秒.毫秒”信息，如表 5-24 所示。

表 5-24 字符串截取

学生姓名	籍贯	出生日期参与的运算
宋小南	黑龙江省哈尔滨市	生日为 1980-08-01
宋雪燕	北京市	生日为 1982-12-26
张经纬	北京市	生日为 1981-10-10
张黎辉	辽宁省沈阳市	生日为 1983-06-02
张黎阳	上海市	生日为 1983-04-12
王霞	黑龙江省齐齐哈尔市	生日为 1979-05-06
王旭	北京市	生日为 1978-04-01
曹轩明	福建省厦门市	生日为 1984-05-05
曹万里	重庆市	生日为 1977-12-10
包海中	新疆乌鲁木齐市	生日为 1980-11-08
郑贤淑	北京市	生日为 1984-09-07
王忆浦	云南省昆明市	生日为 1982-03-21
薛智	上海市	生日为 1976-01-01

【操作步骤】

STEP 1 启动【SQL Server Management Studio】程序，设置可用数据库为 教学管理数据库。

STEP 2 在【SQL 查询】标签页中输入如图 5-18 所示的语句。

STEP 3 单击工具栏上的 ! 执行(X) 按钮执行以上查询，执行结果如图 5-18 所示。

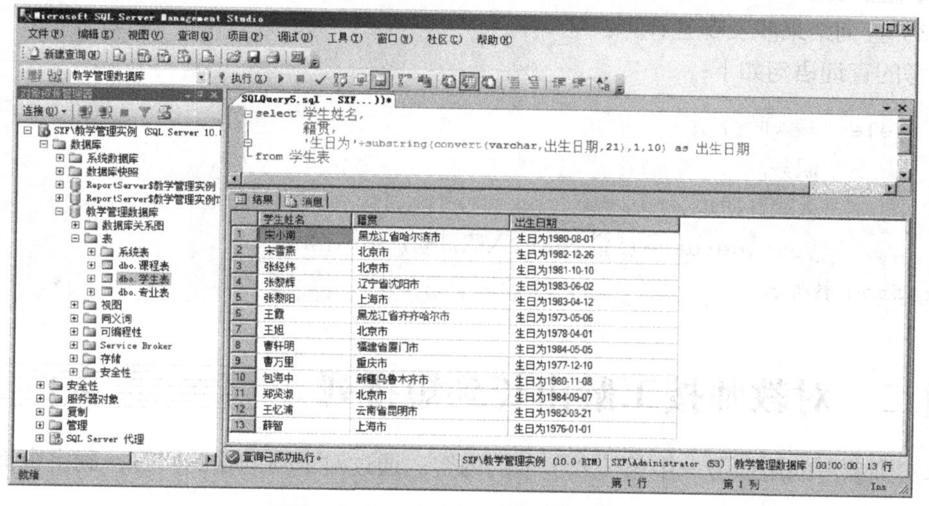

图5-18 用 substring 函数截取字符串

请读者比较图 5-18 所示的查询结果与表 5-24 所示的内容是否一致。

实训一　显示教师工龄

通过本实训来进一步巩固本项目所学的与 select 语句有关的知识。在此使用的示例表为图 5-19 所示的教师表。

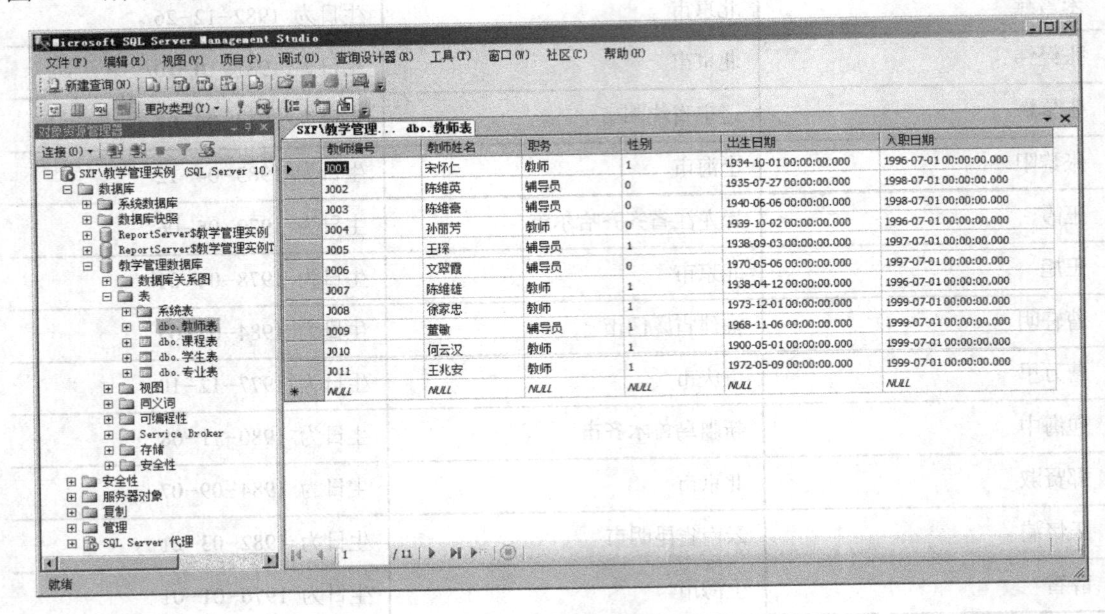

教师编号	教师姓名	职务	性别	出生日期	入职日期
J001	宋怀仁	教师	1	1934-10-01 00:00:00.000	1996-07-01 00:00:00.000
J002	陈维英	辅导员	0	1935-07-27 00:00:00.000	1998-07-01 00:00:00.000
J003	陈维豪	辅导员	0	1940-06-06 00:00:00.000	1998-07-01 00:00:00.000
J004	孙丽芳	教师	0	1939-10-02 00:00:00.000	1996-07-01 00:00:00.000
J005	王琛	辅导员	1	1938-09-03 00:00:00.000	1997-07-01 00:00:00.000
J006	文翠霞	辅导员	0	1970-05-06 00:00:00.000	1997-07-01 00:00:00.000
J007	陈维雄	教师	1	1938-04-12 00:00:00.000	1996-07-01 00:00:00.000
J008	徐家忠	教师	1	1973-12-01 00:00:00.000	1999-07-01 00:00:00.000
J009	董敬	辅导员	1	1968-11-06 00:00:00.000	1999-07-01 00:00:00.000
J010	何云汉	教师	1	1900-05-01 00:00:00.000	1999-07-01 00:00:00.000
J011	王兆安	教师	1	1972-05-09 00:00:00.000	1999-07-01 00:00:00.000
NULL	NULL	NULL	NULL	NULL	NULL

图5-19　教师表

对于同一个应用需求，可以有多种解决方法，以下实训给出的查询语句仅供参考。

本实训参考的是任务一中第（二）节的内容。通过对下列问题的回答，确定查询语句的内容。

（1）数据来源于哪些表？

（2）查询结果涉及哪个表的哪些列？

（3）查询结果涉及哪些计算？

参考的查询语句如下：

```
select 教师姓名,
       职务,
       入职日期,
       year(getdate())-year(入职日期) as 工龄
from 教师表
```

实训二　对教师按工龄由长到短排列

本实训参考的是任务一中第（六）节的内容。通过对下列问题的回答，确定查询语句的内容。

（1）数据来源于哪些表？

（2）查询结果涉及哪个表的哪些列？

（3）查询结果涉及哪些计算？

（4）查询结果是否需要排序，针对哪些列或表达式排序？

参考的查询语句如下：

```
select 教师姓名,
       职务,
       入职日期,
       year(getdate())-year(入职日期) as 工龄
from 教师表
order by (year(getdate())-year(入职日期)) desc
```

实训三　显示入学时间并按时间长短划分年级

本实训参考的是任务二中第（二）节的内容。通过对下列问题的回答，确定查询语句的内容。

（1）数据来源于哪些表？

（2）查询结果涉及哪个表的哪些列？

（3）查询结果涉及哪些计算？用到哪些函数？

参考的查询语句如下：

```
select 学生姓名,
       职务,
       入学日期,
       year(getdate())-year(入学日期) as 入学时间,
       case (year(getdate())-year(入学日期))
            when 1 then '一年级'
            when 2 then '二年级'
            when 3 then '三年级'
            when 4 then '四年级'
            when 5 then '五年级'
       end
from 学生表
```

项目拓展

在本项目拓展中将综合运用本项目所学的知识，分析应用需求并给出解决方法。

【拓展要求】

- 显示“学生姓名”“所属专业”“职务”“籍贯”和“入学时年龄”。
- 对于“所属专业”，要求参照“专业表”中的记录，根据“所属专业编号”显示“所属专业名称”。

- 只显示籍贯不为“上海”，并且出生日期在1977~1983年的学生记录。
- 按“入学时年龄”由大到小的顺序对查询结果排序。

【分析提示】

实现本项目需求的数据源为“学生表”；在 where 子句中需要设置两个条件限制返回行；查询结果中要用到 case…when…函数根据“所属专业编号”显示对应的名称，“专业编号”和“专业名称”的对应关系可以从“专业表”中找到；在 order by 子句中定义排序对象和顺序。

参考的查询语句如下：

```
select 学生姓名,
       case when 所属专业编号='Z01' then '计算机系'
            when 所属专业编号='Z02' then '建筑系'
            when 所属专业编号='Z03' then '美术系'
            else '未分配专业'
       end 所属专业,
       职务,
       籍贯,
       year(入学日期)-year(出生日期) as 入学时年龄
from 学生表
where 籍贯 not like '%上海%'
and  出生日期 between convert(datetime,'1977-1-1',21)
              and convert(datetime,'1983-12-31',21)
order by (year(入学日期)-year(出生日期)) desc
```

思考与练习

一、填空题

1. 在 select 子句中代表全部列的通配符是________。
2. “+”不仅可以作为两个算术表达式相加的算术运算符，而且可以将两个或更多的________表达式按顺序组合为一个字符串。
3. 由算术运算符构成的表达式称为“________”。
4. 由“+”连接的字符串称为“________”。
5. 在查询结果集中，select 子句中表达式通常显示为“无列名”，为了增加查询语句的可读性，可以对表达式定义________。
6. 关系表达式和逻辑表达式也称为“________”，关系表达式和逻辑表达式的结果只能为“________”或“________”。
7. SQL Server 提供逻辑运算符________和________实现模糊查询。
8. 在 order by 子句中可以对列按照________和________顺序排序。

二、选择题

1. 查询语句中允许包含下列中的（　　）。

   A. select 子句 B. from 子句　C. where 子句　D. order by 子句

2. 在 select 子句中允许出现下列中的（　　）。

   A. 列名　B. 函数　C. 表达式　D. 表名

3. “成绩　between 10.5 and 99.5”相当于下列逻辑表达式中的（　　）。

   A. 成绩>=10.5 and 成绩<99.5　B. 成绩>10.5 and 成绩<99.5

   C. 成绩>=10.5 or 成绩<=99.5　D. 成绩>=10.5 and 成绩<=99.5

4. 能够消除查询结果中重复记录的函数是（　　）。

   A. distinct　B. case…when…　C. convert　D. substring

5. 能够对查询结果分类处理的函数是（　　）。

   A. distinct　B. case…when…　C. convert　D. substring

6. 能够按长度截取字符串的函数是（　　）。

   A. distinct　B. case…when…　C. convert　D. substring

7. 能够将日期型数据转换为字符串的函数是（　　）。

   A. distinct　B. case…when…　C. convert　D. substring

三、简答题

1. 简述查询语句的基本语法结构。
2. 简述 SQL Server 常用的算术运算符的种类和用法。
3. 简述 SQL Server 的比较运算符和常用的逻辑运算符的含义。
4. 简述 where 子句的语法。
5. 简述逻辑连接谓词 like 和 between…and…的用法。
6. 简述 order by 子句的用法。
7. 简述 SQL Server 函数的含义。
8. 简述常用函数 distinct、case…when…、convert 和 substring 的语法。

四、操作题

1. 对“课程表”查询，显示专业编号为 Z02 的课程记录。

2. 对“课程表”查询，显示各专业的基础课程信息。提示：课程名称中带有“基础”的记录。

3. 对“课程表”查询，显示学时在 40～60h 的课程信息。

4. 对“课程表”查询，按专业编号由小到大，学时由多到少的顺序对各课程记录排序。

5. 对“课程表”查询，参考“专业表”，将操作题 4 的结果中的“专业编号”显示为“专业名称”。

PART 6

项目六 用聚合函数统计成绩

在 SQL Server 提供的内置函数中有几种非常实用的聚合函数，在统计学生成绩、企业的财务管理、商场的商品销售分析中，或多或少地都会使用到它们。本项目通过两个任务讲解常用的几种聚合函数的使用方法。

任务一常用聚合函数：举例说明聚合函数 max、min、sum、count、avg 的语法。

任务二分组和筛选统计结果：举例说明如何按要求进行分组统计，以及如何对统计结果进行筛选。

在任务三中将介绍子查询和连接谓词 any 和 all 的使用方法。

知识技能目标

- 掌握聚合函数 max、min、sum、count、avg 的语法。
- 掌握分组关键字 group by 的用法。
- 掌握筛选关键字 having 的用法。
- 掌握嵌套查询、子查询的概念，以及连接谓词 any 和 all 的语法。

理解并能够灵活使用以上内容，有助于提高我们对数据的统计分析能力。

任务一　统计成绩

通过执行本任务的 4 个操作，学习如何使用聚合函数统计学生的最高成绩、最低成绩、总成绩、总人数及平均成绩。使用的数据源为“成绩表”，表结构和记录如图 6-1 所示。

（一） 用 max 和 min 查询最高成绩和最低成绩

在统计分析成绩时，通常首先想到的是某一课程的最高成绩是多少。SQL Server 提供 max 函数返回表中某一列的最大值，提供 min 函数返回表中某一列的最小值。

【基础知识】

函数 max 的语法格式为：

```
max([all/distinct] 列名)
```

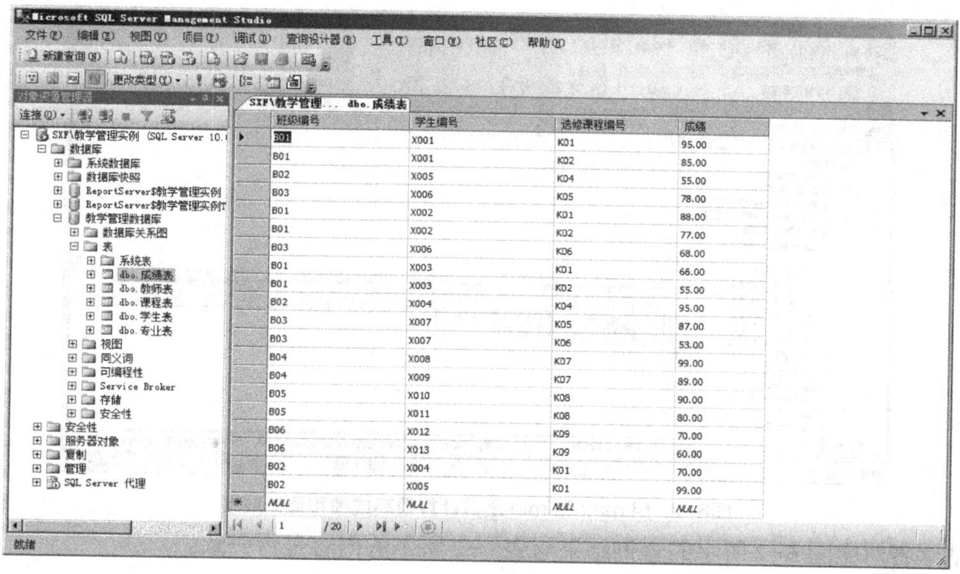

班级编号	学生编号	选修课程编号	成绩
B01	X001	K01	95.00
B01	X001	K02	85.00
B02	X005	K04	55.00
B03	X006	K05	78.00
B01	X002	K01	88.00
B01	X002	K02	77.00
B03	X006	K06	68.00
B01	X003	K01	66.00
B01	X003	K02	55.00
B02	X004	K04	95.00
B03	X007	K05	87.00
B03	X007	K06	53.00
B04	X008	K07	99.00
B04	X009	K07	89.00
B05	X010	K08	90.00
B05	X011	K08	80.00
B06	X012	K09	70.00
B06	X013	K09	60.00
B02	X004	K01	70.00
B02	X005	K01	99.00
NULL	NULL	NULL	NULL

图6-1 成绩表

参数说明见表 6-1。

表 6-1 max 函数的参数说明

参数	说明
all	默认设置，表示对列的全部值进行计算
distinct	表示只对列中不重复的列值计算
列名	表中的一个列

函数 max 的返回值类型与参数列的数据类型一致。

函数 min 的语法格式为：

```
min([all/distinct] 列名)
```

参数的含义与表 6-1 所示的内容相同，不再重复介绍。max 函数和 min 函数对于空值忽略不计。

【操作目标】

本节要求显示“选修课程编号”为 K01 的最高成绩和最低成绩，见表 6-2。

表 6-2 编号为 K01 的选修课程的最高成绩和最低成绩

序号	最高成绩	最低成绩
1	99	66

【操作步骤】

STEP 1 启动【SQL Server Management Studio】程序，设置可用数据库为 教学管理数据库 。

STEP 2 在【SQL 查询】标签页中输入如图 6-2 所示的语句。

STEP 3 单击工具栏上的 执行(X) 按钮执行以上查询，执行结果如图 6-2 所示。

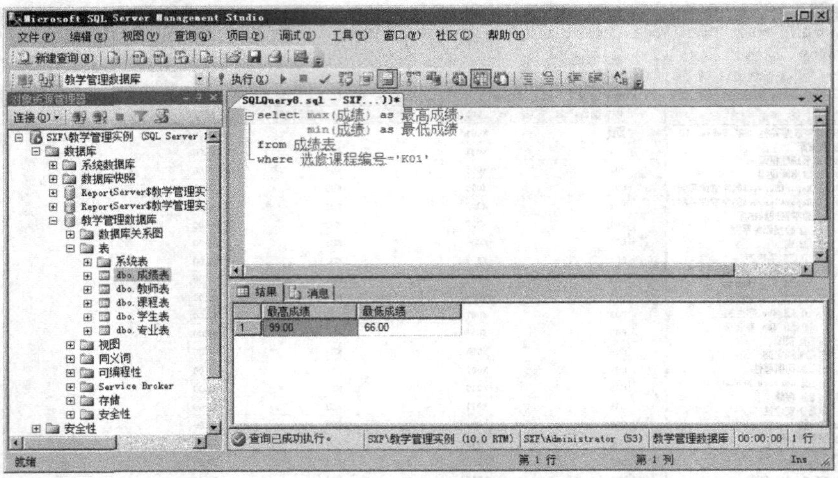

图6-2 用 max 和 min 函数计算最高成绩和最低成绩

请读者对比图 6-2 所示的查询结果与表 6-2 所示的内容是否一致。

【知识链接一】

按照日常习惯，我们知道 max 函数和 min 函数可以对数值类型和日期时间类型的列计算最大值和最小值，其实 max 和 min 的计算对象也可以是字符类型的列。无论列值中是否有中文字符，都按照第一个字符的 ASCII 值排序，ASCII 值最大的列值为 max 函数的返回值，ASCII 值最小的列值为 min 函数的返回值。

请读者在【SQL 查询】标签页中执行以下语句，并观察执行结果。

```
select max(学生姓名),
       min(学生姓名)
from 学生表
```

【知识链接二】

max 函数和 min 函数的计算对象不仅可以是列，还可以是表达式，请读者在【SQL 查询】标签页中执行以下语句，并观察执行结果。

```
select max(year(getdate())-year(入职日期)) as 最长工龄,
       min(year(getdate())-year(入职日期)) as 最短工龄
from 教师表
```

【任务拓展】

用 max 函数和 min 函数显示入学时学生的最大年龄和最小年龄。查询语句参考如下：

```
select max(year(入学日期)-year(出生日期)) as 最大入学年龄,
       min(year(入学日期)-year(出生日期)) as 最小入学年龄
from 学生表
```

（二） 用 sum 计算总成绩

在统计学生成绩时，有了最高成绩和最低成绩，自然会想到如何计算总成绩。利用 SQL Server 提供的 sum 函数可返回表中某一列的列值的总和。

【基础知识】

函数 sum 的语法格式为：

```
sum([all/distinct] 列名)
```

参数的含义与表 6-1 所示的内容相同，不再重复介绍。

与 max 和 min 不同的是，函数 sum 的计算对象仅为数值型的列，函数的返回值也是数值类型。

【操作目标】

本节要求显示“选修课程编号”为 K01 的总成绩，如表 6-3 所示。

表 6-3　编号为 K01 的选修课程的总成绩

序号	总成绩
1	418.00

【操作步骤】

STEP 1　启动【SQL Server Management Studio】程序，设置可用数据库为 教学管理数据库 。

STEP 2　在【SQL 查询】标签页中输入如图 6-3 所示的语句。

STEP 3　单击工具栏上的 执行(X) 按钮执行以上查询，执行结果如图 6-3 所示。

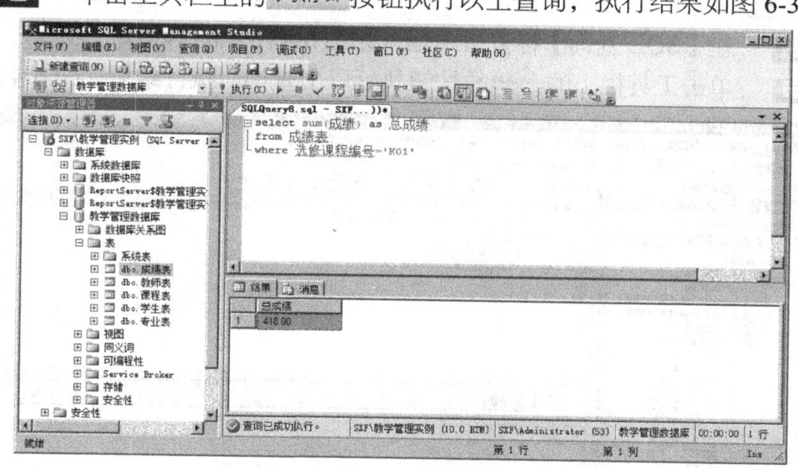

图6-3　用 sum 函数计算总成绩

请读者对比图 6-3 所示的查询结果与表 6-3 所示的内容是否一致。

【知识链接】

与 max 和 min 相同的是，sum 函数不仅可以对数值型列计算总和，也可以对算术表达式的结果计算总和。

（三） 用 count 计算参与考试的学生总数

sum 函数可以计算某选修课的总成绩，但不同的选修课，参与考试的人数可能不同。例如，对于编号为 K01 的选修课，B01 班级有 3 个学生参加考试，B02 班级有两个学生参加考试，所以仅使用总成绩无法准确地对两个班的学习状况做比较，参与考试的总人数也是必须考虑的指标。利用 SQL Server 提供的 count 函数可计算符合条件的记录总数。

【基础知识】

函数 count 的语法格式为：

```
count([all/distinct] 列名/*)
```

参数 all、distinct 和"列名"的含义与表 6-1 所示的内容相同，不再重复介绍。由于 count 函数计算的是记录的总行数，而对记录中具体的列并不关心，因此，经常使用通配符"*"代表任意列。

函数 count 的计算对象可以是任何数据类型的列，但返回值仅为整数类型。

函数 count 不忽略列值为空值的记录。

【操作目标】

本节要求显示编号为 B01 的班级参加编号为 K01 的课程考试的总人数，如表 6-4 所示。

表 6-4 参与考试的总人数

序号	参与考试总人数
1	3

【操作步骤】

STEP 1 启动【SQL Server Management Studio】程序，设置可用数据库为 教学管理数据库。

STEP 2 在【SQL 查询】标签页中输入如图 6-4 所示的语句。

STEP 3 单击工具栏上的 执行(X) 按钮执行以上查询，执行结果如图 6-4 所示。

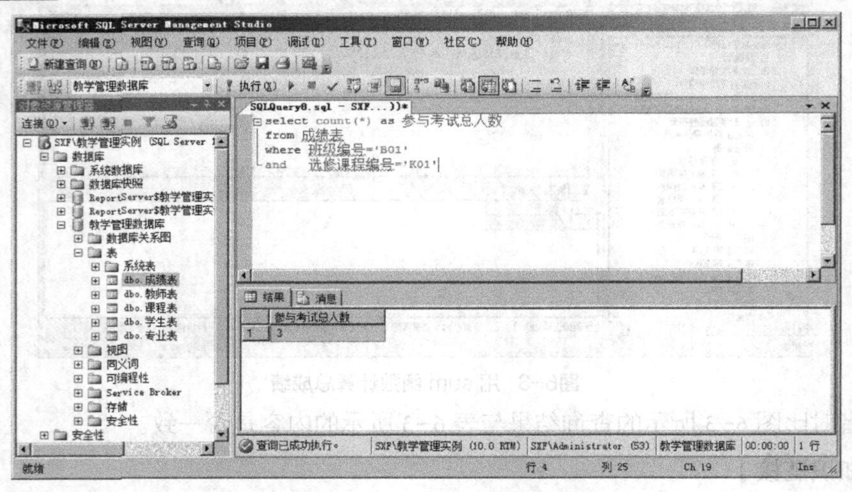

图6-4 用 count 函数计算记录总数

请读者对比图 6-4 所示的查询结果与表 6-4 所示的内容是否一致。

（四） 用 avg 计算平均成绩

利用 sum 函数和 count 函数可以计算出某个班级参加某个课程考试的总成绩和总人数，用总成绩和总人数进一步可以计算出平均成绩。例如，统计 B01 班选修 K01 课程的平均成绩，查询语句和结果如图 6-5 所示。

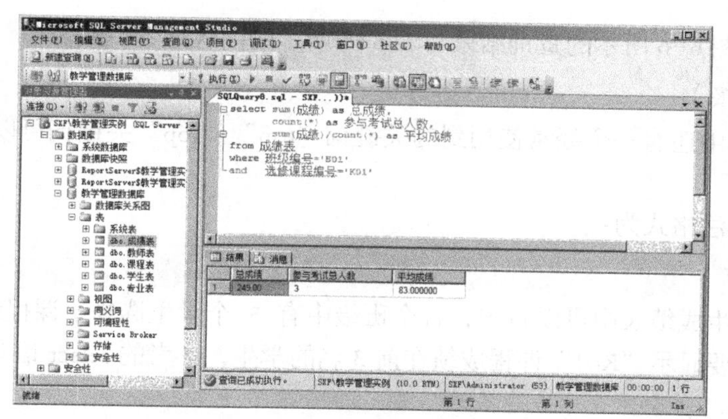

图6-5 计算平均成绩

其实，利用 SQL Server 提供的 avg 函数可以直接计算平均值。

【基础知识】

函数 avg 的语法格式为：

```
avg([all/distinct] 列名)
```

参数的含义与表 6-1 所示的内容相同，不再重复介绍。

avg 的计算对象也仅为数值型的列，函数的返回值也是数值类型。

【操作目标】

本节要求显示“班级编号”为 B01、“选修课程编号”为 K01 的总成绩，参与考试的总人数和平均成绩，如表 6-5 所示。

表 6-5 统计平均成绩

序号	总成绩	参与考试总人数	平均成绩
1	249	3	83.00

【操作步骤】

STEP 1 启动【SQL Server Management Studio】程序，设置可用数据库为 教学管理数据库。

STEP 2 在【SQL 查询】标签页中输入如图 6-6 所示的语句。

STEP 3 单击工具栏上的 执行(X) 按钮执行以上查询，执行结果如图 6-6 所示。

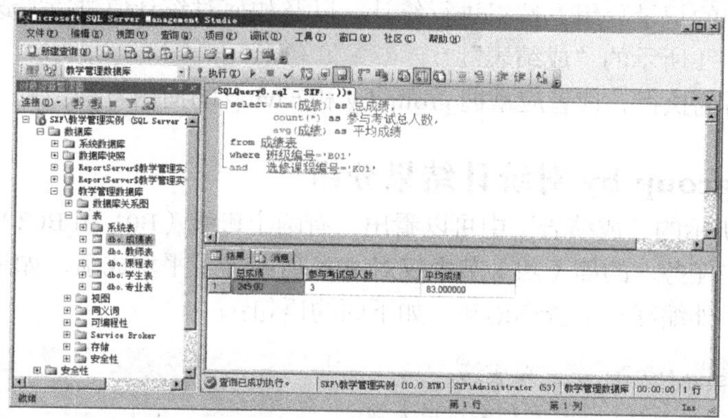

图6-6 用 avg 函数统计平均成绩

请读者对比图 6-6 所示的查询结果与表 6-5 所示的内容是否一致。

【知识链接】

SQL Server 中还有一个经常使用到的关键词“top”。“top”关键词可以指定查询结果显示的行数。

“top”的语法格式为：

```
top 行数
```

例如，从学生成绩表中可以看出，各个班级中有 5 个学生选修了课程编号为“K01”的课程。现在只需要显示“K01”课程成绩在前 3 名的学生，参考的 select 语句和查询结果如图 6-7 所示。

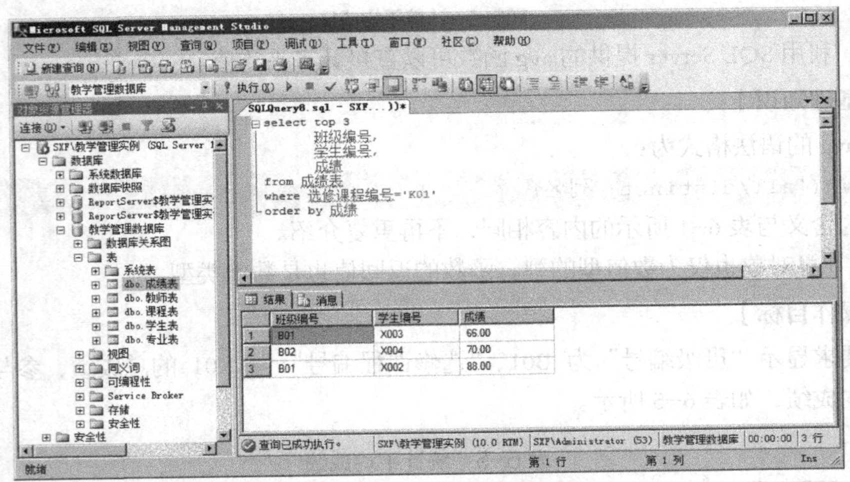

图6-7 用 top 函数指定查询的行数

“top”关键词经常用在查询结果较多的情况下。

任务二 分组和筛选统计结果

在上一个任务中介绍了如何用聚合函数对表中的列计算统计值，演示的示例是对表的全部记录行的数据进行统计计算，或对表中满足条件的记录行的数据进行统计计算。在本任务中介绍如何对表中的记录分组，按组进行统计，以及如何对统计值进行筛选。本任务使用的数据源仍然是图 6-1 所示的“成绩表”。

通过对本任务的执行，读者应掌握 group by 和 having 的使用方法。

（一） 用 group by 对统计结果分组

从如图 6-1 所示的“成绩表”中可以看出，有两个班级（B01 和 B02）选修了 K01 课程并参加了考试。在任务一的第（四）节中仅对 B01 班统计了平均成绩，如果要统计 B02 班的平均成绩，需要另外编写一个查询语句，如下面的语句：

```
select sum(成绩) as 总成绩,
       count(*) as 参与考试总人数,
```

```
        avg(成绩) as 平均成绩
   from 成绩表
   where 班级编号='B02'
   and   选修课程编号='K01'
```

如果参与考试的班级很多，并且针对每一个班级编写一个统计查询语句，显然即浪费时间又浪费精力，而且容易产生笔误。在实际的数据库开发和应用项目中，这方面的问题普遍存在。为了解决这类问题，SQL Server 提供了 group by 关键字，可以按列值对记录进行分组，并且按组统计数据。

【基础知识】

用 group by 进行分组统计的查询语句语法如表 6-6 所示。

表 6-6　在查询语句中使用 group by 分组统计

项目	语法	说明
1	select 列名列表, 聚合函数（列名/表达式）, …… 聚合函数（列名/表达式）	select 子句，指定查询结果 列名列表为可选项，列表中可以只有一个列名，也可以是多个不重复的列名，列名之间用“,”间隔
2	from 表名	from 子句，指定数据来源
3	group by 列名列表	group by 子句，指定分组依据。如果 select 子句中存在“列名列表”，此处的“列名列表”中的列不能少于 select 子句中“列名列表”中的列

【操作目标】

本节要求显示选修了编号为 K01 课程的各班级的“班级编号”“总成绩”“参与考试的总人数”和“平均成绩”，如表 6-7 所示。

表 6-7　选修了 K01 课程的各班级成绩统计

班 级 编 号	总　成　绩	参与考试总人数	平 均 成 绩
B01	249	3	83.00
B02	169	2	84.50

【操作步骤】

STEP 1　启动【SQL Server Management Studio】程序，设置可用数据库为 教学管理数据库。

STEP 2　在【SQL 查询】标签页中输入如图 6-8 所示的语句。

STEP 3　单击工具栏上的 ! 执行(X) 按钮执行以上查询，执行结果如图 6-8 所示。

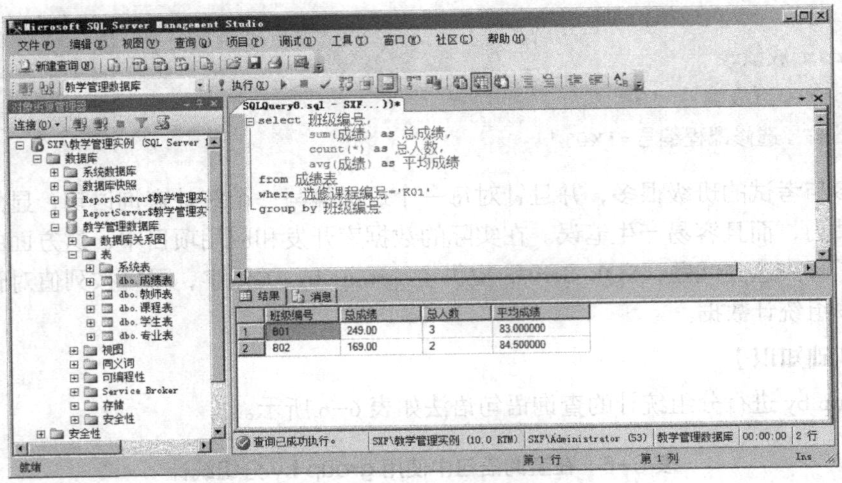

图6-8 用 group by 分组统计

请读者对比图 6-8 所示的查询结果与表 6-7 所示的内容是否一致。

【知识链接一】

当分组统计结果的记录很多时，为了便于观察，通常要按统计值对记录排序。在 order by 子句中，可以将聚合函数构成的表达式作为排序依据。在本任务的查询语句中添加按“平均成绩”由低到高的顺序对统计结果排序，查询语句和结果如图 6-9 所示。

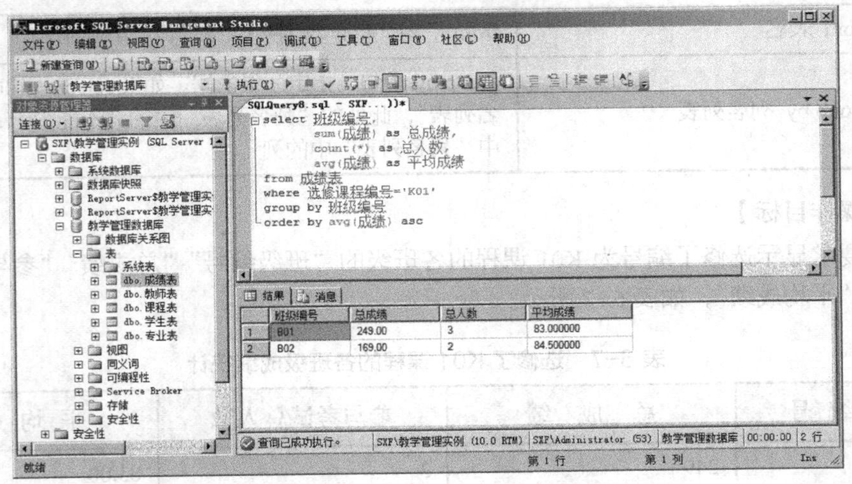

图6-9 在 order by 子句中对统计结果排序

【知识链接二】

如果 group by 子句中，用来分组的“列名列表”中某列的列值中存在空值，空值将单独作为一个组。

为了便于演示，首先用 insert 语句向“成绩表”中插入以下两条记录。

```
use 教学管理数据库
insert into 成绩表 (学生编号,选修课程编号,成绩)
values ('T001','K01',100.00)
insert into 成绩表 (学生编号,选修课程编号,成绩)
```

```
values ('T002','K01',80.00)
go
```

在【SQL 查询】标签页中重新执行第（一）节的查询语句，查询结果应如图 6-10 所示。

为了不影响其他教学示例的演示，请读者执行以下语句将“班级编号”为空值的记录从“成绩表”中删除。

```
delete from 成绩表
where 班级编号 is NULL
```

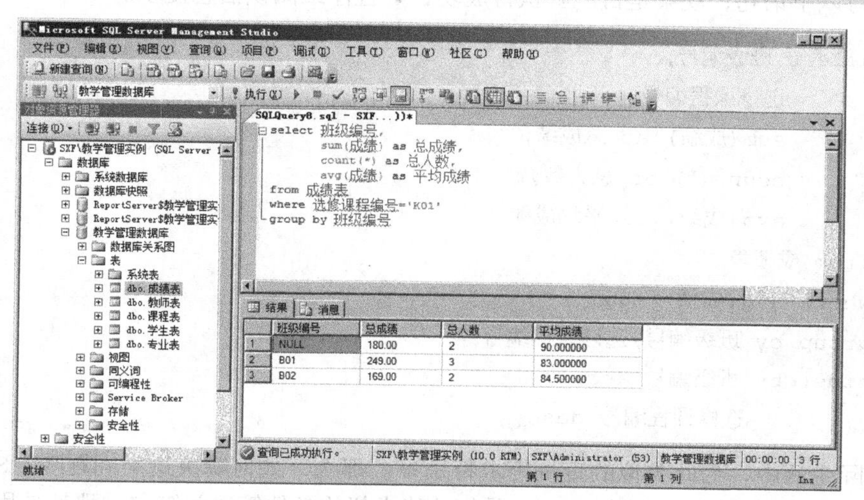

图6-10 演示 group by 对空值分组

【任务拓展】

第（一）节仅对一个“班级编号”列进行了分组统计，其实 group by 允许对多个列进行分组。本任务拓展要求按“班级编号”和“选修课程编号”对“成绩表”进行分组统计，要求显示“班级编号”“选修课程编号”“总成绩”“参与考试的总人数”和“平均成绩”。查询结果按“班级编号”的升序排序，同一个班级选修两门以上课程时，按“选修课程编号”的降序排序。

参考查询语句如下：

```
select 班级编号,
       选修课程编号,
       sum(成绩) as 总成绩,
       count(*) as 总人数,
       avg(成绩) as 平均成绩
from 成绩表
group by 班级编号,选修课程编号
order by 班级编号 asc,
        选修课程编号 desc
```

请读者在【SQL 查询】标签页中执行以上语句并观察查询结果。

（二） 用 having 筛选分组统计结果

通过对项目五的学习，读者已经知道：在查询语句的 where 子句中可以设置查询条件，用来限制返回行，只显示满足条件的记录。当分组统计结果的记录非常多时，就需要按统计值设置条件，只显示我们关心的统计结果。例如，对于第（一）节的任务拓展，要求只显示"平均成绩"在 80 分以上的记录。

根据 T-SQL 的语法规定，where 子句中设置的条件是在分组统计之前使用的，因此 where 子句中不能出现用聚合函数构成的关系表达式。有兴趣的读者可以在【SQL 查询】标签页中执行以下语句，观察是否能够执行成功，并且仔细阅读信息提示。

```
select 班级编号,
       选修课程编号,
       sum(成绩) as 总成绩,
       count(*) as 总人数,
       avg(成绩) as 平均成绩
from 成绩表
where avg(成绩)>=80
group by 班级编号,选修课程编号
order by 班级编号 asc,
         选修课程编号 desc
```

在实际生活中，与此类似的查询需求特别多。那么，如何解决这类问题呢？SQL Server 提供了专为分组统计使用的、与 where 子句功能类似的条件筛选关键字，那就是用 having 子句对分组统计结果进行筛选。

【基础知识】

使用 having 子句对分组统计结果进行筛选的语法如表 6-8 所示。

表 6-8 在查询语句中使用 having 筛选分组统计结果

项目	语法	说明
1	select 列名列表, 聚合函数（列名/表达式）， …… 聚合函数（列名/表达式）	select 子句，指定查询结果 列名列表为可选项，列表中可以只有一个列名，也可以是多个不重复的列名，列名之间用","间隔
2	from 表名	from 子句，指定数据来源
3	group by 列名列表	group by 子句，指定分组依据。如果 select 子句中存在"列名列表"，此处的"列名列表"必须与其一致
4	having 聚合函数构成的关系表达式/逻辑表达式	设置对统计结果的筛选条件。聚合函数构成的关系表达式或逻辑表达式必须是 select 子句中出现的聚合函数表达式

【操作目标】

本节要求按"班级编号"和"选修课程编号"分组统计各班级、各课程的"总成绩"

“参与考试的总人数”和“平均成绩”，并且只显示“平均成绩”大于等于 80 分的统计结果，如表 6-9 所示。

表 6-9　平均成绩在 80 分以上的统计结果

班级编号	选修课程编号	总成绩	参与考试的总人数	平均成绩
B01	K01	249	3	83
B02	K01	169	2	84.5

【操作步骤】

STEP 1　启动【SQL Server Management Studio】程序，设置可用数据库为 教学管理数据库。

STEP 2　在【SQL 查询】标签页中输入如图 6-11 所示的语句。

STEP 3　单击工具栏上的 执行(X) 按钮执行以上查询，执行结果如图 6-11 所示。

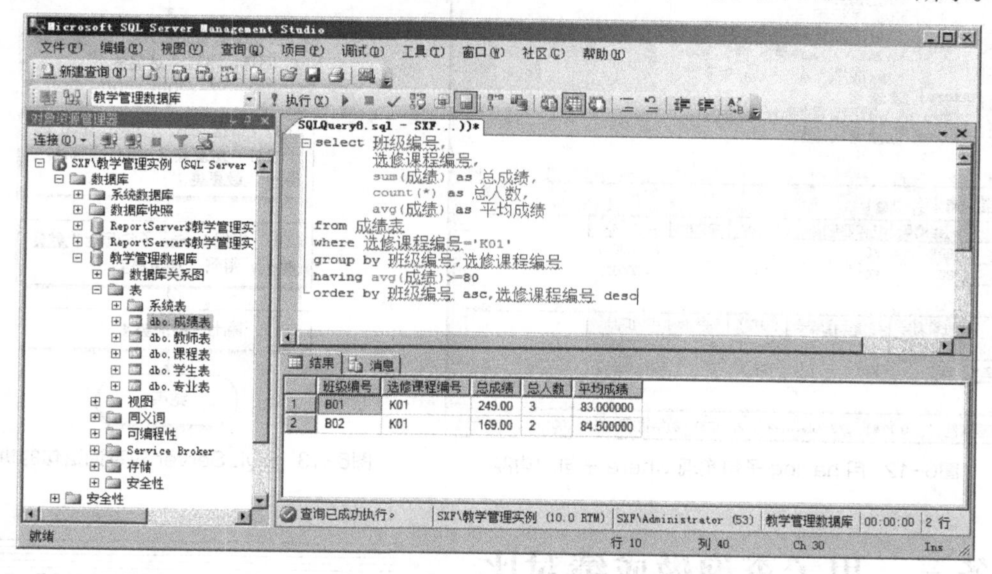

图6-11　用 having 筛选统计结果

请读者对比图 6-11 所示的查询结果与表 6-9 所示的内容是否一致。

【知识链接】

在 T-SQL 中，having 子句的作用与 where 子句的作用类似，都是对查询结果进行筛选，限制返回结果，但是筛选运算的先后顺序不同。where 子句的筛选条件在进行分组统计之前使用，而 having 子句的筛选条件是在分组统计之后使用。另外，where 子句中不能使用聚合函数，但是在 having 子句中却可以包含 where 子句中的条件，也就是说，having 子句可以代替 where 子句。

现在，用 having 子句实现本任务第（一）节中的查询要求，并比较两种语句的执行结果。语句和查询结果如图 6-11 所示。

虽然用 having 子句也能实现 where 子句的功能，但是 SQL Server 对两种语句的编译和执行的顺序却完全不同，对执行效率产生很大影响。现在，参照图 6-12，用图示的方式讲解 SQL Server 对查询语句的编译和执行顺序，如图 6-13 所示。

图 6-13 所示的 5 个步骤中，运算时间最长，占用 CPU 和内存资源最多的是第（3）步。假设，“结果集 1”中有 100 万条记录，经过 where 子句筛选后的“结果集 2”仅有 100 条记录，在第（3）步仅对这 100 条记录做分组统计运算。如果将 where 子句中的查询条件放到 having 子句中执行，那么第（3）步将直接针对 100 万条记录做分组统计运算，运算时间显然要比对 100 条记录的运算时间长很多。

综上所述，在编写查询语句时，尽量将在分组统计之前的筛选条件放到 where 子句中，以便提高运算效率。

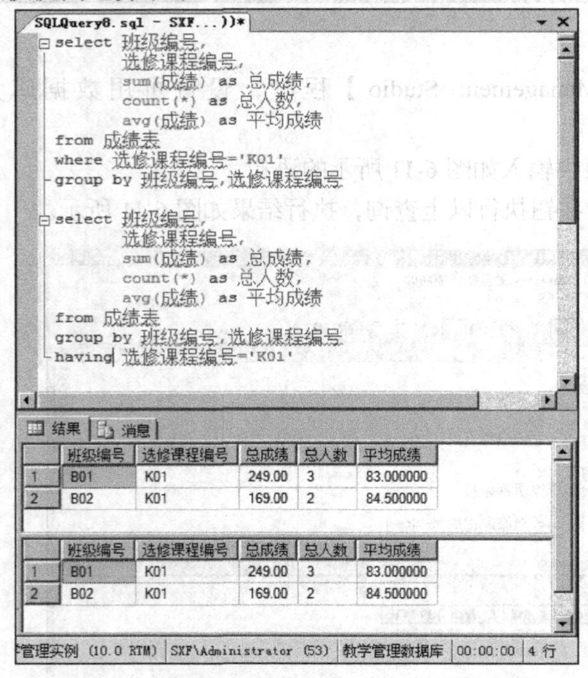

图6-12 用 having 子句实现 where 子句的功能

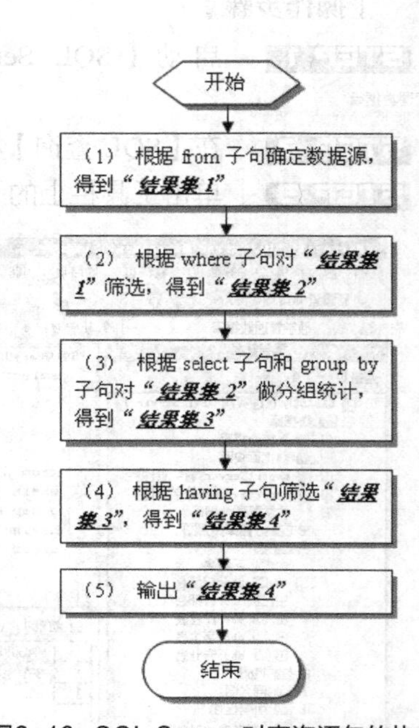

图6-13 SQL Server 对查询语句的执行顺

任务三 用子查询做成绩对比

如何用聚合函数、group by 和 having 对数据做分组统计和筛选，是本项目学习的重点。本任务要在此基础上，学习如何用子查询进行同一门课程成绩的对比。通过对本任务的执行，读者需要掌握“嵌套查询”和“子查询”的含义，以及特殊逻辑运算符 any 和 all 的含义和语法。本任务使用的数据源仍然是图 6-1 所示的“成绩表”。

【基础知识】

在开始执行任务之前，首先学习什么是“子查询”。查询语句的执行结果可以看做一个由记录构成的结果集，“嵌套查询”是将一个查询的结果集作为另一个查询的条件表达式的一部分，即一个完整的查询语句出现在另一个查询语句的 where 子句的条件表达式中。而作为条件表达式一部分的查询语句称为“子查询”。

子查询语句需要一个连接谓词（在 SQL Server 2000 中，也称为特殊的逻辑运算符）与 where 子句连接。常用的连接谓词有 any、all、in、exist。

在本任务中介绍 any 和 all 的用法，其他连接谓词的用法将在项目八的任务三中介绍。

（一） 使用 any 的子查询

读者应通过实际动手操作，进一步理解连接谓词 any 的使用方法。

【基础知识】

连接谓词 any 的作用是：比较指定列的值和子查询的结果，如果指定列的值与子查询结果集中的任意一个结果能够满足比较条件即可。

连接谓词 any 必须与“比较运算符”一起使用，语法格式如下：

```
比较运算符 any（子查询）
```

【操作目标】

本节要求在选修了 K01 课程的两个班级 B01 和 B02 之间做比较，显示 B02 中只要比 B01 中任何一个人的成绩高的记录，包括“班级编号”“学生编号”“选修课程名称”和“成绩”，如表 6-10 所示。

表 6-10　用 any 的成绩比较

班级编号	学生编号	选修课程名称	成　绩
B02	X004	K01	70
B02	X005	K01	99

【操作步骤】

STEP 1　启动【SQL Server Management Studio】程序，设置可用数据库为 教学管理数据库。

STEP 2　在【SQL 查询】标签页中输入如图 6-14 所示的语句。

STEP 3　单击工具栏上的 执行(X) 按钮执行以上查询，执行结果如图 6-14 所示。

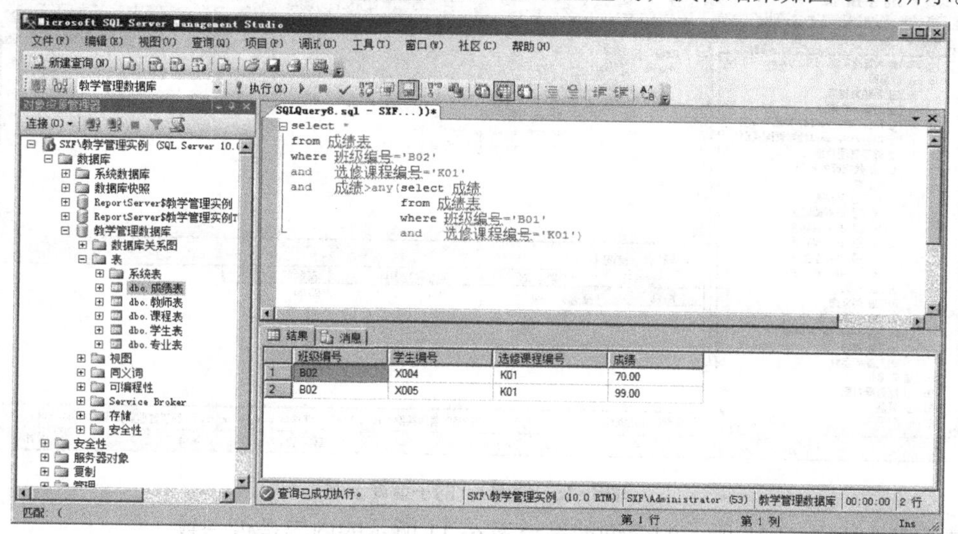

图6-14　使用 any 的子查询示例

请读者对比图 6-14 所示的查询结果与表 6-10 所示的内容是否一致。

（二）使用 all 的子查询

读者应通过实际动手操作，进一步理解连接谓词 all 的使用方法。

【基础知识】

连接谓词 all 的作用是：比较指定列的值和子查询的结果，指定列的值与子查询结果集中的全部结果都要满足比较条件。

连接谓词 all 同样必须与“比较运算符”一起使用，语法格式如下：

```
比较运算符 all（子查询）
```

【操作目标】

本任务要求在选修了 K01 课程的两个班级 B01 和 B02 之间做比较，显示 B02 中比 B01 中任何人的成绩都高的记录，包括“班级编号”“学生编号”“选修课程名称”和“成绩”，如表 6-11 所示。

表 6-11　用 all 的成绩比较

班级编号	学生编号	选修课程名称	成　绩
B02	X005	K01	99

【操作步骤】

STEP 1　启动【SQL Server Management Studio】程序，设置可用数据库为 教学管理数据库 。

STEP 2　在【SQL 查询】标签页中输入如图 6-15 所示的语句。

STEP 3　单击工具栏上的 执行(X) 按钮执行以上查询，执行结果如图 6-15 所示。

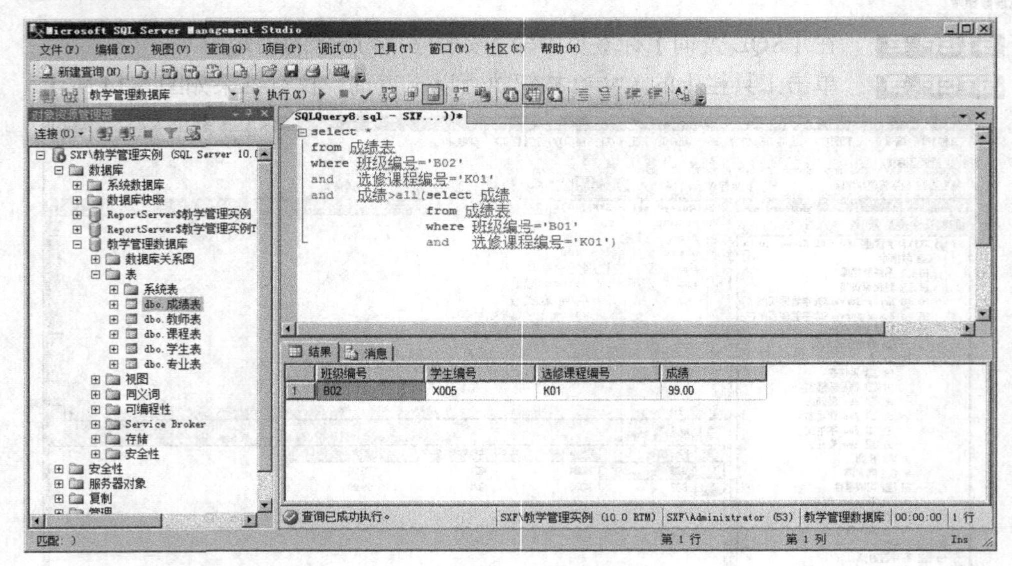

图6-15　使用 all 的子查询示例

请读者对比图 6-15 所示的查询结果与表 6-11 所示的内容是否一致。

实训一 显示B01班学生的最大和最小年龄

通过本实训来进一步熟练使用聚合函数编写查询语句。本实训参考的是任务一中第（一）节的内容。通过对下列问题的回答，确定查询语句的内容。

（1） 数据来源于哪些表？

（2） 限制返回行的条件有哪些？

（3） 查询结果涉及哪个表的哪些列？

（4） 查询结果中涉及哪些计算？

参考查询语句如下：

```
select max(year(getdate())-year(出生日期)) as 最大年龄,
       min(year(getdate())-year(出生日期)) as 最小年龄
from 学生表
where 所属班级编号='B01'
```

实训二 用sum和count函数计算B01班学生平均年龄

本实训参考的是任务一的第（二）节和第（三）节。通过对下列问题的回答，确定查询语句的内容。

（1） 数据来源于哪些表？

（2） 限制返回行的条件有哪些？

（3） 查询结果涉及哪个表的哪些列？

（4） 查询结果中涉及哪些计算？

参考查询语句如下：

```
select sum(year(getdate())-year(出生日期))/count(*) as 平均年龄
from 学生表
where 所属班级编号='B01'
```

实训三 用avg函数计算B01班学生平均年龄

本实训参考的是任务一的第（四）节。通过对下列问题的回答，确定查询语句的内容。

（1） 数据来源于哪些表？

（2） 限制返回行的条件有哪些？

（3） 查询结果中涉及哪个表的哪些列？

（4） 查询结果中涉及哪些计算？

参考查询语句如下：

```
select avg(year(getdate())-year(出生日期)) as 平均年龄
from 学生表
where 所属班级编号='B01'
```

实训四 按班级分组显示各班平均年龄并按降序排序

本实训参考的是任务二的第（一）节。通过对下列问题的回答，确定查询语句的内容。

（1） 数据来源于哪些表？

（2） 按哪些列进行分组统计？

（3） 查询结果涉及哪个表的哪些列？

（4） 插叙结果中涉及哪些计算？

（5） 查询结果是否需要排序，针对哪些列排序？

参考查询语句如下：

```
select 所属班级编号,
        avg(year(getdate())-year(出生日期)) as 平均年龄
from 学生表
group by 所属班级编号
order by avg(year(getdate())-year(出生日期)) desc
```

项目拓展

在项目拓展中要综合运用本项目及前面项目中所学的知识。项目拓展示例如下。

【拓展要求】

按课程编号分组显示各班级、各选修课程的“总成绩”“参加考试的学生总数”和“平均成绩”，要求如下。

（1） 只显示平均成绩在 80 分以上的记录。

（2） 按总成绩由高到低排序，总成绩相同的按平均成绩由高到低排序。

（3） 按分数段对平均成绩分类：

- 差：平均成绩<60；
- 及格：60≤平均成绩<70；
- 中：70≤平均成绩<80；
- 良：80≤平均成绩<90；
- 优：90≤平均成绩≤100。

【分析提示】

实现本项目拓展的数据源为“成绩表”；在 select 子句中需要使用聚合函数 sum()计算“总成绩”、函数 count()计算“参加考试的学生总数”、函数 avg 计算“平均成绩”、用 case…when…函数对“平均成绩”分级别显示级别名称；在 group by 子句中定义对“成绩表”的“班级编号”和“选修课程编号”分组统计；用 order by 子句对“总成绩”和“平均成绩”排序。

参考查询语句如下：

```
select 班级编号,
        选修课程编号,
```

```
        sum(成绩) as 总成绩,
        count(*) as 总人数,
        avg(成绩) as 平均成绩,
        case when avg(成绩)>=90 and avg(成绩)<=100 then '优'
            when avg(成绩)>=80 and avg(成绩)<90 then '良'
            when avg(成绩)>=70 and avg(成绩)<80 then '中'
            when avg(成绩)>=60 and avg(成绩)<70 then '及格'
            when avg(成绩)<60 then '差'
        end as 等级
from 成绩表
group by 班级编号,选修课程编号
order by sum(成绩) desc,
        avg(成绩) desc
```

思考与练习

一、填空题

1. 常用的聚合函数有：计算最大值的________，计算最小值的________，统计总和的________，统计记录总数的________和计算平均值的________。

2. 聚合函数的计算对象不仅是________，而且可以是________。

3. SQL Server 提供了________关键字，可以按列值对记录进行分组，并且按组统计数据。

4. 根据 T-SQL 的语法规定，where 子句中设置的条件是在分组统计________使用的，因此 where 子句中不能出现________构成的关系表达式。

5. SQL Server 提供了专为分组统计使用的、与 where 子句功能类似的________子句对分组统计结果进行筛选。

6. 连接谓词 any 的作用是：比较指定列的值和子查询的结果，指定列的值与子查询结果集中的________结果满足比较条件即可。

7. 连接谓词 all 的作用是：比较指定列的值和子查询的结果，指定列的值与子查询结果集中的________结果都要满足比较条件。

8. 连接谓词 any 和 all 同样必须与________运算符一起使用。

二、选择题

1. 对列或表达式计算最大值和最小值的函数是（　　）。

   A. max 和 min　　B. sum　　C. count　　D. avg

2. 对列或表达式计算总和的函数是（　　）。

   A. max 和 min　　B. sum　　C. count　　D. avg

3. 对列或表达式计算平均值的函数是（　　）。

   A. max 和 min　　B. sum　　C. count　　D. avg

4. 统计记录总数的函数是（　　）。

A. max 和 min　　B. sum　　C. count　　D. avg

5. 下列描述正确的是（　　）。

A. 聚合函数的运算对象可以是列，也可以是表达式

B. having 子句可以实现 where 子句的功能，但 where 子句不能实现 having 子句的功能

C. where 子句中可以包含聚合函数

D. order by 子句可以对聚合函数的运算结果排序

6. 如果查询的 select 子句为 select A,B,C*D，则不能使用的 group by 子句是（　　）。

A. group by A　　B. group by A,B

C. group by A,B,C*D　　D. group by A,B,C,D

三、简答题

1. 简述 SQL Server 的聚合函数 min、max、sum、count 和 avg 的含义和语法。
2. 简述在查询语句中 group by 子句的含义和语法。
3. 简述在查询语句中 having 子句的含义和语法。
4. 简述 having 子句与 where 子句对查询语句运行效率的影响。
5. 简述连接谓词 any 和 all 的含义和语法。

四、操作题

1. 查询“教师表”，显示年龄最大和最小的教师记录。
2. 查询“教师表”，按性别分组统计教师的平均年龄。
3. 查询“课程表”，按“教师编号”统计每位授课教师的课时总和，并且只显示课时总和在 80 以上的统计结果。

PART 7

项目七 创建和使用视图

表是数据库系统中真实存在的对象，而数据库中还存在一种对象，它将一个或多个存在关联关系的表中的全部或部分数据整合在一起构成一个新的表，但这个表又不是真实存在的，这种虚拟表就是“视图”。

知识技能目标

- 理解视图的概念，以及视图与表的关系。
- 掌握在【视图设计】标签页中创建、删除单数据源视图和多数据源视图的方法。
- 能够熟练使用 create view 语句创建视图。
- 掌握对视图查询，以及利用视图修改、删除表中记录的方法。
- 掌握用 drop view 语句删除视图的语法。

在数据库应用系统中，恰到好处地使用视图，可以大大提高人们对数据库维护、开发的效率。

任务一 创建视图

本任务通过两个操作，讲解如何创建单一数据源的视图。

【基础知识】

视图和表都是数据库中的对象，视图的结构虽然与表相同，但视图是虚拟表，视图中的数据不会作为真实的对象存储在磁盘上，数据库对视图存储的是定义视图的查询语句。每一次使用视图，SQL Server 都需要重新执行一次查询语句，查询语句的执行结果构成了视图中的数据。视图中的列可以来源于一个表或多个表连接查询的结果。

在应用系统中，视图不是必须存在的数据库对象，但它可以为应用系统的开发、维护带来方便。例如，对于同一个“学生表”，宿舍管理员只关心学生的性别、籍贯和年龄，而没必要关心学生的职务。但对于学籍管理员来说，更关心学生的班级分配、学生的职务等。在应用系统中可以为不同角色的用户创建不同的视图，以满足不同人员的需求。

因为视图来源于表，所以在创建视图时只需要指明视图名称和视图来源。如果视图中的列直接来源于表的某列，可以直接使用数据源表的列名和数据类型；如果视图的列来源于表的列表达式，则有必要对表达式定义别名，数据类型就是表达式结果的数据类型。

（一）在【视图设计】标签页中创建“住宿管理视图”

本节用“学生表”作为数据源创建“住宿管理视图”。通过对本节的执行，读者应掌握在【视图设计】标签页中创建视图的方法。

“住宿管理视图”和“学生表”之间的关系如表 7-1 所示，为了将视图的列名与表的列名区分开，视图中的列统一用英文命名。

表 7-1　定义“住宿管理视图”

视图		来源	
视图名	别名	表名	列名
住宿管理视图	StudentNo	学生表	学生编号
	StudentName		学生姓名
	Sex		性别
	NativePlace		籍贯
	Birthday		出生日期

【基础知识】

在使用【视图设计】标签页之前，先介绍它的结构。【视图设计】标签页的结构、功能与【表编辑】标签页的结构和功能非常相似，如图 7-1 所示。不同的是【视图设计】的【结果窗格】不能编辑记录，只能显示记录。关于窗格的功能请参见项目三中任务三的第（一）节。

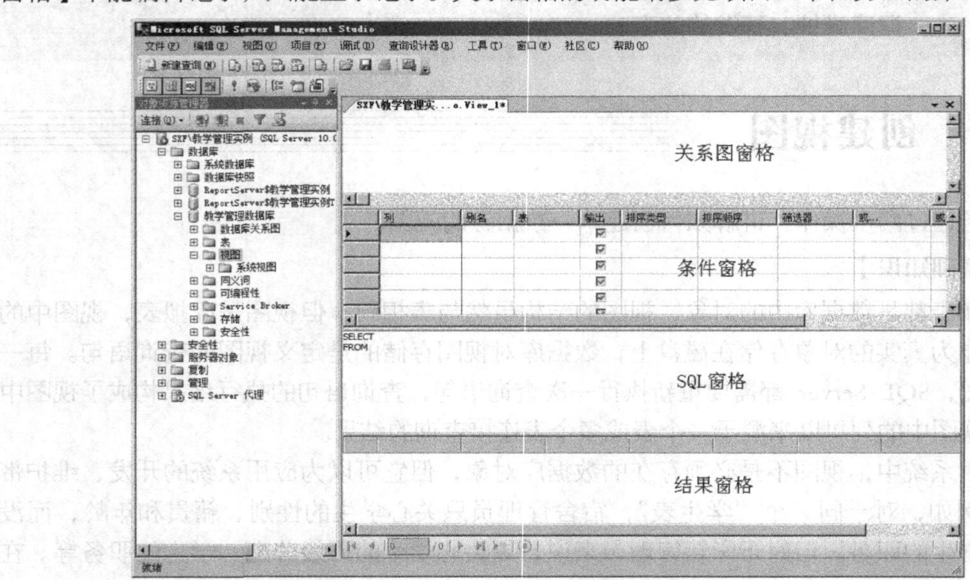

图7-1　【视图设计】标签页的结构

【操作目标】

按照表 7-1 的要求，在【视图设计】标签页中创建“住宿管理视图”。

【操作步骤】

STEP 1 启动【SQL Server Management Studio】程序。展开【教学管理数据库】节点，在【视图】子节点上单击鼠标右键，弹出快捷菜单，如图 7-2 所示。

STEP 2 单击【新建视图】菜单项，如图 7-2 所示，打开【视图设计】标签页。与此同时，首先显示的是【添加表】对话框，在【添加表】对话框中默认突出显示的是【表】标签页。在列表框中显示的是“教学管理数据库”下的所有用户自定义的表，如图 7-3 所示。

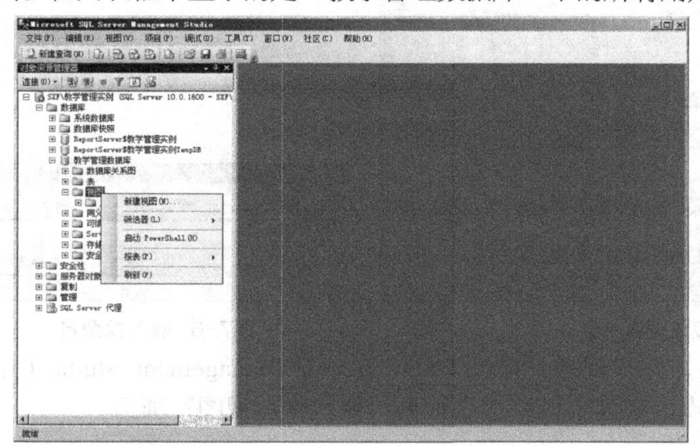

图7-2 新建视图

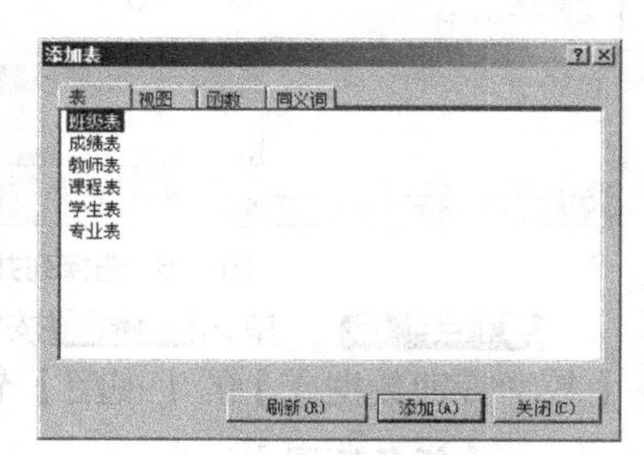

图7-3 【添加表】对话框

STEP 3 在【表】标签页中选中“学生表”，单击 添加(A) 按钮，将“学生表”加入【关系图窗格】，如图 7-4 所示。单击 关闭(C) 按钮，关闭【添加表】对话框。

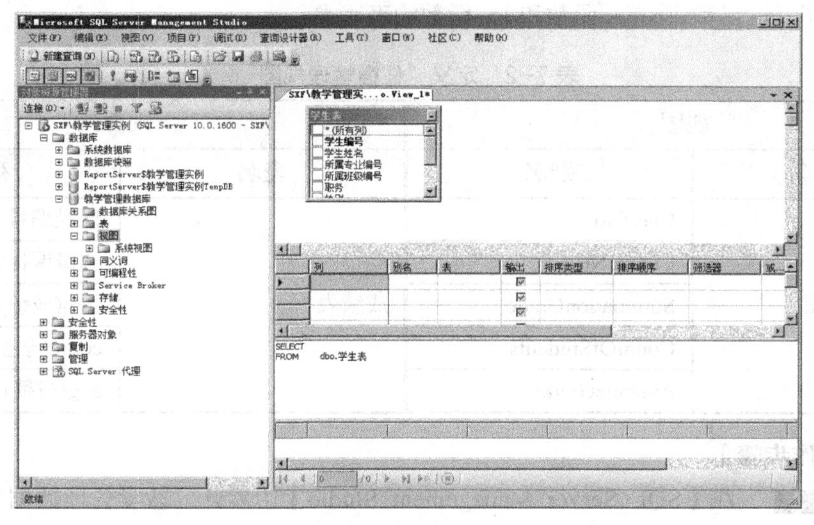

图7-4 选择数据源

STEP 4 在【关系图窗格】中按表 7-1 中的要求选择“学生表”中的列，选中的列自动显示在【条件窗格】的【列】中，在【别名】中输入表 7-1 中对应的别名。【SQL 窗格】中的查询语句随之变动，如图 7-5 所示。注意，视图中字段的顺序与在“学生表”中选择字段的顺序一致，也可以与“学生表”中字段的顺序不一致，如“籍贯”和“出生日期”的顺序。

STEP 5 单击❗按钮，执行【SQL 窗格】中的 SQL 语句，并在【结果窗格】中显示视图的数据。如果数据符合视图的要求，则单击工具栏上的💾按钮，在【选择名称】对话框中输入“住宿管理视图”，如图 7-6 所示。

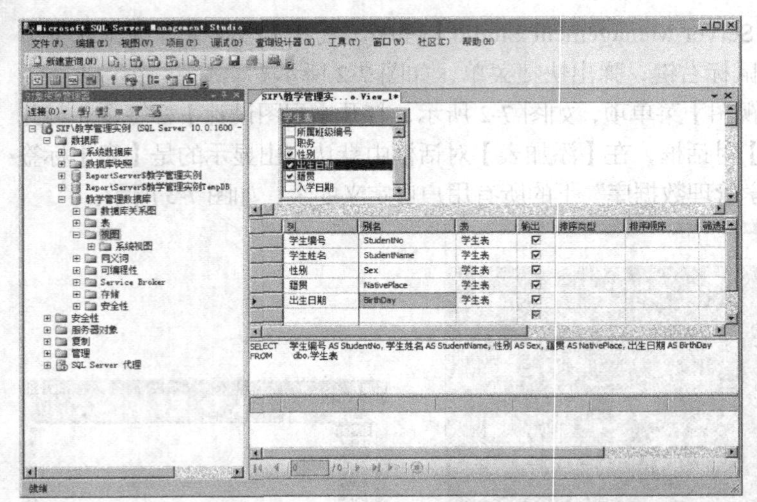

图7-5 选择列并设置别名

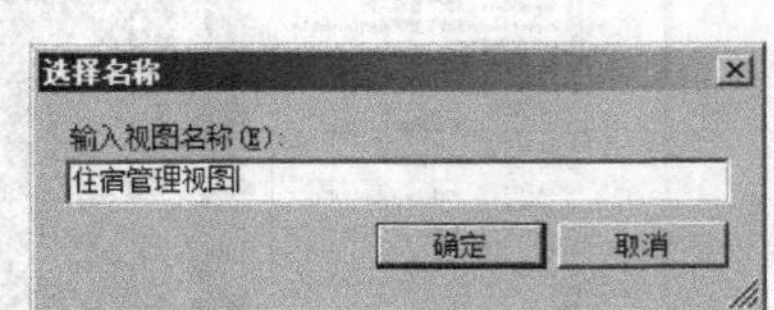

图7-6 输入视图名

STEP 6 单击【确定】按钮，保存视图。单击【SQL Server Management Studio】中【教学管理数据库】的【视图】节点，在其下应存在名称为“住宿管理视图”项目。

【任务拓展】

在【视图设计】标签页中不仅可以选择数据源表的列，而且可以对列定义表达式。在任务拓展中要求用“成绩表”为数据源创建“班级成绩视图”。视图与表之间的关系如表 7-2 所示，数据源用到了 sum 函数、count 函数和 avg 函数的表达式。

表 7-2 定义“住宿管理视图”

视图		来源	
视图名	别名	表名	列名
班级成绩视图	ClassNo	成绩表	班级编号
	CourseNo		选修课程编号
	SummationGrade		sum(成绩)
	CountOfStudents		count(学生编号)
	AverageGrade		avg(成绩)

【操作步骤】

STEP 1 在【SQL Server Management Studio】中展开“教学管理数据库”，在【视图】节点上单击鼠标右键，在弹出的快捷菜单中选择【新建视图】菜单项，在【添加表】对话框中选择并添加“成绩表”。

STEP 2 在【视图设计】标签页的【条件窗格】中，在【列】的下拉列表框中按照如图 7-7 所示依次选择列名。注意，字段的选择顺序，以及“成绩”字段选择了两次。之所以选择两次，是为了计算总成绩和平均成绩。

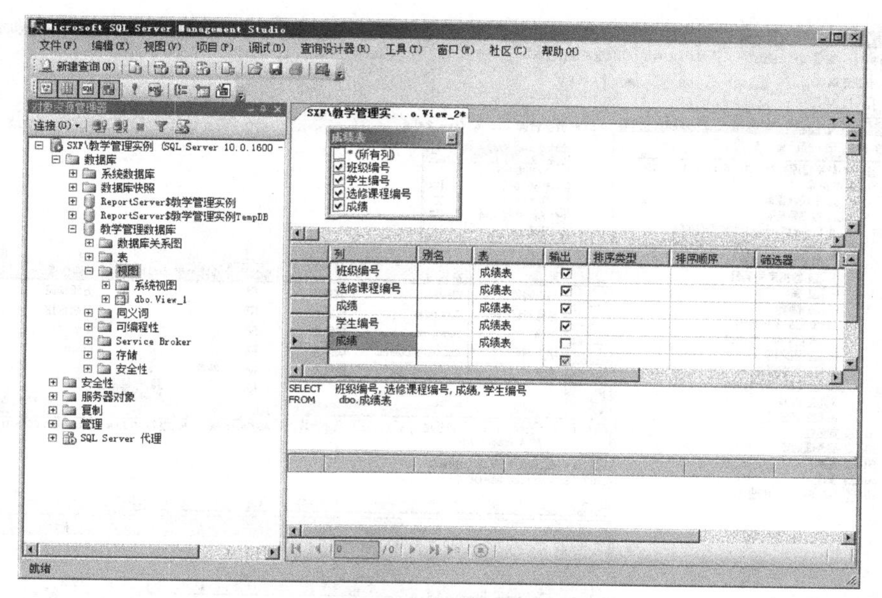

图7-7　选择数据源

STEP 3　在【条件窗格】的任意位置单击鼠标右键，在弹出的快捷菜单中单击【添加分组依据】菜单项，在【条件窗格】的“排序顺序”列后新增一列【分组依据】列，如图7-8所示。此处的分组依据即group by子句中的字段。

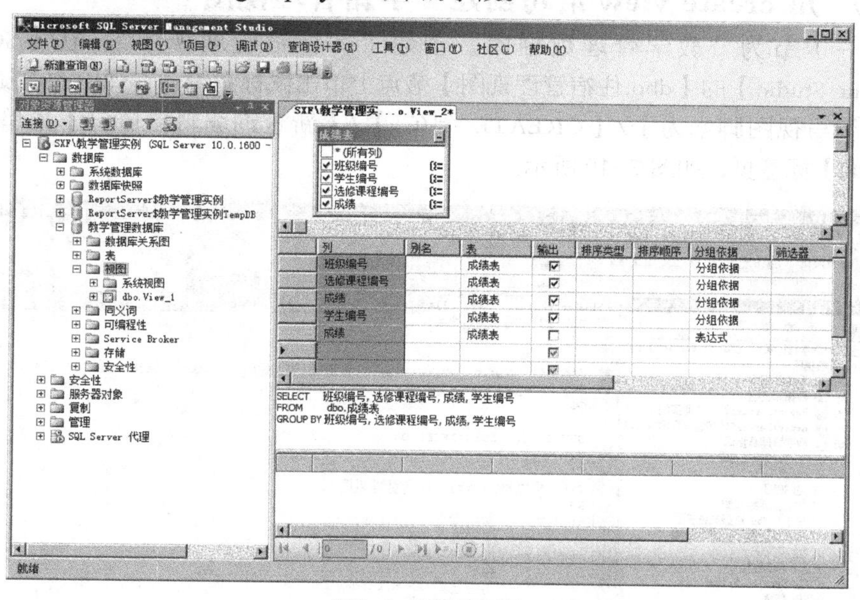

图7-8　定义分组项

STEP 4　在【条件窗格】中单击“成绩”“学生编号”和“成绩”项目的“分组依据”单元格，并设置分组函数，在“别名”列为各项定义别名，对“AverageGrade”项设置排序类型为降序，如图7-9所示。

STEP 5　单击 ! 按钮，在【结果窗格】中显示视图的数据。如果数据符合视图的要求，则单击工具栏上的 按钮，在【选择名称】对话框中输入“班级成绩视图”，单击 确定 按钮，保存视图。

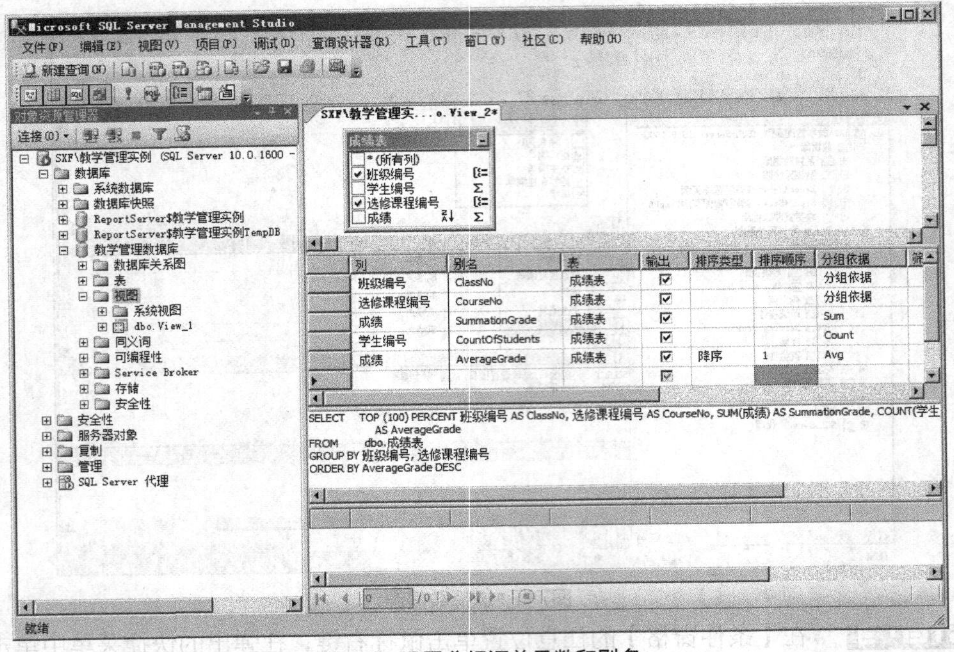

图7-9 设置分组汇总函数和别名

（二） 用 create view 语句创建“学籍管理视图”

第（一）节为“教学管理数据库”创建了“住宿管理视图”。在【SQL Server Management Studio】的【dbo.住宿管理视图】节点上单击鼠标右键，在弹出的快捷菜单中依次单击【编写视图脚本为】/【CREATE 到(C)】/【新查询编辑器窗口】菜单项，打开【SQL 查询】标签页，如图 7-10 所示。

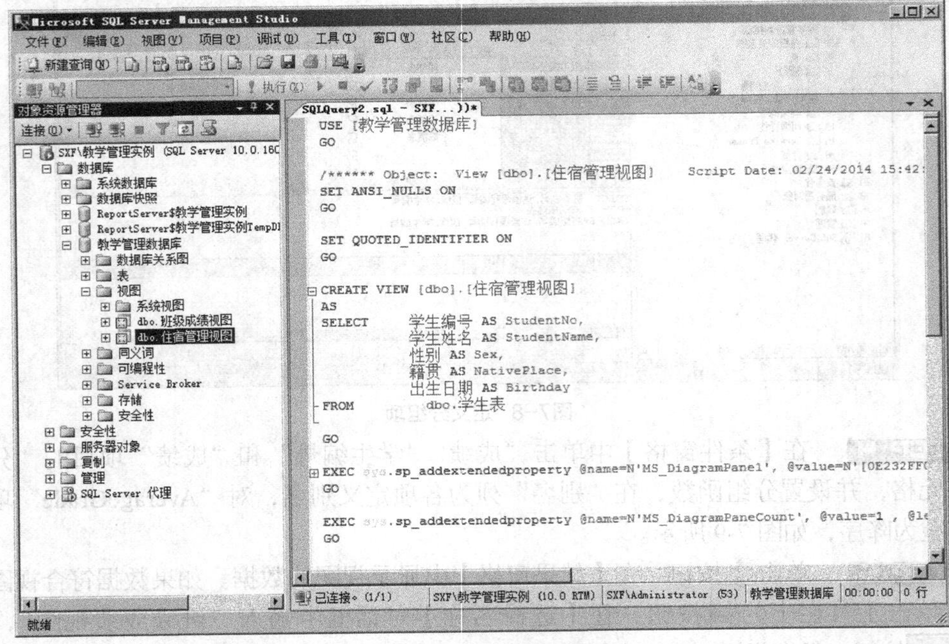

图7-10 创建“住宿管理视图”的 SQL 语句

在【SQL 查询】标签页中可以看到创建"住宿管理视图"的 create view 语句。在本节中将学习 create view 语句的语法。

【基础知识】

创建视图的 create view 语句的语法如表 7-3 所示。

表 7-3　create view 语句的语法

项目	属性	T-SQL 语法	本示例语法
1	指定视图名	create view 视图名	create view v_ProductStock
2	指定表名和列名	as select 列名,列名… from 表名	as select ProductName,Stock from t_ProductInfo

【操作目标】

以"学生表"为数据源，创建"学籍管理视图"。"学籍管理视图"和"学生表"之间的关系如表 7-4 所示，仍用英文名称定义别名。

表 7-4　定义"学籍管理视图"

视图		来源	
视图名	别名	表名	列名
学籍管理视图	ClassNo	学生表	所属班级编号
	StudintName		学生姓名
	Duty		职务

【操作步骤】

STEP 1　启动【SQL Server Management Studio】程序，设置可用数据库为 教学管理数据库。

STEP 2　在【SQL 查询】标签页中输入以下语句：

```
create view 学籍管理视图
as
select 所属班级编号 as ClassNo,
       学生姓名 as StudentName,
       职务 as Duty
from 学生表
```

STEP 3　单击工具栏中的 ! 执行(X) 按钮，执行 create view 语句。

STEP 4　在【SQL Server Management Studio】中展开【教学管理数据库】节点，单击【视图】子节点，如果其下存在名称为"学籍管理视图"的视图，说明以上语句执行成功，如图 7-11 所示。

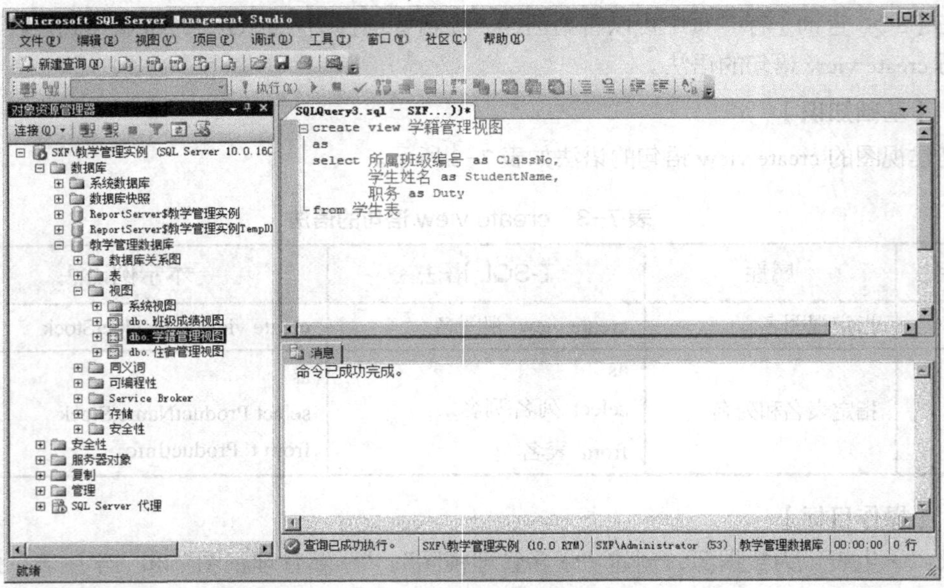

图7-11 创建“学籍管理视图”的 SQL 语句

【知识链接】

修改视图的 alter view 语句与 creat view 语句的语法格式非常相似，如表 7-5 所示。因为视图是虚拟表，修改视图的操作其实质就是重新查询数据源的动作。

表 7-5 alter view 语句的语法

项目	属性	T-SQL 语法
1	指定视图名	alter view 视图名
2	指定表名和列名	as select 列名,列名… from 表名

【任务拓展】

在 create view 语句的 select 子句中也可以使用表达式，用 create view 创建第（一）节中任务拓展的“班级成绩视图”，参考语句如下：

```
create view 班级成绩视图
as
select 班级编号 as ClassNo,
       选修课程编号 as CourseNo,
       sum(成绩) as SummationGrade,
       count(学生编号) as CountOfStudents,
       avg(成绩) as AverageGrade
from 成绩表
group by 班级编号, 选修课程编号
order by avg(成绩) desc
```

任务二 使用视图

视图和表有相同的形式，对于视图的操作方式与对表的操作方式相同。本任务通过 4 个操作演示视图的使用方法。

（一） 对“住宿管理视图”查询

本节演示对视图的查询操作方法。

【操作目标】

从“住宿管理视图”中显示 1980 年 1 月 1 日以后出生的学生的“姓名”“籍贯”和“性别”。

【操作步骤】

STEP 1 启动【SQL Server Management Studio】程序，设置可用数据库为 教学管理数据库。

STEP 2 在【SQL 查询】标签页中输入如图 7-12 所示的语句。

STEP 3 单击工具栏中的 执行(X) 按钮执行查询语句，结果如图 7-12 所示。

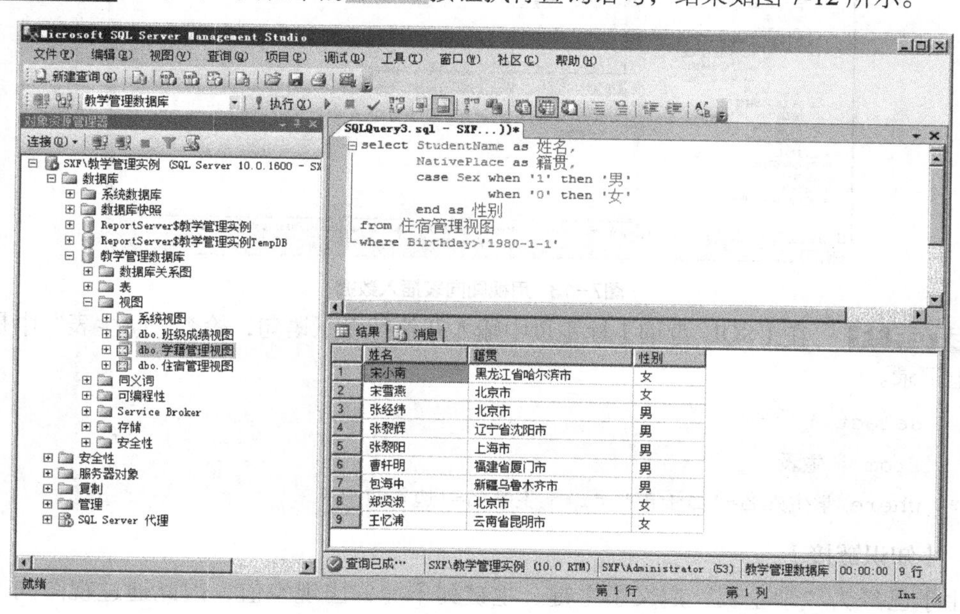

图7-12 查询视图

（二） 用“住宿管理视图”对“学生表”添加记录

可以用 insert 语句向视图插入数据，但最终结果仍体现在创建视图的数据源表上。

【操作目标】

假设存在已经被录取，但尚未来报到的学生。由于这些学生尚未分配“班级”和“职务”，所以可以由宿舍管理员通过向“住宿管理视图”中添加记录而增加“学生表”的记录。学生信息如表 7-6 所示。

表 7-6　已被录取但尚未报到的学生

学生编号	学生姓名	性别	籍贯	出生日期
X020	吕子布	男	黑龙江省哈尔滨市	1982 年 6 月 6 日
X021	边复哲	男	黑龙江省齐齐哈尔市	1983 年 7 月 7 日

【操作步骤】

STEP 1　启动【SQL Server Management Studio】程序，设置可用数据库为 教学管理数据库。

STEP 2　在【SQL 查询】标签页中输入如图 7-13 所示的语句。

STEP 3　单击工具栏中的 执行(X) 按钮执行语句，结果如图 7-13 所示。

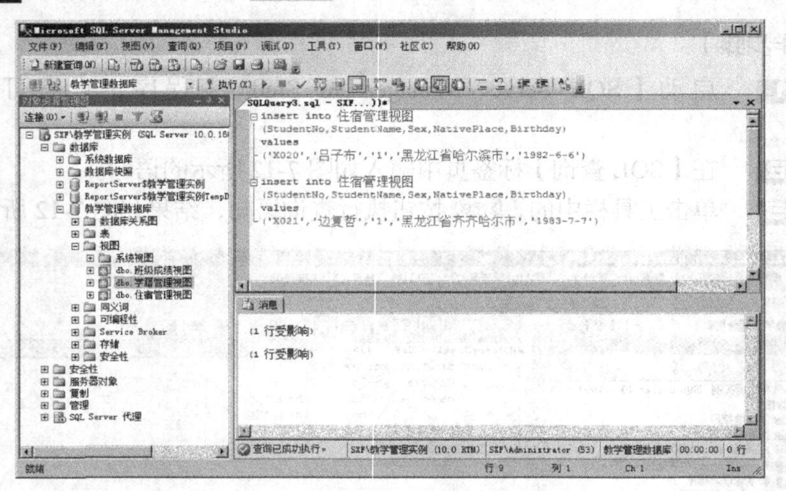

图7-13　用视图向表插入数据

STEP 4　在【SQL 查询】标签页中输入并执行以下语句，检查"学生表"中是否存在以上记录。

```
select *
from 学生表
where 学生姓名='吕子布' or 学生姓名='边复哲'
```

【知识链接】

由于已经为"学生表"定义了主键，主键列不允许出现空值，因此通过视图向"学生表"添加记录时，主键列不能为空值。

（三） 用"学籍管理视图"修改"学生表"的记录

使用 update 语句可以通过修改视图来修改数据源表中的数据。

【操作目标】

通过"学籍管理视图"将编号为 X011 的学生由原来的 B05 班转到 B03 班。

【操作步骤】

STEP 1　启动【SQL Server Management Studio】程序，设置可用数据库为 教学管理数据库。

STEP 2 在【SQL 查询】标签页中输入如图 7-14 所示的语句。

STEP 3 单击工具栏中的 执行(X) 按钮执行语句，结果如图 7-14 所示。

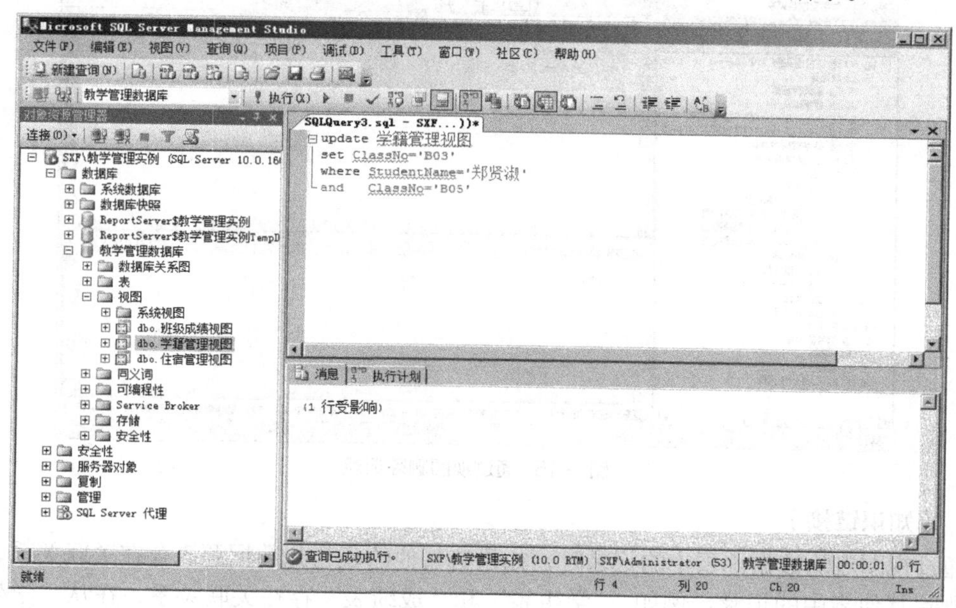

图7-14 通过视图更新表

STEP 4 在【SQL 查询】标签页中输入并执行以下语句，检查“学生表”中是否已更改。

```
select 学生姓名,
        所属班级编号
from 学生表
where 学生姓名='郑贤淑'
```

（四）用“学籍管理视图”删除“学生表”的记录

用 delete 语句对视图删除记录时，最终结果是将数据源表中的记录删除。

【操作目标】

假设 B06 班的薛智退学，通过“学籍管理视图”删除此学生记录。

【操作步骤】

STEP 1 启动【SQL Server Management Studio】程序，设置可用数据库为 教学管理数据库。

STEP 2 在【SQL 查询】标签页中输入如图 7-15 所示的语句。

STEP 3 单击工具栏中的 执行(X) 按钮执行语句，结果如图 7-15 所示。

STEP 4 在【SQL 查询】标签页中输入并执行以下语句，检查“学生表”中是否已更改。

```
select *
from 学生表
where 学生姓名='薛智'
```

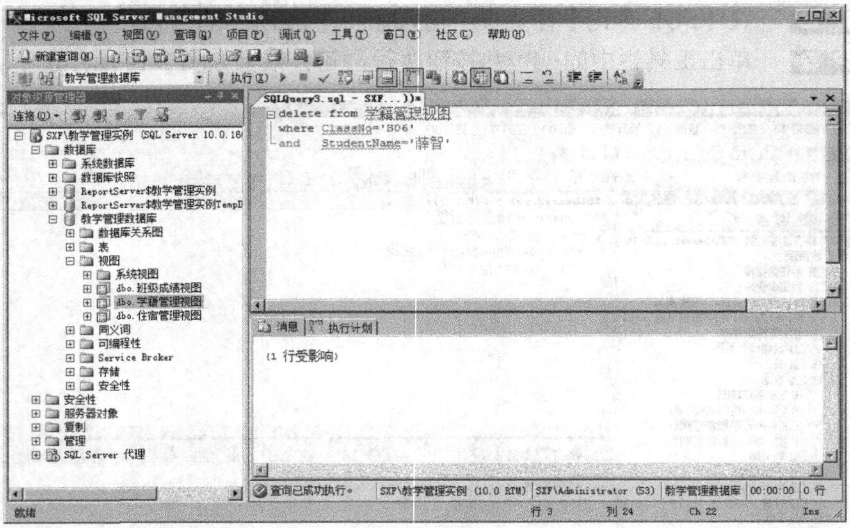

图7-15 通过视图删除记录

【知识链接】

通过视图删除数据源表中的记录时，如果有其他的表与此数据源表存在关联关系，需要首先删除其他表中的记录。例如，“学生表”和“成绩表”存在关联关系，在从“学生表”中删除姓名为“薛智”的记录之前，首先要删除“成绩表”中的对应记录。

任务三 删除视图

删除视图的操作与删除表的操作相似。本任务通过两个操作介绍删除视图的方法。

（一） 在【SQL Server Management Studio】中删除“住宿管理视图”

通过对本节的执行，读者应掌握在【SQL Server Management Studio】中删除视图的方法。

【操作目标】

删除“住宿管理视图”。

【操作步骤】

STEP 1 展开【SQL Server Management Studio】的【教学管理数据库】节点，单击子节点【视图】，显示“教学管理数据库”所拥有的系统视图和用户创建的视图。

STEP 2 在【住宿管理视图】项目上单击鼠标右键，在弹出的快捷菜单中单击【删除】菜单项，打开【删除对象】对话框。在【要删除的对象】列表框中选中“住宿管理视图”。

STEP 3 单击 确定 按钮，删除“住宿管理视图”。系统自动刷新【SQL Server Management Studio】的【视图】节点。

（二） 用 drop view 语句删除“学籍管理视图”

通过对本节的执行，读者应掌握 drop view 删除视图的语法。

【基础知识】

使用 drop view 语句删除视图，只要在语句中指出视图名即可，其语法如表 7-7 所示。

表 7-7 drop view 语句的语法

项目	属性	T-SQL 语法	本示例语法
1	指定视图名	drop view 视图名	drop view 学籍管理视图

【操作目标】

用 drop view 语句删除“学籍管理视图”。

【操作步骤】

STEP 1 启动【SQL Server Management Studio】程序，设置可用数据库为 教学管理数据库 。

STEP 2 在【SQL 查询】标签页中输入以下语句：

```
drop view 学籍管理视图
```

STEP 3 单击工具栏中的 执行(X) 按钮执行语句，执行信息在【结果】标签页中提示。

实训一 在【视图设计】中创建“班级平均年龄视图”

本实训要求分别用图形化的方式和命令方式创建视图。可参考任务一中第（一）节的任务拓展。对需求进行分析，可以确定以下内容。

（1） 数据来源于“学生表”。

（2） 视图中应存在“班级编号”“平均年龄”。

（3） 年龄使用表达式“(year(getdate())- year(出生日期))”计算。

（4） 需要按“班级编号”分组计算平均年龄。

（5） 对“平均年龄”按降序排序。

参考的操作如图 7-16 所示。

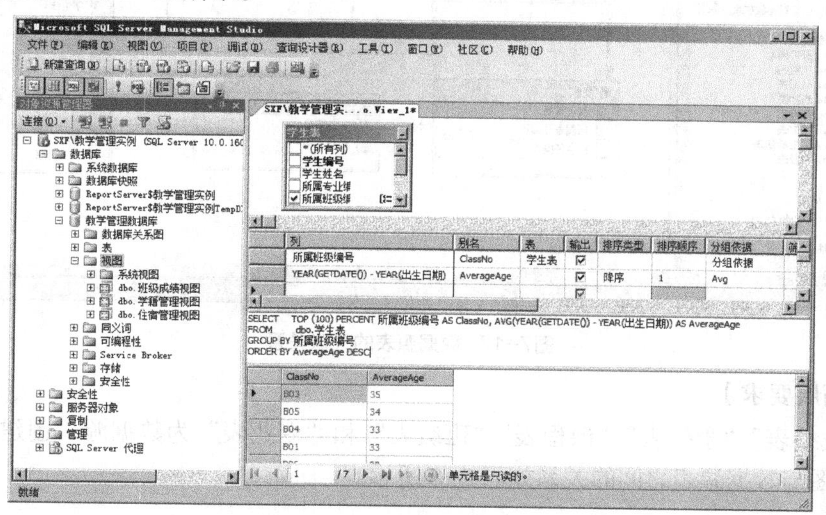

图7-16 实训一参考

实训二　用 create view 语句创建“班级平均年龄视图”

本实训可参考任务一中第（二）节的任务拓展。通过对“实训一”的分析，可以确定 create view 语句中 select 子句的内容。

参考的语句如下：

```
select 所属班级编号 as classno,
       avg(year(getdate())-year(出生日期)) as averageage
from 学生表
group by 所属班级编号
order by avg(year(getdate())-year(出生日期)) desc
```


项目拓展

在项目拓展中，要使用本项目以及“项目四”中所学的知识创建多数据源的视图。

任务一的第（一）节和第（二）节创建的都是单一数据源的视图，视图的数据源可以是存在关联关系的多个表。“项目四”的项目拓展中定义了“成绩表”“学生表”“课程表”“班级表”和“专业表”之间的关系，如图 7-17 所示。本项目拓展将使用以上 5 个表在【视图设计】标签页中创建“学生专业成绩视图”。

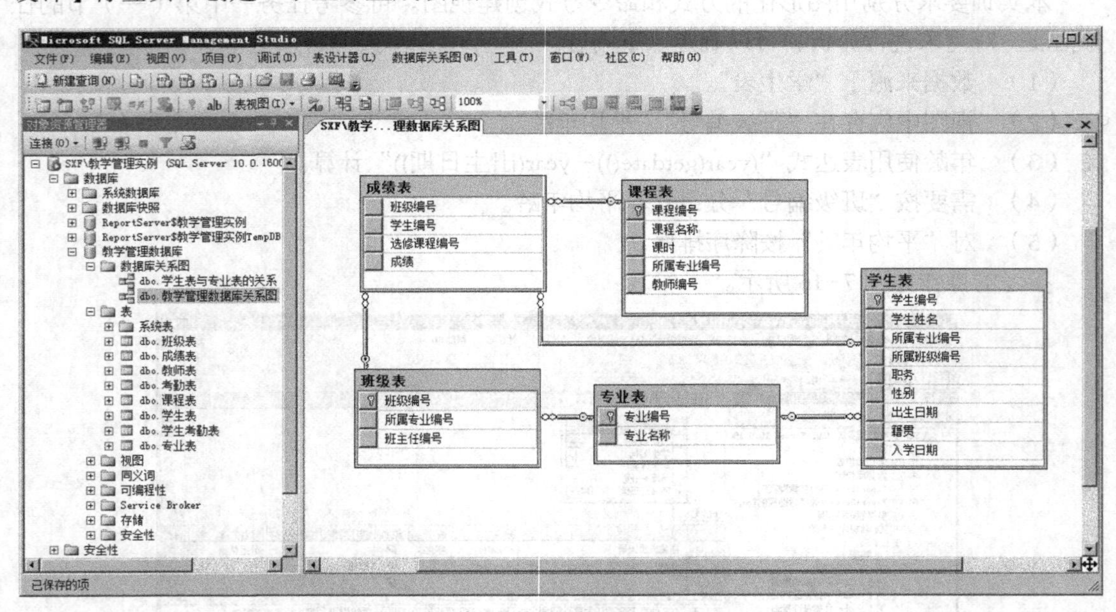

图7-17　数据源表的关联关系

【拓展要求】

以“成绩表”“学生表”“课程表”“班级表”和“专业表”为数据源，创建“专业成绩视图”。视图与数据源表之间的关系如表 7-8 所示。

表 7-8 定义“学籍管理视图”

视图		来源	
视图名	别名	表名	列名
专业成绩视图	DepartmentName	专业表	专业名称
	ClassName	班级表	班级编号
	StudentName	学生表	学生姓名
	CourseName	课程表	课程名称
	Grade	成绩表	成绩

【分析提示】

在【视图设计】标签页中使用多数据源创建视图，首先要保证作为数据源的表之间存在关联关系，并且已经定义了关联关系。

在【视图设计】标签页中定义多数据源的视图的方法与定义单一数据源的方法类似，只要将所需要的表全部添加到【关系图窗格】中，在【条件窗格】中就可以选择来源于不同表的列。参考的操作如图 7-18 所示。

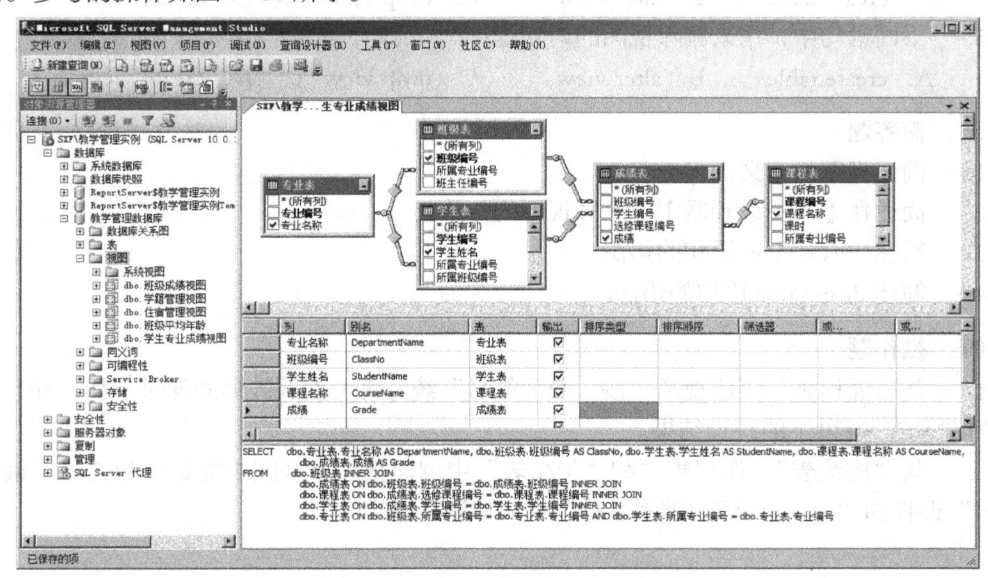

图7-18 项目拓展参考

思考与练习

一、填空题

1. 视图和表都是数据库中的对象，视图的结构虽然与表相同，但视图是________表。

2. 视图中的数据不会作为真实的对象存储在磁盘上，数据库对视图存储的是定义视图的________。

3. 每一次使用视图，SQL Server 都需要重新执行一次________，________的执行结果构成了视图中的数据。

4. 视图中的列可以来源于________。

5. 通过视图可以对数据源表做________、________、________和________操作。

二、选择题

1. 【视图设计器】由（　　）窗格组成。

A.【关系图窗格】B.【网格窗格】 C.【SQL 窗格】 D.【结果窗格】

2. 对于视图的数据源，描述正确的是（　　）。

A. 视图中的数据允许来源于一个或多个表

B. 如果视图中的列直接来源于表的某列，可以直接使用数据源表的列名和数据类型

C. 如果视图的列来源于表的列表达式，则有必要对表达式定义别名，数据类型就是表达式结果的数据类型

D. 视图中的数据允许来源于其他数据库的表

3. 下面语句中，用来创建视图的语句是（　　）。

A. create table　B. alter view　C. drop view　D. create view

4. 下面语句中，用来修改视图的语句是（　　）。

A. create table　B. alter view　C. drop view　D. create view

5. 下面语句中，用来删除视图的语句是（　　）。

A. create table　B. alter view　C. drop view　D. create view

三、简答题

1. 简述视图的含义。

2. 简述在【视图设计器】中定义视图的方法。

3. 简述 create view 语句的语法。

4. 简述 drop view 语句的语法。

四、操作题

1. 从“课程表”创建视图，按“教师编号”统计每位授课教师的课时总和，并且只显示课时总和在 80 以上的统计结果。

2. 从“成绩表”“课程表“和“学生表”中创建视图，视图中的记录为选修了编号为“K01”课程的“学生姓名”“课程名称”和“成绩”。

PART 8 项目八 多表连接查询管理教学计划

项目五和项目六介绍的内容都是对单独的一个表进行查询，但是，一个表不能体现学生的全部信息。例如，“成绩表”中只有“学生编号”和“选修课程编号”，而没有“学生姓名”和“课程名称”。如果要在查询结果中体现“学生姓名”“选修课名称”和“成绩”，仅仅对“成绩表”进行查询显然不能达到目的，必须对“成绩表”“学生表”及“课程表”进行关联，才能在查询结果中得到以上信息。

在关系数据库中，表不是孤立存在的，表与表之间通过主键和外键产生关联关系。本项目通过两个任务讲解对存在关联关系的多个表进行连接查询的原理和语法，最后介绍两个与子查询相关的连接谓词 in 和 exists 的用法。

知识技能目标

- 两个表内连接查询的原理和语法。
- 两个表自然连接查询和自连接查询的定义。
- 两个表外连接查询的分类。
- 两个表左连接查询、右连接查询、全连接查询及交叉连接查询的原理和语法。

在理解对两个表内连接查询和外连接查询原理和语法的基础上，进一步推广到对多个表的连接查询。

任务一　两个表的内连接查询

当用户所要的信息来自于表 A 和表 B，A 和 B 之间存在关联关系，并且查询结果仅由 A 和 B 中存在关联关系的记录组成，这种情况适于采用内连接查询，表 A 和表 B 也可以分别称为“主表”和“附表”。

本任务采用的示例表为“课程表”“教师表”和“专业表”，表中的记录如图 8-1～图 8-3 所示。

SXF\教学管理... dbo.课程表

课程编号	课程名称	课时	所属专业编号	教师编号
K03	编译原理	50	Z01	J002
K14	病理学	60	Z01	J011
K11	电器工程原理	55	Z01	
K13	护理基础	40	Z01	J004
K04	计算机原理	60	Z01	J002
K06	建筑结构	30	Z02	J005
K05	建筑制图	50	Z02	J005
K07	模型制作	60	Z02	J005
K09	色彩构成	50	Z03	J009
K01	数据结构	30	Z01	J002
K02	数据库原理	40	Z01	J003
K08	素描基础	70	Z03	J008
K12	中医基础	30	Z01	J004
K10	自动控制原理	60	Z01	
NULL	NULL	NULL	NULL	NULL

1 /14

图8-1 课程表

SXF\教学管理... dbo.教师表

教师编号	教师姓名	职务	性别	出生日期	入职日期
J001	宋怀仁	教师	1	1934-10-01 00:00:00.000	1996-07-01 00:00:00.000
J002	陈维英	辅导员	0	1935-07-27 00:00:00.000	1998-07-01 00:00:00.000
J003	陈维豪	辅导员	0	1940-06-06 00:00:00.000	1998-07-01 00:00:00.000
J004	孙丽芳	教师	0	1939-10-02 00:00:00.000	1996-07-01 00:00:00.000
J005	王琛	辅导员	1	1938-09-03 00:00:00.000	1997-07-01 00:00:00.000
J006	文翠霞	辅导员	0	1970-05-06 00:00:00.000	1997-07-01 00:00:00.000
J007	陈维雄	教师	1	1938-04-12 00:00:00.000	1996-07-01 00:00:00.000
J008	徐家忠	教师	1	1973-12-01 00:00:00.000	1999-07-01 00:00:00.000
J009	董敬	辅导员	1	1968-11-06 00:00:00.000	1999-07-01 00:00:00.000
J010	何云汉	教师	1	1900-05-01 00:00:00.000	1999-07-01 00:00:00.000
J011	王兆安	教师	1	1972-05-09 00:00:00.000	1999-07-01 00:00:00.000
NULL	NULL	NULL	NULL	NULL	NULL

1 /11

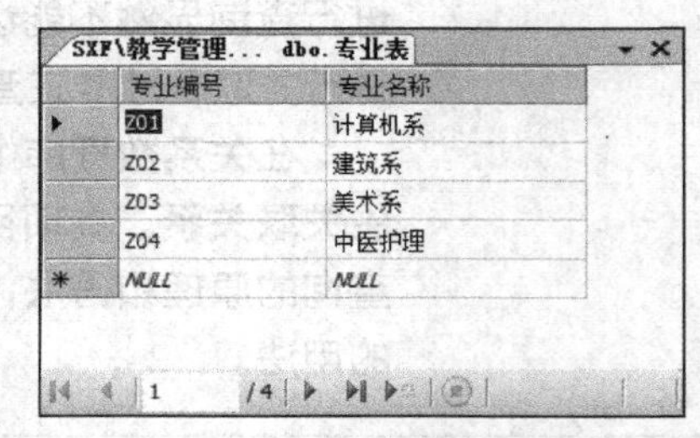

SXF\教学管理... dbo.专业表

专业编号	专业名称
Z01	计算机系
Z02	建筑系
Z03	美术系
Z04	中医护理
NULL	NULL

1 /4

图8-2 教师表

图8-3 专业表

（一）“课程表”和“教师表”的内连接查询

通过对本节的执行，读者应理解内连接查询的原理和语法。

【基础知识】

下面采用示意图的方式讲解内连接查询的原理。如图 8-4 所示，示意图中表 A 有两个列，分别用 F1 和 F2 表示；表 B 也有两个列，分别用 L1 和 L2 表示。表 A 中存在两条记录，记录值分别为“A11、A12”和“A21、000”；表 B 的两条记录值为“000、B12”和“B21、B22”。其中，“000”表示 A 的 F2 列与 B 的 L1 列存在列值相等的记录。

内连接查询的含义是：有两个存在关联关系的表 A 和表 B，表 A 与表 B 内连接的查询结果为 C，结果集 C 中只能包括表 A 与表 B 中满足关联条件（如相等）的记录，如图 8-5 所示。

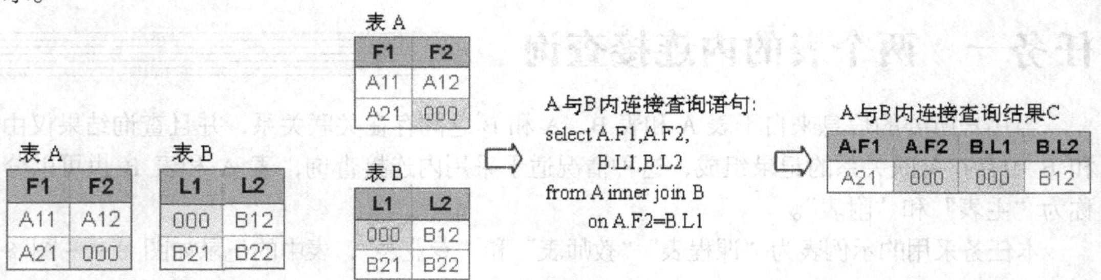

图8-4 示意图的表

图8-5 内连接查询示意图

连接表 A 和表 B 的关键字是“inner join”，定义关联条件的关键字是“on”。内连接查询语句的语法格式见表 8-1。

表 8-1 内连接查询语句的语法

项目	查询语句语法	说明
1	select 主表别名.列名, …… 附表别名.列名, ……	查询结果，列名或表达式
2	from 主表名 主表别名	查询来源的主表名及主表别名
3	inner join 附表名 附表别名	查询来源的附表名及附表别名
4	on 关联条件	定义关联条件，即关系表达式或逻辑表达式
5	其他 where、group by、having、order by 子句	定义查询语句中的其他子句

【操作目标】

本节要求运用内连接查询，从“课程表”和“教师表”中查询各课程的授课教师信息，包括课程名称、课时、教师编号和授课教师姓名，如表 8-2 所示。

表 8-2 显示课程和授课教师的信息

课程名称	课时	教师编号	授课教师姓名
数据结构	30	J002	陈维英
数据库原理	40	J003	陈维豪
编译原理	50	J002	陈维英
计算机原理	60	J002	陈维英
建筑制图	50	J005	王琛
建筑结构	30	J005	王琛
模型制作	60	J005	王琛
素描基础	70	J008	徐家忠
色彩构成	50	J009	董敏

【操作步骤】

STEP 1 启动【SQL Server Management Studio】程序，设置可用数据库为 教学管理数据库 。

STEP 2 在【SQL 查询】标签页中输入如图 8-6 所示的语句。

STEP 3 单击工具栏上的 执行(X) 按钮执行以上查询，执行结果如图 8-6 所示。

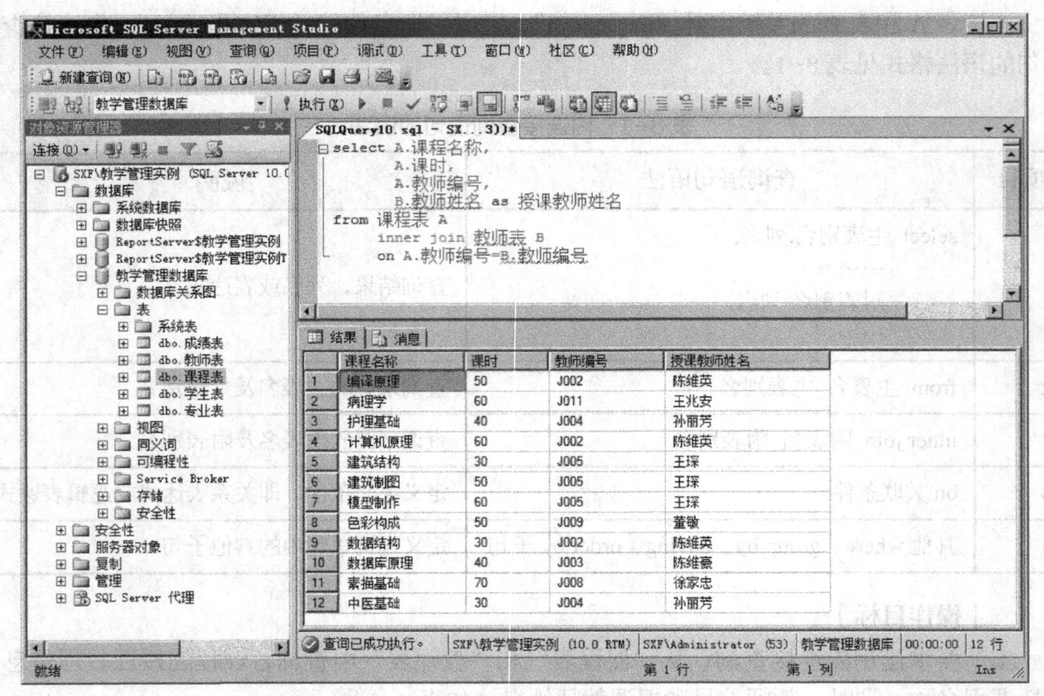

	课程名称	课时	教师编号	授课教师姓名
1	编译原理	50	J002	陈维英
2	病理学	60	J011	王兆安
3	护理基础	40	J004	孙丽芳
4	计算机原理	60	J002	陈维英
5	建筑结构	30	J005	王琛
6	建筑制图	50	J005	王琛
7	模型制作	60	J005	王琛
8	色彩构成	50	J009	董敏
9	数据结构	30	J002	陈维英
10	数据库原理	40	J003	陈维豪
11	素描基础	70	J008	徐家忠
12	中医基础	30	J004	孙丽芳

图8-6 用 inner join 实现内连接查询

请读者对比图 8-6 所示的查询结果与表 8-2 所示的内容是否一致。

相等关系是一种常用的关联条件，其他关系运算符、逻辑运算符构成的关系表达式和逻辑表达式都可以作为关联条件。

【知识链接】

在 where 子句中设置表与表之间的关联条件同样可以实现内连接查询。第（一）节中查询语句的另一种书写方式如下：

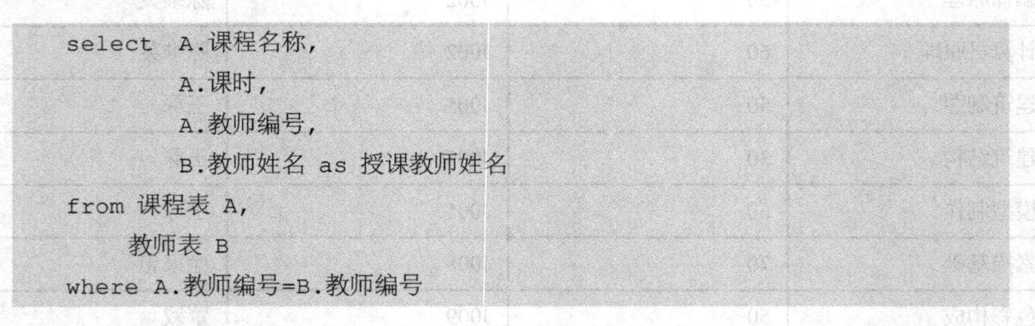

```
select  A.课程名称,
        A.课时,
        A.教师编号,
        B.教师姓名 as 授课教师姓名
from 课程表 A,
     教师表 B
where A.教师编号=B.教师编号
```

请读者在【SQL 查询】标签页中执行以上语句，并且比较查询结果与表 8-2 所示内容是否一致。

【任务拓展】

在任务拓展中，要求对两个以上的表进行内连接查询。对“课程表”“教师表”和“专业表”进行内连接查询，要求显示“课程名称”“课时”“所属专业编号”“专业名称”“教师编号”及“授课教师姓名”。

参考的查询语句和查询结果如图 8-7 所示。

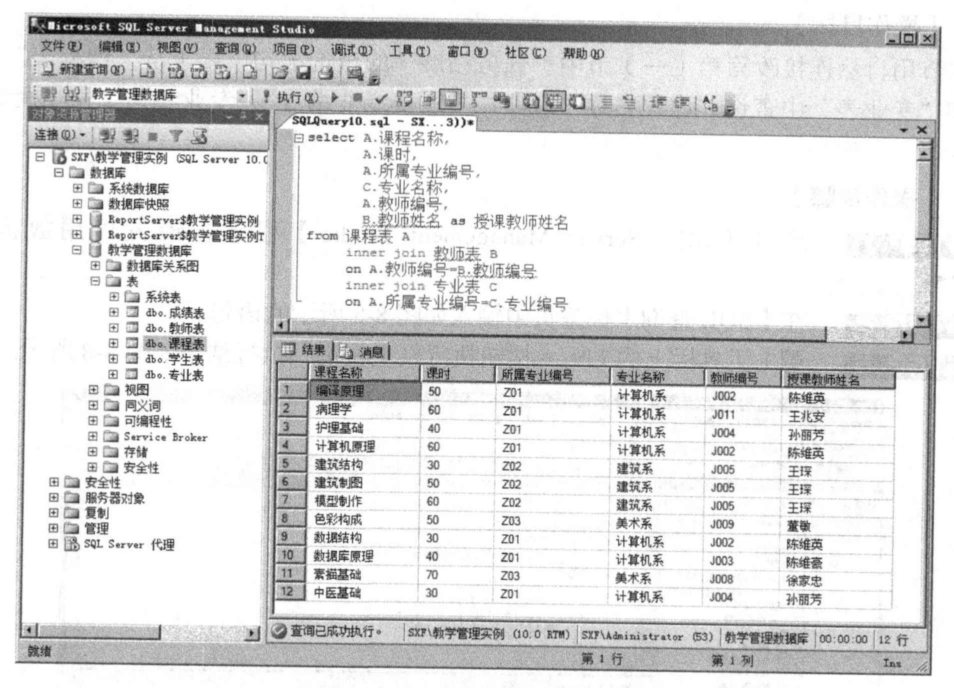

图8-7　多表内连接查询

请读者在【SQL 查询】标签页中执行以上查询语句，并与图 8-7 比较结果是否一致。

（二）"课程表"与"教师表"的自然连接

多个表内连接查询的select子句中，为了指出哪个列来自于哪个表，标准的书写格式如下：

```
表别名.列名
```

本节介绍一种可以简化书写格式的情况。

【基础知识】

自然连接是指：在内连接查询的 select 子句中出现的列名，虽然来自于不同的表，但列名不重复，"表别名.列名"也可以直接简写为"列名"。

对于自然连接，SQL Server 在编译、执行时不会因为不能确定某列来源于哪个表而提示错误信息。对于 select 子句中的字段，如果从名称上看在相互关联的两个表中都存在，SQL Server 在编译查询语句的时候无法确定该字段来源于哪个表，因此会提示错误信息。有兴趣的读者可以试验一下下列查询语句能否执行，并阅读提示信息。

```
select 课程名称,
       课时,
       教师编号,
       教师姓名 as 授课教师姓名
from 课程表 A
     inner join 教师表 B
     on A.教师编号=B.教师编号
```

【操作目标】

本节用自然连接改写第（一）节中“任务拓展”的查询语句，要求从“课程表”“教师表”和“专业表”中查询“课程名称”“课时”“所属专业编号”“专业名称”和“授课教师名称”。

【操作步骤】

STEP 1 启动【SQL Server Management Studio】程序，设置可用数据库为 教学管理数据库 。

STEP 2 在【SQL 查询】标签页中输入如图 8-8 所示的语句。

STEP 3 单击工具栏上的 执行(X) 按钮执行以上查询，执行结果如图 8-8 所示。

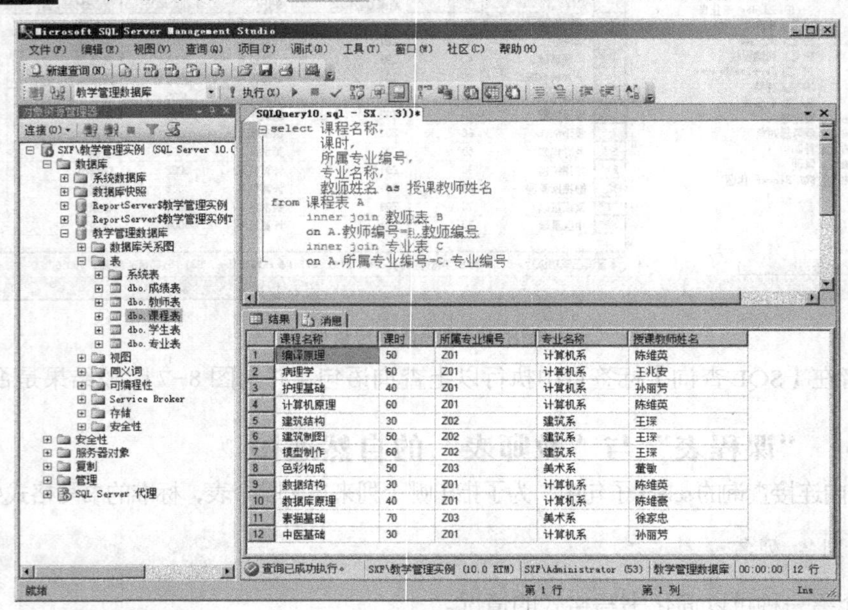

图8-8 自然连接查询

上面的查询语句中，虽然“课程表”的“所属专业编号”列的含义、列值与“专业表”的“专业编号”列一致，但列名不同，SQL Server 在编译时不会产生歧义。

自然连接可以认为是一种符合特殊查询要求的书写格式，不仅适用于内连接，而且适用于各种外连接。

（三）对“课程表”的自连接

有些时候，查询结果不是在两个表之间进行比较，而是在一个表内部进行比较。例如，显示“课程表”中授课教师相同的“课程名称”。由于信息都来自于“课程表”，因此，只能将“课程表”作为两个不同的数据源，用“课程表”与自身连接查询的结果来完成这个需求。

通过对本节的执行，读者不仅要掌握同一个表自连接的语法，更要理解用自连接来解决问题的方法。

【基础知识】

在自连接查询中，虽然数据的来源是同一个表，但需要作为不同的角色来参与查询，必须为表定义不同角色的别名。

自连接查询需要在 where 子句中设置条件，用来屏蔽相同记录和重复记录。如何设置屏蔽条件，将在以下示例中介绍。

【操作目标】

本节要求显示“课程表”中授课教师相同的“课程编号”“课程名称”“教师编号”，以及以上查询结果中授课教师相同的其他“课程编号”“课程名称”和“教师编号”，结果如表 8-3 所示。

表 8-3 授课教师相同的课程

课程编号	课程名称	教师编号	课程编号	课程名称	教师编号
K01	数据结构	J002	K03	编译原理	J002
K01	数据结构	J002	K04	计算机原理	J002
K03	编译原理	J002	K04	计算机原理	J002
K05	建筑制图	J005	K06	建筑结构	J005
K05	建筑制图	J005	K07	模型制作	J005
K06	建筑结构	J005	K07	模型制作	J005

【操作步骤】

STEP 1 启动【SQL Server Management Studio】程序，设置可用数据库为 教学管理数据库。

STEP 2 在【SQL 查询】标签页中输入如图 8-9 所示的语句。

STEP 3 单击工具栏上的 执行(X) 按钮执行以上查询，执行结果如图 8-9 所示。

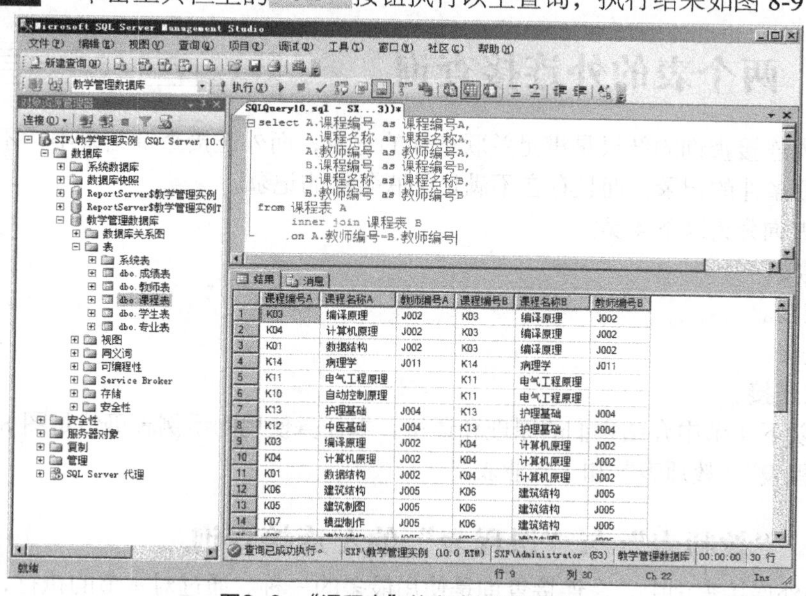

图8-9 “课程表”的自连接查询结果

从图 8-9 中可以看出，查询结果中存在两种需要屏蔽的记录。一种是与自身相同的记录，如第 1 条、第 4 条、第 5 条记录等；另一种是重复出现的记录，如第 2 条和第 9 条记录等。为屏蔽掉这些记录，需要在 where 子句中设置查询条件。

改写本节的查询语句如图 8-10 所示。其中，“A.课程名称<>B.课程名称”可以屏蔽掉与自身相同的记录；“A.课程编号<B.课程编号”可以屏蔽掉重复出现的记录。在【SQL 查询】标签页中重新执行以上语句，结果如图 8-10 所示。

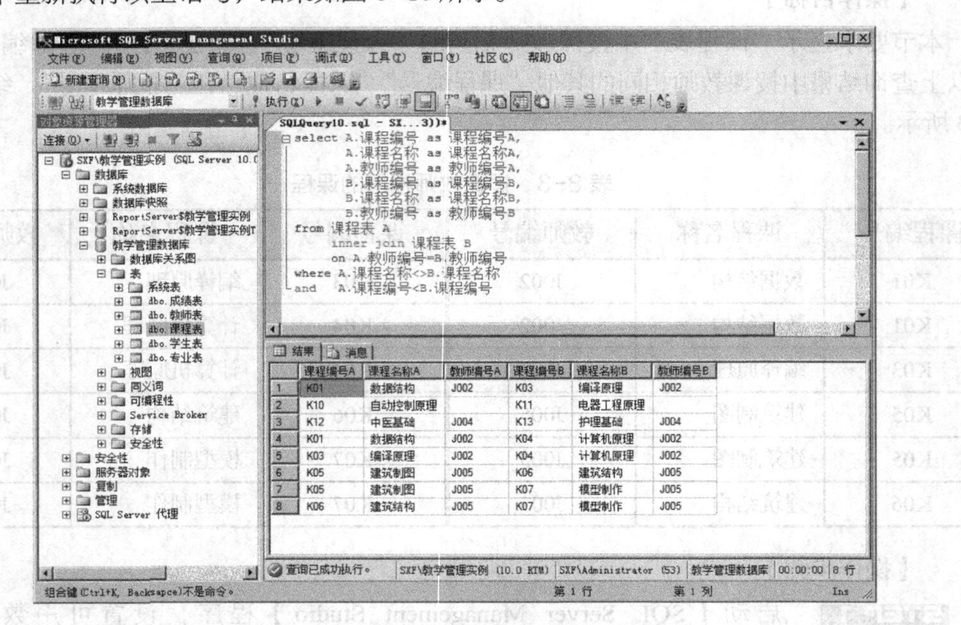

图8-10 自连接查询显示授课教师相同的课程

屏蔽条件的设置与应用需求有密切的关系，此处的示例只能起到示例的作用，读者还需要在今后的学习工作中不断总结。

任务二 两个表的外连接查询

多个表内连接查询的结果是满足关联条件的记录，而外连接查询结果中，不仅包括存在能够满足关联条件的记录，而且存在不满足关联条件的记录。

外连接查询分为以下 4 类。

- 左连接。
- 右连接。
- 全连接。
- 交叉连接。

分别在以下 4 节中介绍它们的原理和语法。本任务使用的示例表仍然是图 8-1 至图 8-3 所示的“课程表”“教师表”和“专业表”。

（一） “教师表”与“课程表”的左连接查询

在 4 种外连接查询中，左连接查询是使用最多的一种。通过对本节的执行，读者应理解两个表左连接查询的原理和语法，并能够分析在什么情况使用左连接查询。

【基础知识】

此处，仍然用如图 8-4 所示的两个示意表 A 和 B 讲解两个表左连接查询的原理。

左连接查询的含义是：有两个存在关联关系的表 A 和 B，表 A 与表 B 左连接的查询结果为 C。C 的列可以来自于 A 和 B 的列，C 的记录中允许包括 A 的全部记录及 B 中与 A 满足关联条件的记录，C 中 A 与 B 不满足关联条件的列值为空值，如图 8-11 所示。

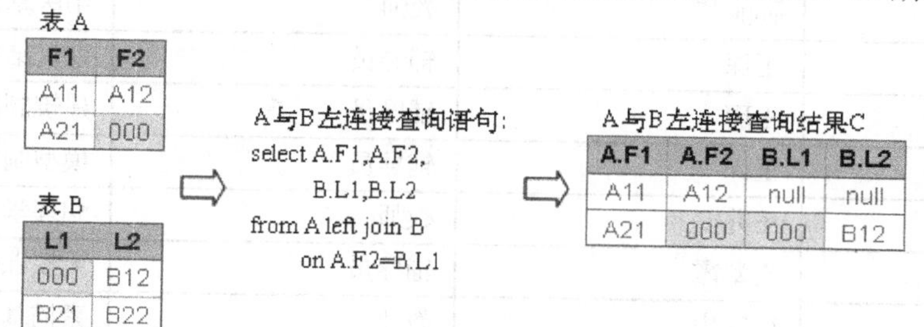

图8-11 左连接查询示意图

连接表 A 和表 B 的关键字是“left join”，定义关联条件的关键字是“on”。左连接查询语句的语法格式如表 8-4 所示。

表 8-4 左连接查询语句的语法

项目	查询语句语法	说明
1	select 主表别名.列名, …… 附表别名.列名, ……	查询结果，列名或表达式
2	from 主表名 主表别名	查询来源的主表名及主表别名
3	left join 附表名 附表别名	查询来源的附表名及附表别名
4	on 关联条件	定义关联条件，即关系表达式或逻辑表达式
5	其他 where、group by、having、order by 子句	定义查询语句中的其他子句

【操作目标】

本节要求从“教师表”和“课程表”中查询教师的授课课程的“课程名称”，对于无授课安排的，显示“无授课安排”，如表 8-5 所示。

表 8-5 教师授课安排

教师编号	教师名称	职务	授课安排
J003	陈维豪	辅导员	数据库原理
J007	陈维雄	教师	无授课安排
J002	陈维英	辅导员	编译原理
J002	陈维英	辅导员	计算机原理
J002	陈维英	辅导员	数据结构
J009	董敏	辅导员	色彩构成
J010	何云汉	教师	无授课安排
J001	宋怀仁	教师	无授课安排
J004	孙丽芳	教师	护理基础

续表

教师编号	教师名称	职务	授课安排
J004	孙丽芳	教师	中医基础
J005	王琛	辅导员	建筑结构
J005	王琛	辅导员	建筑制图
J005	王琛	辅导员	模型制作
J011	王兆安	教师	病理学
J006	文翠霞	辅导员	无授课安排
J008	徐家忠	教师	素描基础

【操作步骤】

STEP 1 启动【SQL Server Management Studio】程序，设置可用数据库为 教学管理数据库。

STEP 2 在【SQL 查询】标签页中输入如图 8-12 所示的语句。

STEP 3 单击工具栏上的 执行(X) 按钮执行以上查询，执行结果如图 8-12 所示。

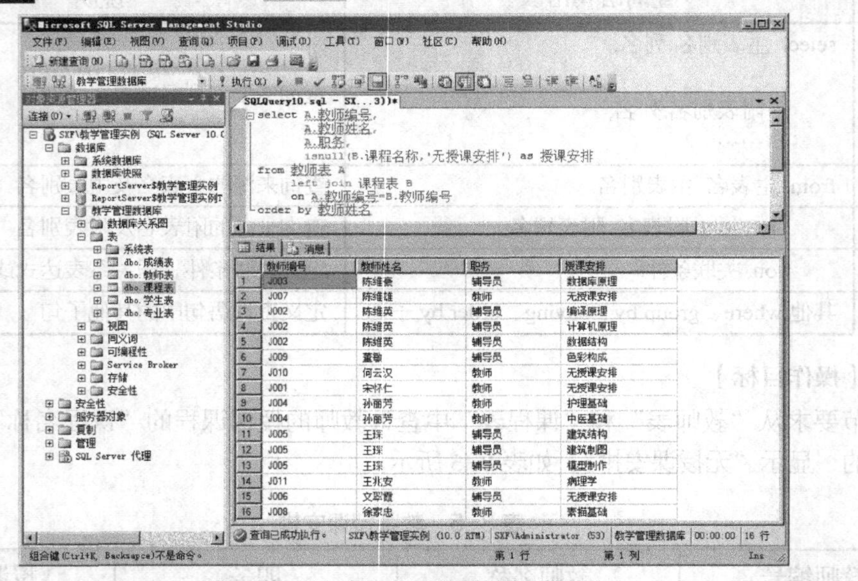

图8-12 用左连接查询显示教师授课安排

请读者对比图 8-12 所示的查询结果与表 8-5 所示的内容是否一致。

【任务拓展】

使用内连接可以对多个表查询，左连接同样可以对多个表进行查询。在本任务拓展中，对“教师表”“课程表”和“专业表”查询，显示有授课安排的教师所教授的课程及此课程属于哪个专业。

参考查询语句如下：

```
select  A.教师编号,
        A.教师姓名,
        A.职务,
```

```
            B.课程名称 as 授课安排,
            C.专业名称 as 所属专业
    from 教师表 A
         left join 课程表 B
         on A.教师编号=B.教师编号
         left join 专业表 C
         on B.所属专业编号=C.专业编号
    where B.课程名称 is not null
    order by 教师姓名
```

请读者执行以上语句，并观察执行结果。

（二）“教师表”与“课程表”的右连接查询

通过对本节的执行，读者不仅要掌握右连接查询的语法，而且要能够分析在什么情况下使用右连接查询。

【基础知识】

此处仍然用如图 8-4 所示的两个示意表 A 和 B 讲解两个表右连接查询的原理。

右连接的含义是：有两个存在关联关系的表 A 和 B，表 A 与表 B 右连接的查询结果为 C。C 的列可以来自于 A 和 B 的列，C 的记录中可以包括 B 的全部记录及表 A 中与 B 满足关联条件的记录，C 中 B 与 A 不能够满足关联条件部分为空值，如图 8-13 所示。

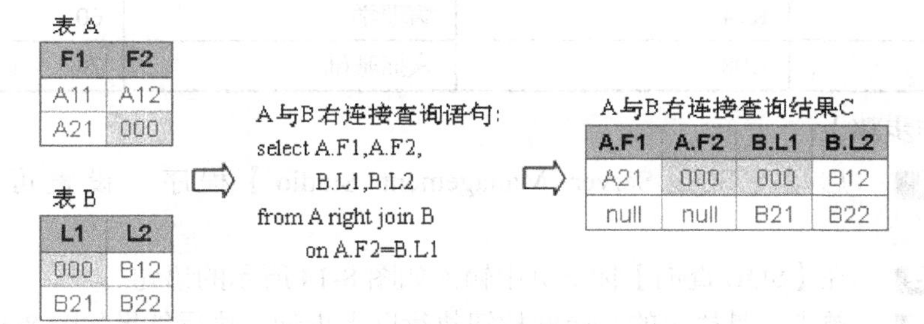

图8-13 右连接查询示意图

连接表 A 和表 B 的关键字是“right join”，定义关联条件的关键字是“on”。右连接查询语句的语法格式如表 8-6 所示。

表 8-6 右连接查询语句的语法

项目	查询语句语法	说明
1	select 主表别名.列名, …… 附表别名.列名, ……	查询结果，列名或表达式
2	from 主表名 主表别名	查询来源的主表名及主表别名
3	right join 附表名 附表别名	查询来源的附表名及附表别名
4	on 关联条件	定义关联条件，即关系表达式或逻辑表达式
5	其他 where、group by、having、order by 子句	定义查询语句中的其他子句

【操作目标】

本节对“教师表”和“课程表”做右连接查询，要求显示各课程的授课教师“姓名”，对于无授课安排的课程，显示“无授课教师”，如表 8-7 所示。

表 8-7 课程的授课教师

授课教师	课程编号	课程名称	课时
无授课教师	K11	电气工程原理	55
无授课教师	K10	自动控制原理	60
陈维豪	K02	数据库原理	40
陈维英	K01	数据结构	30
陈维英	K03	编译原理	50
陈维英	K04	计算机原理	60
董敏	K09	色彩构成	50
孙丽芳	K12	中医基础	30
孙丽芳	K13	护理基础	40
王琛	K06	建筑结构	30
王琛	K05	建筑制图	50
王琛	K07	模型制作	60
王兆安	K14	病理学	60
徐家忠	K08	素描基础	70

【操作步骤】

STEP 1 启动【SQL Server Management Studio】程序，设置可用数据库为 教学管理数据库 。

STEP 2 在【SQL 查询】标签页中输入如图 8-14 所示的语句。

STEP 3 单击工具栏上的 ! 执行(X) 按钮执行以上查询，执行结果如图 8-14 所示。

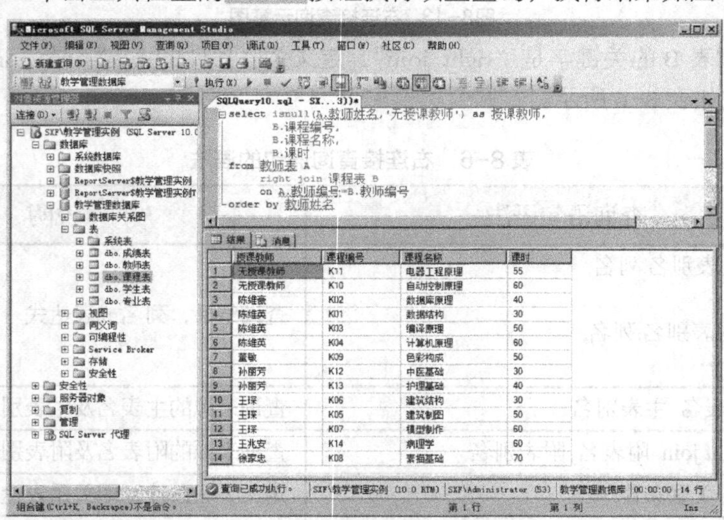

图8-14 用右连接查询显示课程授课教师

请读者对比图 8-14 所示的查询结果与表 8-7 所示的内容是否一致。

（三）"教师表"与"课程表"的全连接查询

本节用全连接查询实现第（一）节和第（二）节的查询结果。通过对本节的执行，读者应理解两个表全连接查询的原理和语法，并能够分析在什么情况使用全连接查询。

【基础知识】

此处，仍然用如图 8-4 所示的两个示意表 A 和 B 讲解两个表全连接查询的原理。

全连接的含义是：两个存在关联关系的表 A 和 B，表 A 与表 B 全连接的查询结果为 C。C 的列可以来自于 A 和 B 的列，C 的记录中可以包括 A 和 B 的全部记录，C 中 B 与 A 及 A 与 B 不满足关联条件的部分为空值，如图 8-15 所示。

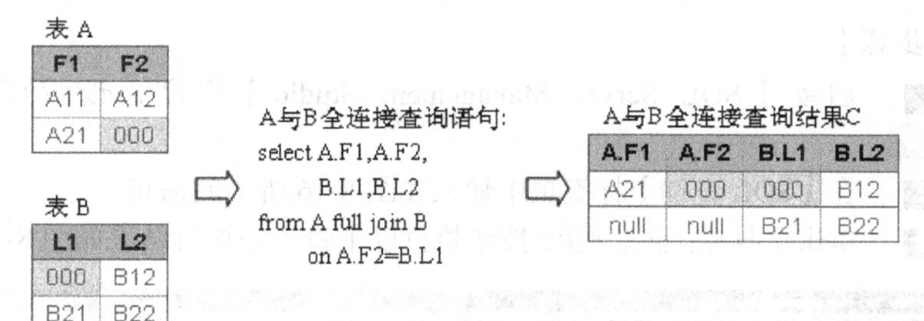

图8-15 全连接查询示意图

连接表 A 和表 B 的关键字是"full join"，定义关联条件的关键字是"on"。全连接查询语句的语法格式如表 8-8 所示。

表 8-8 全连接查询语句的语法

项目	查询语句语法	说明
1	select 主表别名.列名, …… 附表别名.列名, ……	查询结果，列名或表达式
2	from 主表名 主表别名	查询来源的主表名及主表别名
3	full join 附表名 附表别名	查询来源的附表名及附表别名
4	on 关联条件	定义关联条件，即关系表达式或逻辑表达式
5	其他 where、group by、having、order by 子句	定义查询语句中的其他子句

【操作目标】

本节用全连接查询改写第（一）节和第（二）节的查询语句，要求显示没有授课安排的教师，并显示没安排授课教师的课程，如表 8-9 所示。

表 8-9 课程和授课教师的关系

授课教师	授课安排	授课教师	授课安排	授课教师	授课安排
无授课教师	自动控制原理	陈维英	数据结构	王琛	建筑结构
陈维豪	数据库原理	董敏	色彩构成	王琛	建筑制图
陈维雄	无授课安排	何云汉	无授课安排	王琛	模型制作
陈维英	编译原理	宋怀仁	无授课安排	王兆安	病理学
陈维英	计算机原理	孙丽芳	护理基础	文翠霞	无授课安排
无授课教师	自动控制原理	孙丽芳	中医基础	徐家忠	素描基础

【操作步骤】

STEP 1 启动【SQL Server Management Studio】程序，设置可用数据库为 教学管理数据库 。

STEP 2 在【SQL 查询】标签页中输入如图 8-16 所示的语句。

STEP 3 单击工具栏上的 执行(X) 按钮执行以上查询，执行结果如图 8-16 所示。

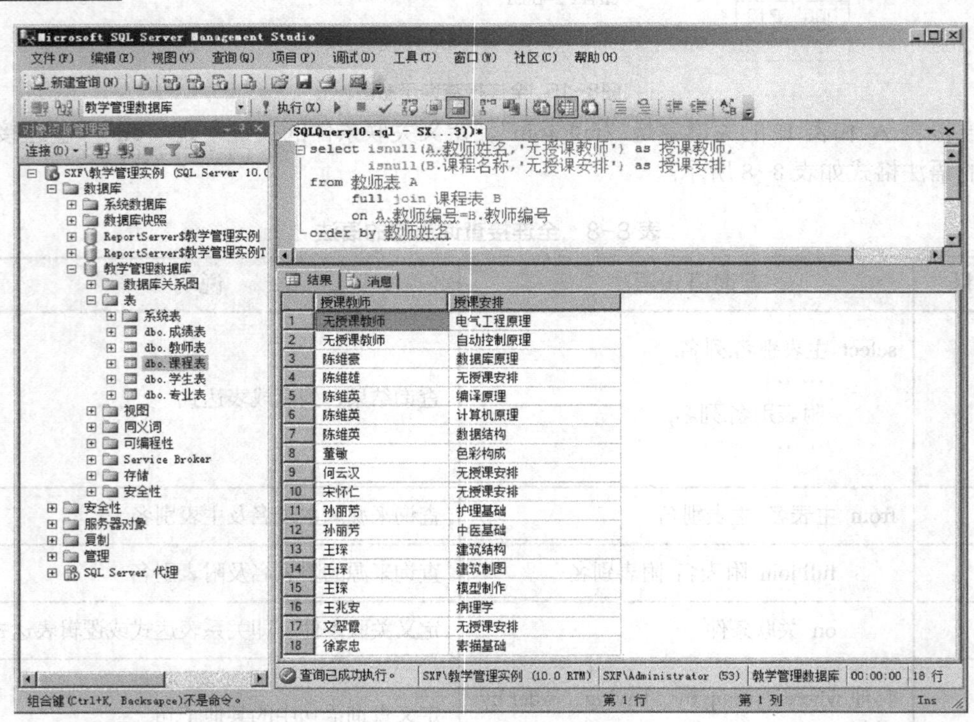

图8-16 用全连接查询显示课程与教师的关系

请读者对比图 8-16 所示的查询结果与表 8-9 所示的内容是否一致。

（四）用交叉连接生成“学生考勤记录”

实际应用中通常用表与表的交叉连接预先生成统计记录。通过对本节的执行，读者应理解两个表交叉连接查询的原理和语法，并能够分析在什么情况使用交叉连接查询。

【基础知识】

交叉连接的含义是：有两个存在关联关系的表 A 和表 B，表 A 与表 B 交叉连接的查询结果为 C。C 的列可以来自于 A 和 B 的列，C 中可以包括 A 和 B 的全部记录。C 的记录数是 A 的记录数与 B 的记录数的乘积，即 A 的每一条记录对应 B 的全部记录，如图 8-17 所示。

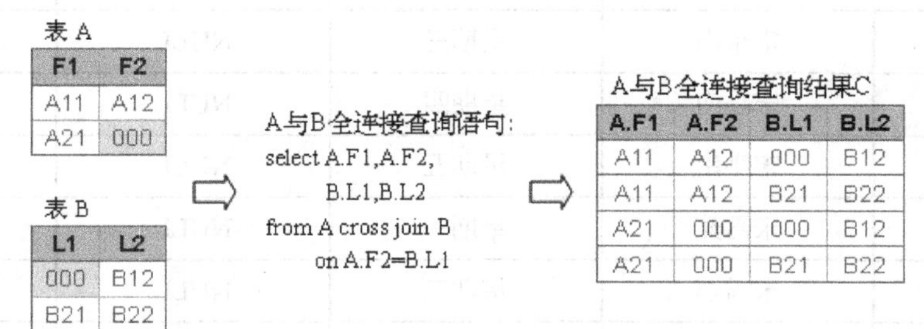

图8-17 交叉连接示意图

交叉连接就是代数学中的笛卡儿乘积。

连接表 A 和表 B 的关键字是“cross join”，交叉连接不需要关联条件。交叉连接查询语句的语法格式见表 8-10。

表 8-10 交叉连接查询语句的语法

项目	查询语句语法	说明
1	select 主表别名.列名, …… 附表别名.列名, ……	查询结果，列名或表达式
2	from 主表名 主表别名	查询来源的主表名及主表别名
3	cross join 附表名 附表别名	查询来源的附表名及附表别名
4	其他 where、group by、having、order by 子句	定义查询语句中的其他子句

【操作目标】

本节用“学生表”和“考勤表”交叉连接预先生成学生考勤记录。

为了便于演示，“学生表”中只保留两条记录，如图 8-18 所示；“考勤表”为星期一到星期五的日期，如图 8-19 所示。

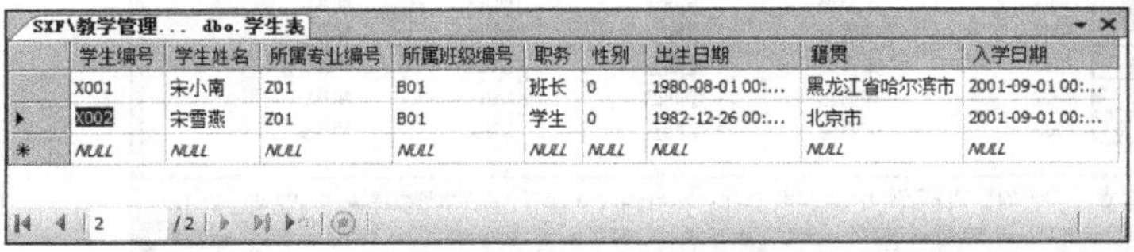

SXF\教学管理... dbo.学生表

学生编号	学生姓名	所属专业编号	所属班级编号	职务	性别	出生日期	籍贯	入学日期
X001	宋小南	Z01	B01	班长	0	1980-08-01 00:...	黑龙江省哈尔滨市	2001-09-01 00:...
X002	宋雪燕	Z01	B01	学生	0	1982-12-26 00:...	北京市	2001-09-01 00:...
NULL	NULL	NULL	NULL	NULL	NULL	NULL	NULL	NULL

2 /2

图8-18 学生表

SXF\教学管理... dbo.考勤表

考勤日期	上学时间	放学时间
星期一	NULL	NULL
星期二	NULL	NULL
星期三	NULL	NULL
星期四	NULL	NULL
星期五	NULL	NULL
NULL	NULL	NULL

5 /5 单元格已修改。

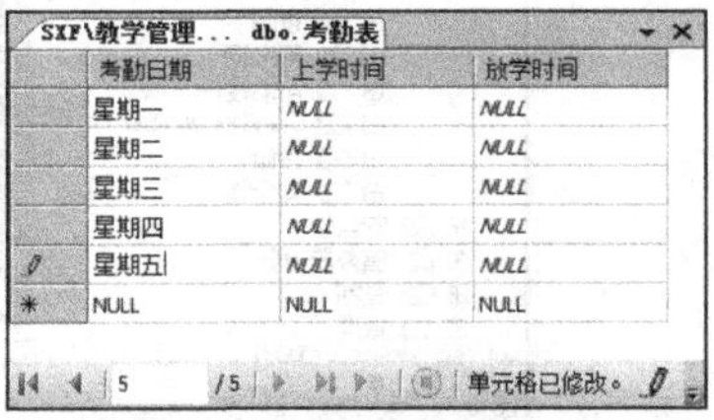

图8-19 考勤表

预先生成的考勤记录如表 8-11 所示。

表 8-11 学生考勤记录

学生编号	学生姓名	考勤日期	上学时间	放学时间
X001	宋小南	星期一	NULL	NULL
X001	宋小南	星期二	NULL	NULL
X001	宋小南	星期三	NULL	NULL
X001	宋小南	星期四	NULL	NULL
X001	宋小南	星期五	NULL	NULL
X002	宋雪燕	星期一	NULL	NULL
X002	宋雪燕	星期二	NULL	NULL
X002	宋雪燕	星期三	NULL	NULL
X002	宋雪燕	星期四	NULL	NULL
X002	宋雪燕	星期五	NULL	NULL

【操作步骤】

STEP 1 启动【SQL Server Management Studio】程序，设置可用数据库为 教学管理数据库 。

STEP 2 在【SQL 查询】标签页中输入如图 8-20 所示的语句。

STEP 3 单击工具栏上的 ! 执行(X) 按钮执行以上查询，执行结果如图 8-20 所示。

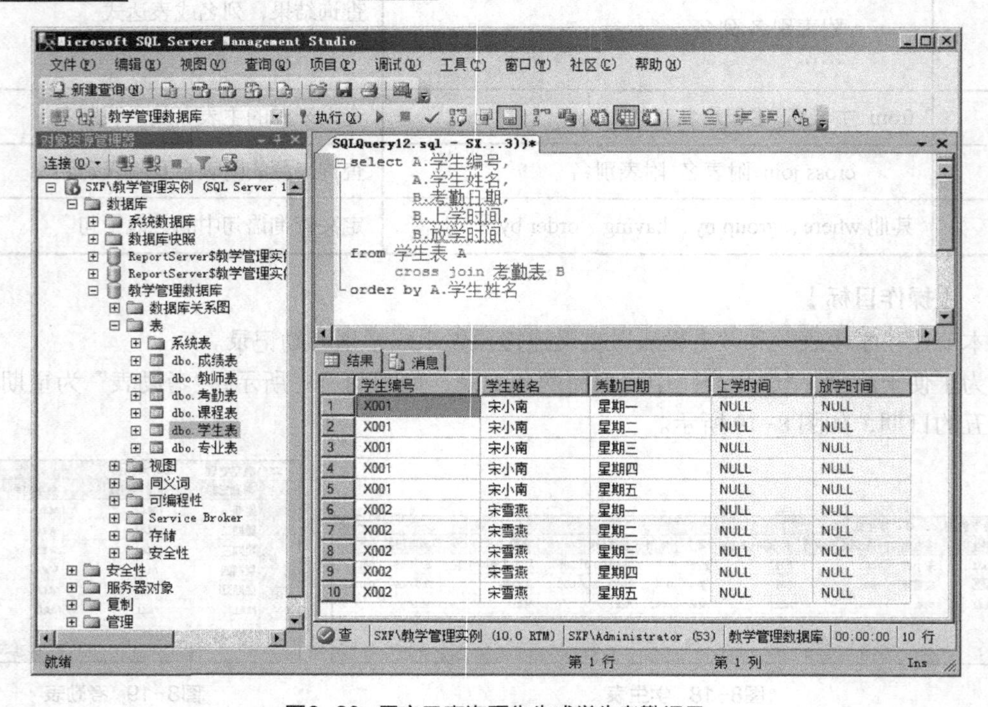

图8-20 用交叉查询预先生成学生考勤记录

请读者对比图 8-20 所示的查询结果与表 8-11 所示的内容是否一致。

【知识链接】

在查询语句的 select 子句中可以使用 into 关键字将查询结果输出到一个新创建的表中。语法格式如表 8-12 所示。

表 8-12 select 子句中使用 into 的语法

项目	查询语句语法	说 明
1	select 列名/表达式, …… into 新表名	查询结果，列名或表达式
2	from 表名	查询来源的主表名及主表别名
3	其他 where、group by、having、order by 子句	定义查询语句中的其他子句

改写本节的查询语句，使用查询语句创建“学生考勤表”。

参考查询语句如下：

```
select A.学生编号,
       A.学生姓名,
       B.考勤日期,
       B.上学时间,
       B.放学时间
into 学生考勤表
from 学生表 A
    cross join 考勤表 B
order by A.学生姓名
```

查询语句执行成功后，在【SQL Server Management Studio】中检查并打开“学生考勤表”，观察表中的记录应如图 8-21 所示。

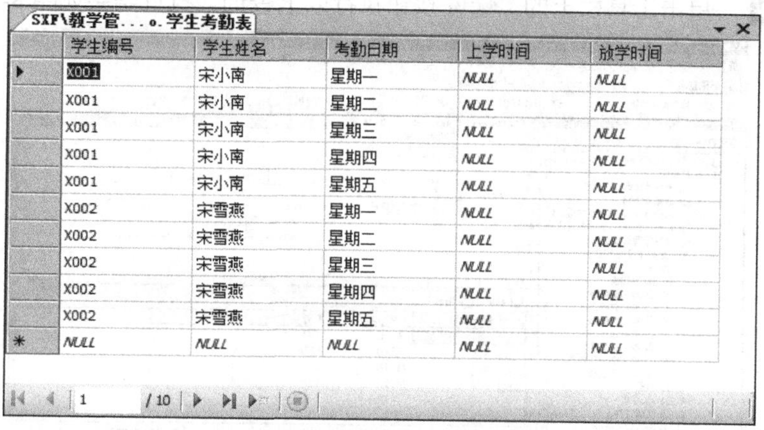

SXF\教学管...o.学生考勤表

学生编号	学生姓名	考勤日期	上学时间	放学时间
X001	宋小南	星期一	NULL	NULL
X001	宋小南	星期二	NULL	NULL
X001	宋小南	星期三	NULL	NULL
X001	宋小南	星期四	NULL	NULL
X001	宋小南	星期五	NULL	NULL
X002	宋雪燕	星期一	NULL	NULL
X002	宋雪燕	星期二	NULL	NULL
X002	宋雪燕	星期三	NULL	NULL
X002	宋雪燕	星期四	NULL	NULL
X002	宋雪燕	星期五	NULL	NULL
NULL	NULL	NULL	NULL	NULL

1 / 10

图8-21 使用查询语句生成新表

任务三 用子查询检查教学计划

在项目六的任务三中介绍了子查询的概念，以及两个连接谓词 any 和 all 的含义和用法，在本任务中将介绍另外两个常用的连接谓词：in 和 exists 的含义和用法。

本任务使用的示例表是如图 8-1 和图 8-2 所示的“课程表”和“教师表”。

（一） 使用 in 的子查询

通过对本节的执行，读者应理解连接谓词 in 和 not in 的含义和语法。

【基础知识】

连接谓词 in/not in 的含义是：确定指定列的值或表达式的值是否与子查询或列表中的值相匹配/不匹配。语法格式如下：

```
列名/表达式 in/not in（子查询）
```

【操作目标】

本节使用 not in 从“教师表”中查询没有授课安排的教师信息，包括“教师编号”“教师姓名”“职务”和“年龄”。查询结果如表 8-13 所示。

表 8-13 未安排课程的教师信息

教师编号	教师姓名	职务	年龄	教师编号	教师姓名	职务	年龄
J001	宋怀仁	教师	72	J007	陈维雄	教师	68
J006	文翠霞	辅导员	36	J010	何云汉	辅导员	26

【操作步骤】

STEP 1 启动【SQL Server Management Studio】程序，设置可用数据库为 教学管理数据库。

STEP 2 在【SQL 查询】标签页中输入如图 8-22 所示的语句。

STEP 3 单击工具栏上的 执行(X) 按钮执行以上查询，执行结果如图 8-22 所示。

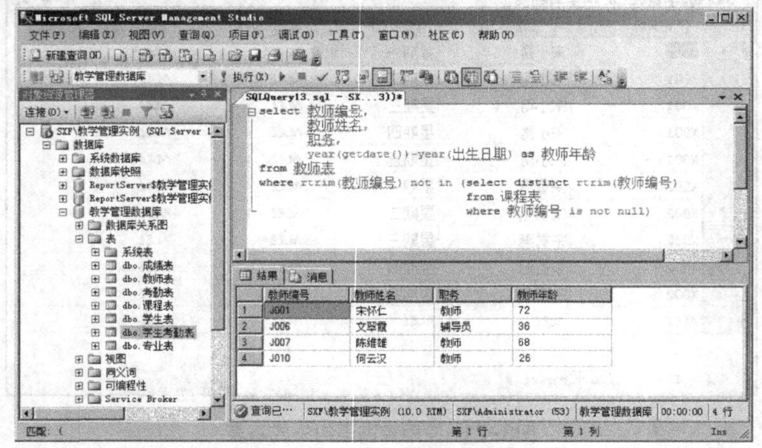

图8-22 使用 in 的子查询

请读者对比图 8-22 所示的查询结果与表 8-13 所示的内容是否一致。

（二） 使用 exists 的子查询

通过对本节的执行，读者应理解连接谓词 exists 和 not exists 的含义和语法。

【基础知识】

连接谓词 exists/not exists 的含义是：根据指定子查询的结果是存在还是不存在，进一步决定是否执行查询操作。语法格式如下：

```
exists/not exists（子查询）
```

【操作目标】

本任务使用 exists 连接谓词，查询的结果与第（一）节相同，但是查询的触发条件不同，本任务只有当"课程表"中存在为安排授课教师的课程，并且"教师表"中也存在未安排授课计划的教师时才执行查询操作。查询结果应与表 8-13 所示内容一致。

【操作步骤】

STEP 1　启动【SQL Server Management Studio】程序，设置可用数据库为 教学管理数据库。

STEP 2　在【SQL 查询】标签页中输入如图 8-23 所示的语句。

STEP 3　单击工具栏上的 执行(X) 按钮执行以上查询，执行结果如图 8-23 所示。

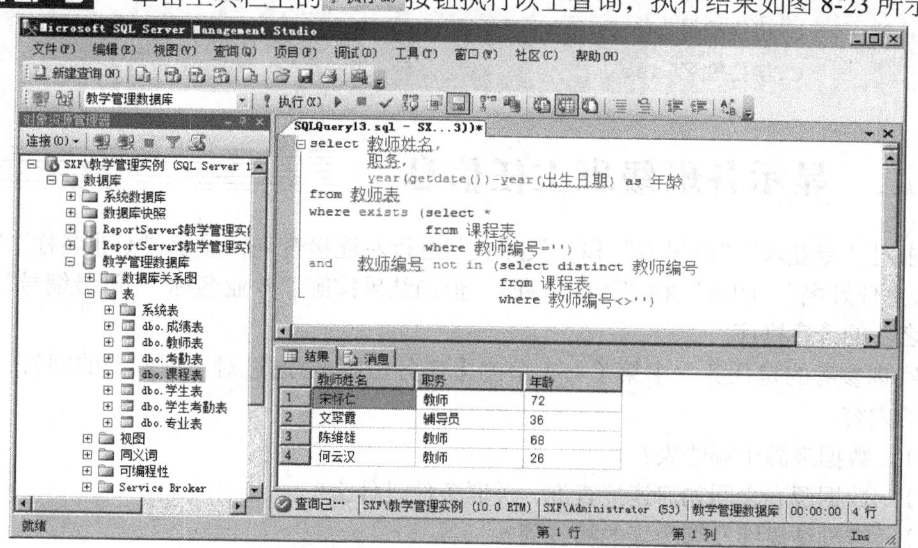

图8-23　使用 exists 的子查询

请读者对比图 8-23 所示的查询结果与表 8-13 所示的内容是否一致。

实训一　显示各专业的学生信息

要求对"专业表""班级表"和"学生表"进行左连接查询，显示"专业名称""班级编号""学生姓名""职务"和"入学日期"。查询结果按照"专业名称""班级编号"和"学生姓名"的升序排序。

本实训参考的是任务一中第（一）节的【任务拓展】。通过对下列问题的回答，确定查询语句的内容。

（1） 数据来源于哪些表？

（2） 数据源表之间如何连接查询，关联条件是什么？

（3） 查询结果涉及哪个表的哪些列？

（4） 查询结果是否需要排序，针对哪些列或表达式排序？

参考查询语句如下：

```
select A.专业名称,
       B.班级编号,
       C.学生姓名,
       C.职务,
       C.入学日期
from 专业表 A
       left join 班级表 B
       on B.所属专业编号=A.专业编号
       left join 学生表 C
       on C.所属班级编号=B.班级编号
order by A.专业名称 asc,
       B.班级编号 asc,
       C.学生姓名 asc
```

实训二　显示各班级班主任信息

要求对“专业表”“班级表”和“教师表”进行左连接查询，显示“专业名称”“班级编号”“班主任姓名”“职务”和“入职日期”。查询结果按照“专业名称”“班级编号”和“班主任姓名”的升序排序。

本实训参考的是任务一中第（一）节的【任务拓展】。通过对下列问题的回答，确定查询语句的内容。

（1） 数据来源于哪些表？

（2） 数据源表之间如何连接查询，关联条件是什么？

（3） 查询结果涉及哪个表的哪些列？

（4） 查询结果是否需要排序，针对哪些列或表达式排序？

参考的查询语句如下：

```
select A.专业名称,
       B.班级编号,
       C.教师姓名,
       C.职务,
       C.入职日期
from 专业表 A
```

```
        left join 班级表 B
        on B.所属专业编号=A.专业编号
        left join 教师表 C
        on C.教师编号=B.班主任编号
order by A.专业名称 asc,
        B.班级编号 asc,
        C.教师姓名 asc
```

实训三　统计学生成绩

要求对“学生表”“成绩表”和“课程表”进行左连接查询，显示“学生姓名”“课程名称”和“成绩”。按“学生姓名”的降序排序，对于同一个学生的多个课程，按成绩由高到低排序。

本实训参考的是任务一中第（一）节的【任务拓展】。通过对下列问题的回答，确定查询语句的内容。

（1） 数据来源于哪些表？

（2） 数据源表之间如何连接查询，关联条件是什么？

（3） 查询结果涉及哪个表的哪些列？

（4） 查询结果是否需要排序，针对哪些列或表达式排序？

参考查询语句如下：

```
select A.学生姓名,
       C.课程名称,
       B.成绩
from 学生表 A
     left join 成绩表 B
     on A.学生编号=B.学生编号
     left join 课程表 C
     on B.选修课程编号=C.课程编号
order by A.学生姓名 asc,
         B.成绩 desc
```

项目拓展

在此处不仅要运用到本项目所学的知识，而且要求综合运用“项目六”和“项目七”中的知识。本项目拓展中用到的知识有以下几方面。

- 聚合函数。
- group by 分组统计。
- 子查询。

- 左连接。
- case…when…函数。
- convert 函数。

在本项目拓展的分析过程中，读者将对“子查询”的作用有进一步的认识。

【拓展目标】

- 显示各课程的总成绩，包括“课程编号”“课程名称”和“总成绩”。
- 对于没有总成绩的课程，将显示“未被选修”。

【分析提示】

对于本项目拓展，可以通过 3 个步骤分析解决。

STEP 1 确定数据源。由操作目标可以知道“课程编号”和“课程名称”来源于“课程表”；“总成绩”可以从“成绩表”中用 group by 按“选修课程编号”分组，再用 sum 函数统计求和得到。

STEP 2 确定两个数据源之间的关联关系。“子查询”作为一个结果集，不仅可以作为条件表达式的一部分，出现在查询语句的 where 子句中，而且可以作为数据源，出现在 from 子句中。因此，可以将对“成绩表”的分组统计结果作为一个数据源与“课程表”关联，分组统计结果的“选修课程编号”与“课程表”的“课程编号”的相等关系就是关联条件。

STEP 3 确定查询结果。在查询结果中，需要用 case…when…函数对存在总成绩和总成绩为 null 的结果分别处理。因为需要显示字符串“未被选修”，所以需要用类型转换函数 convert 将数值型的总成绩转换为字符串。

参考查询语句如下：

```
select A.课程编号,
     A.课程名称,
     case when B.总成绩 is null then '未被选修'
          when B.总成绩 is not null then convert(varchar,B.总成绩)
     end 总成绩
from 课程表 A
     left join (select 选修课程编号,
                    sum(成绩) as 总成绩
                from 成绩表
                group by 选修课程编号) B
     on A.课程编号=B.选修课程编号
```

思考与练习

一、填空题

1. 内连接查询的含义是指有两个存在关联关系的表 A 和表 B，表 A 与表 B 内连接的查询结果为 C，结果集 C 中只能包括________的记录。

2. 自然连接是指在内连接查询的 select 子句中出现的列名，虽然来自于不同的表，但列名________，________的可以简写为________。

3. 在自连接查询中，虽然数据来源是同一个表，但需要作为________来参与查询，必须为表定义________的别名。

4. 左连接查询的含义是指有两个存在关联关系的表 A 和 B，表 A 与表 B 左连接的查询结果为 C。C 的列可以来自于 A 和 B 的列，C 的记录中允许包括表______的全部记录及表_____中与表______满足关联条件的记录，C 中 A 与 B 不满足关联条件的列值为______。

5. 右连接查询的含义是指有两个存在关联关系的表 A 和 B，表 A 与表 B 右连接的查询结果为 C。C 的列可以来自于 A 和 B 的列，C 的记录中可以包括表______的全部记录及表______中与表_______满足关联条件的记录，C 中 B 与 A 不能够满足关联条件部分为________。

6. 全连接查询的含义是指有两个存在关联关系的表 A 和 B，表 A 与表 B 全连接的查询结果为 C。C 的列可以来自于 A 和 B 的列，C 的记录中可以包括表________和表的全部记录，C 中 B 与 A 及 A 与 B 不满足关联条件的部分为________。

7. 交叉连接查询的含义是指有两个存在关联关系的表 A 和 B，表 A 与表 B 交叉连接的查询结果为 C。C 的列可以来自于 A 和 B 的列，C 中可以包括表 A 和 B 的全部记录。C 的记录数是 A 的记录数与 B 的记录数的________，即表________的每一条记录对应表的全部记录。

8. 连接谓词________或________的含义是指，确定指定列的值或表达式的值是否与子查询或列表中的值相匹配/不匹配。

9. 连接谓词________或________的含义是指根据指定子查询的结果是存在还是不存在，进一步决定是否执行查询操作。

二、选择题

1. 下列关键字可以实现表与表内连接的是（　　）。

   A. inner join　　B. left join　　C. right join　　D. cross join

2. 下列关键字可以实现表与表左连接的是（　　）。

   A. inner join　　B. left join　　C. right join　　D. full join

3. 下列关键字可以实现表与表右连接的是（　　）。

   A. inner join　　B. left join　　C. right join　　D. cross join

4. 下列关键字可以实现表与表全连接的是（　　）。

   A. full join　　B. left join　　C. right join　　D. cross join

5. 下列关键字可以实现表与表交叉连接的是（　　）。

   A. inner join　　B. left join　　C. right join　　D. cross join

6. 下列（　　）连接谓词的含义是指，确定指定列的值或表达式的值是否与子查询或列表中的值相匹配/不匹配。

   A. all　　B. any　　C. in　　D. exists

7. 下列（　　）连接谓词的含义是指根据指定子查询的结果是存在还是不存在，进一步决定是否执行查询操作。

   A. all　　B. any　　C. in　　D. exists

三、简答题

1. 简述表与表内连接查询的含义、语法及适用情况。
2. 简述什么是自然连接和自连接。
3. 简述表与表左连接查询的含义、语法及适用情况。
4. 简述表与表右连接查询的含义、语法及适用情况。
5. 简述表与表全连接查询的含义、语法及适用情况。
6. 简述表与表交叉连接查询的含义、语法及适用情况。
7. 简述连接谓词 any 和 all 的含义和语法。

四、操作题

用内连接从“成绩表”“课程表”和“学生表”中选择选修了编号为“K01”课程的“学生姓名”“课程名称”和“成绩”。

PART 9

项目九　备份和还原数据库

一个完整的数据库应用项目包括数据库及数据库表的设计、编写有效运行的应用程序脚本和设计数据库的备份、移植方案等基本内容。如何设计一个完善的备份、移植方案是数据库应用项目的重要组成部分。

本项目的主要内容是以“教学管理数据库”为例，讲解数据库备份和还原的操作步骤，以及相应的 backup database 和 restore database 语句的语法。

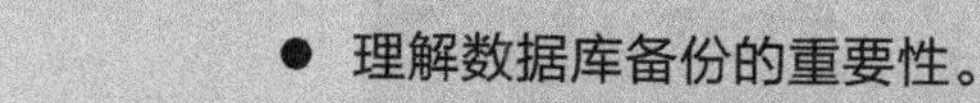

知识技能目标

- 理解数据库备份的重要性。
- 理解备份对象、数据库备份方案、备份媒体、备份方式、备份调度的含义。
- 掌握在【SQL Server Management Studio】中创建备份设备，以及在其中删除备份设备的方法。
- 能够使用 sp_addumpdevice 创建备份设备，以及用 sp_dropdevice 删除备份设备。
- 掌握在【SQL Server Management Studio】中备份数据库的方法。
- 能够使用 backup database 语句备份数据库。
- 掌握在【SQL Server Management Studio】中还原数据库的语法。
- 能够使用 restore database 语句还原数据库。

通过对本项目的学习，读者应能够在今后的学习工作中，利用所学知识设计有效的数据库备份和还原方案。

任务一　创建“教学管理数据库备份设备”

在“项目二”中介绍了数据库中的数据是以数据文件的方式存储在服务器的硬盘上的，对数据库的备份实质就是对数据文件的备份，备份的结果也是以文件的方式存储在服务器的硬盘上。本任务通过两个操作讲解如何创建备份设备。

【基础知识】

“磁盘备份设备”是硬盘、磁带机或其他存储媒体上的文件，与操作系统的文件一样。引用磁盘备份设备与引用任何其他操作系统中的文件一样。可以在服务器的本地磁盘上或共享网络资源的远程磁盘上定义磁盘备份设备，磁盘备份设备根据需要可大可小。最大文件的大小可以相当于磁盘上可用的磁盘空间。

（一） 创建备份设备

通过对本节的执行，读者应掌握如何创建数据库备份设备的方法。

【操作目标】

在【SQL Server Management Studio】中创建“教学管理数据库备份设备”。

【操作步骤】

STEP 1 启动【SQL Server Management Studio】程序，展开【教学管理实例】下的子节点【服务器对象】，在【备份设备】节点上单击鼠标右键，弹出快捷菜单，如图9-1所示。

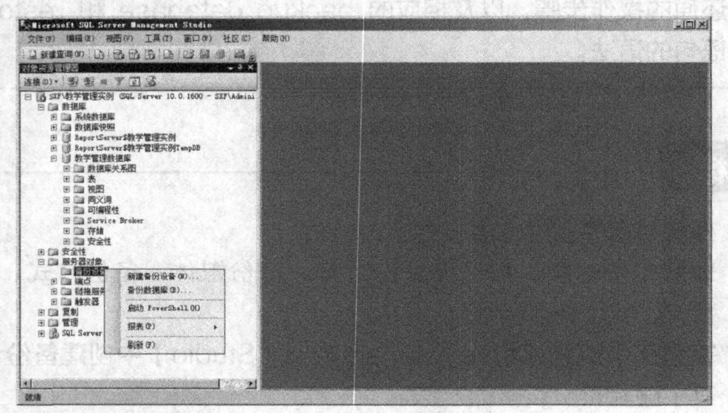

图9-1 创建备份设备

STEP 2 单击【新建备份设备】菜单项，打开【备份设备】对话框。在【设备名称】文本框中输入“教学管理数据库备份设备”，选中【文件(F)】单选按钮，并选择备份路径。文件名默认为【名称】文本框中输入的文件名，扩展名为“.bak”，如图9-2所示。

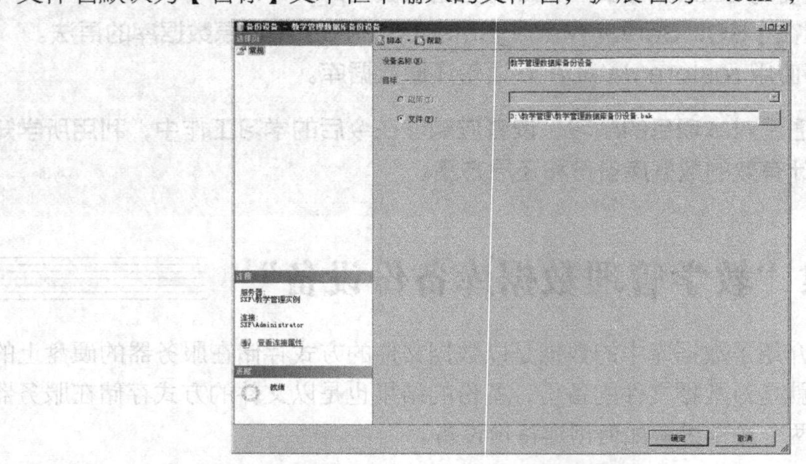

图9-2 设置备份设备名称和对应文件

STEP 3 单击 确定 按钮，关闭【备份设备】对话框。在【SQL Server Management Studio】窗口的【备份设备】节点下新增了名称为【教学管理数据库备份设备】的子节点。

【知识链接】

备份设备是数据库中的一个对象，在不需要的情况下，可以在【SQL Server Management Studio】中删除它。操作步骤如下。

（1） 启动【SQL Server Management Studio】程序，展开【教学管理实例】节点下的【服务器对象】及其子节点【备份设备】，显示出全部的备份设备。

（2） 在【教学管理数据库备份设备】子节点上单击鼠标右键，在弹出的快捷菜单中单击【删除】菜单项。在弹出的【删除对象】对话框中单击 确定 按钮，删除所选备份设备。

（二） 用 sp_addumpdevice 创建备份设备

通过对本节的执行，读者应掌握系统存储过程 sp_addumpdevice 的参数的含义和用法。

【基础知识】

（1） SQL Server 的系统存储过程

存储过程是能够完成一定功能的 T-SQL 语句的集合，具有输入/输出项。SQL Server 提供了很多存储过程，用于管理和维护数据库系统。系统存储过程的名称通常以“sp_”开头，是 System Procedure 的简写。

系统存储过程必须用“execute（简写为 exec）”命令执行，语法如下：

```
exec 存储过程名（参数 1,参数 2,…, 参数 n）
```

在系统数据库 master 节点的【可编程性】/【存储过程】/【系统存储过程】节点下，可以看到全部的系统存储过程。

（2） sp_addumpdevice 语法

创建备份设备的存储过程 sp_addumpdevice 的语法规则见表 9-1。

表 9-1 创建备份设备的 sp_addumpdevice 的语法规则

项目	属性	T-SQL 语法	本示例语句
1	指定存储过程名	exec sp_addumpdevice	exec sp_addumpdevice
2	指定备份设备类型	'disk' [硬盘文件]/ 'tape'[磁带文件] '	'disk'
3	指定备份设备名称	'备份设备名称'	'教学管理数据库备份设备'
4	指定文件	'文件路径和名称'	'D:\备份\教学管理数据库备份设备.bak'

【操作目标】

用 sp_addumpdevice 创建第（一）节中的备份设备。

【操作步骤】

STEP 1 启动【SQL Server Management Studio】程序，设置可用数据库为 教学管理数据库 。

STEP 2 在【SQL 查询】标签页中输入以下语句：

```
exec sp_addumpdevice
'disk',
'教学管理数据库备份设备',
'D:\教学管理\教学管理数据库备份设备.bak'
```

STEP 3 单击工具栏中的 执行(X) 按钮执行以上语句，结果如图 9-3 所示。

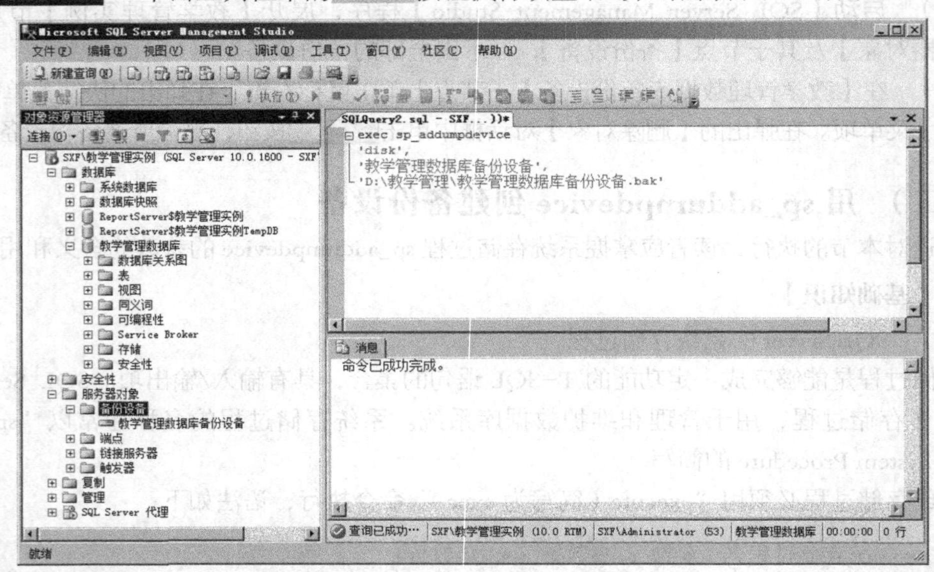

图9-3 用 sp_addumpdevice 创建备份设备

STEP 4 语句执行成功后，可以在【SQL Server Management Studio】中检查备份设备是否创建成功。

【知识链接】

系统存储过程 sp_dropdevice 可以删除备份设备，sp_dropdevice 的语法见表 9-2。

表 9-2 删除备份设备的 sp_dropdevice 的语法规则

项目	属性	T-SQL 语法	本示例语句
1	指定存储过程名	exec sp_dropdevice	exec sp_dropdevice
2	指定备份设备名称	'备份设备名称'	'教学管理数据库备份设备'
3	是否同时删除文件	'delfile'[同时删除文件]/NULL[不删除]	'delfile'

任务二 备份"教学管理数据库"

在本任务中将介绍与数据库备份相关的概念，以及备份的操作过程。

【基础知识】

（1）备份对象

SQL Server 中有 3 种数据库备份对象：数据库、仅备份事务日志文件、对指定文件和文件组的备份。因为数据库拥有事务日志文件和数据文件，因此，对数据库的备份其实质就是将事务日志文件和数据文件一起备份。

（2）数据库的备份方案

对数据库的备份有两种方式，即完全备份和差异备份。

完全备份是备份整个数据库，不仅包括表、视图、触发器、存储过程等数据库对象，还包括事务日志部分。通常情况下，一个数据库应用系统包括多个数据文件和事务日志文件，所以执行一次完整备份需要很大的磁盘空间和较长的时间。依靠完整备份可以重新恢复整个数据库。在还原的时候，如果数据库已经存在了，还原操作将会覆盖现有的数据库；如果不存在数据库，还原操作将会创建数据库。

差异备份是备份最近一次完全备份之后数据库中发生改变的部分，最近一次完全备份称为差异备份的“基准备份”。

（3）备份媒体

备份媒体也可以称为备份目标，有文件和备份设备两种。备份设备最终也是以文件形式体现的，文件的扩展名为“.bak”。

（4）备份方式

SQL Server 在执行备份时不仅备份数据库中的数据和操作（包括函数、触发器和存储过程等），而且记录与备份相关的日期时间信息，以便在还原数据库时根据日期时间的先后选择还原项目。

如果选择“重写备份媒体”的方式，不仅覆盖掉原有的备份数据，而且覆盖掉与备份相关的日期时间信息。选择“向备份媒体追加”的方式，不仅向原来的备份文件中追加备份数据，而且建立一条信息日期时间信息。

（5）备份调度的概念

备份操作可以随时进行，更多的是按照固定的周期、在固定的时间进行。SQL Server 提供自动调度选项，在不同的时间进行自动备份。

（一） 备份数据库

通过对本节的执行，读者应掌握备份数据库的基本操作方法。

【操作目标】

将“教学管理数据库”按完全备份和重写备份媒体方式备份到“教学管理数据库备份设备”上。

【操作步骤】

STEP 1 启动【SQL Server Management Studio】程序，展开【教学管理实例】节点。在【教学管理数据库】子节点上单击鼠标右键，弹出快捷菜单，如图 9-4 所示。

STEP 2 连续单击【任务】/【备份】菜单项，打开【备份数据库 - 教学管理数据库】对话框，默认显示的是【常规】设置项目。在【数据库】下拉列表中选择“教学管理数据库”；在【备份类型】下拉列表框中选择“完整”；【备份组件】选中“数据库”单选按钮；【名称】文本框中采用默认的名称，如图 9-5 所示。

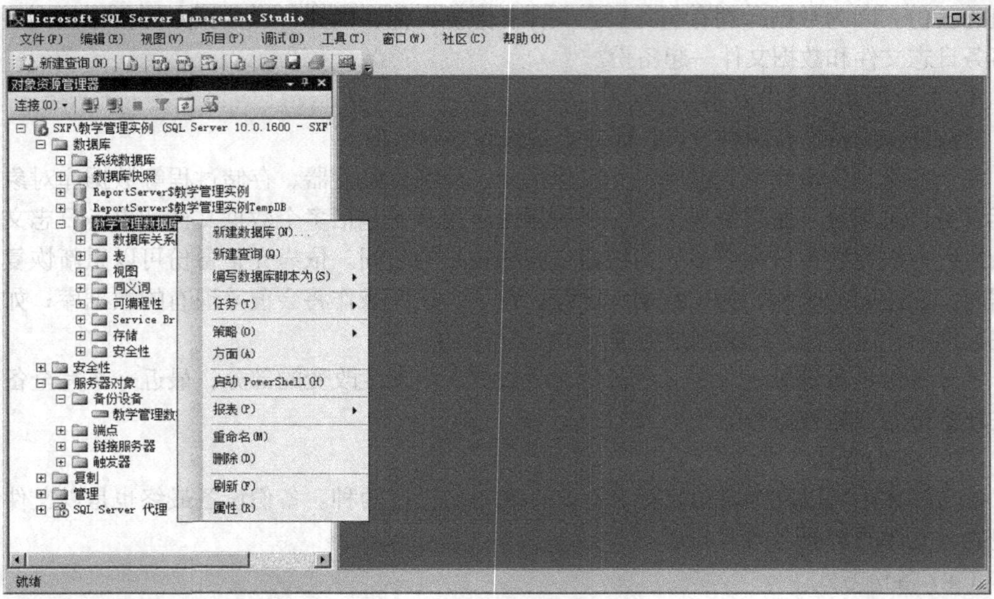

图9-4 选择要备份的数据库

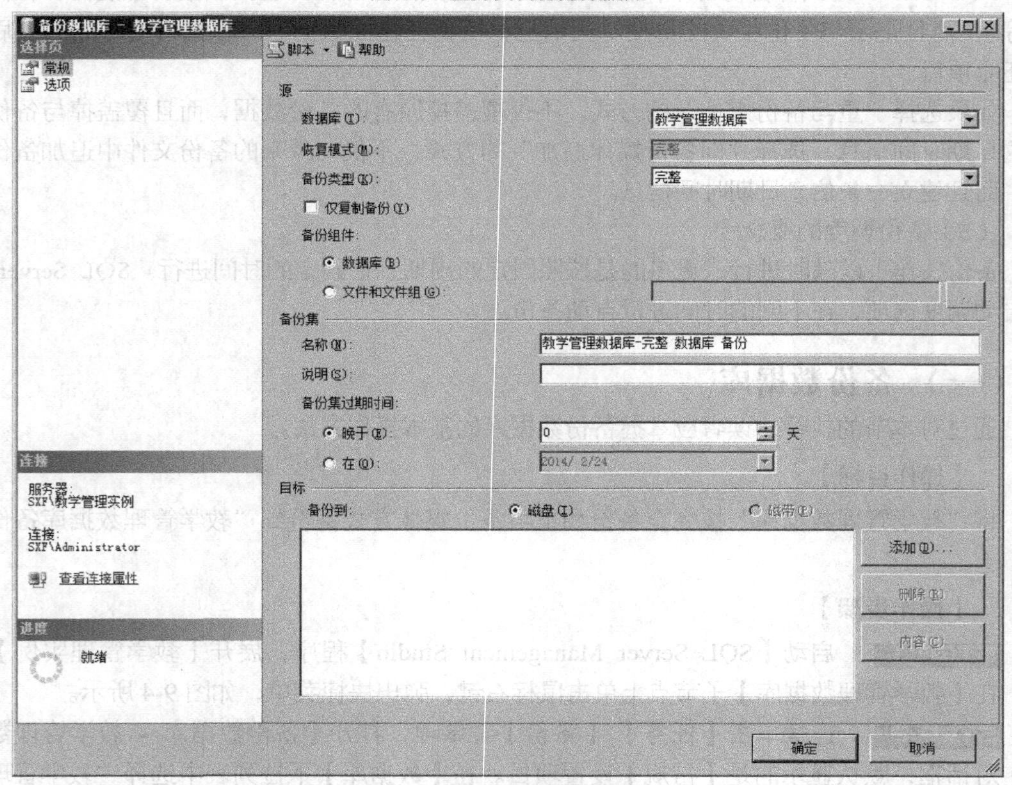

图9-5 备份数据库的常规设置

STEP 3 首先单击 删除(R) 按钮，删除默认的目标。再单击 添加(D)... 按钮，打开【选择备份目标】对话框。单击【备份设备】单选钮，并在下拉列表中选择“任务一”中创建的“教学管理数据库备份设备”，如图 9-6 所示。

选择备份目标
选择文件或备份设备作为备份目标。您可以为常用文件创建备份设备。
磁盘上的目标
文件名(F):
ogram Files\Microsoft SQL Server\MSSQL10.教学管理实例\MSSQL\Backup\
备份设备(B):
教学管理数据库备份设备
确定
取消

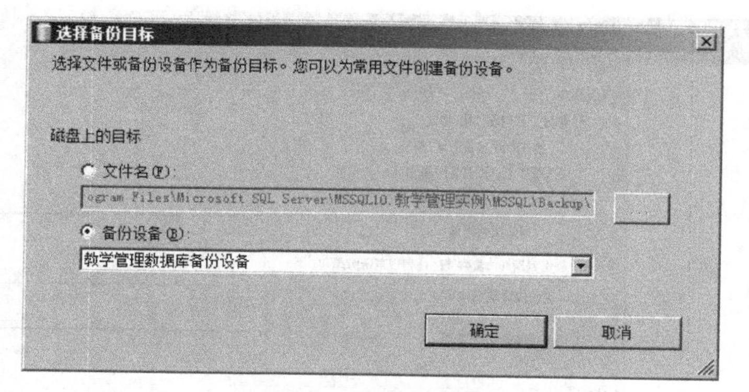

图9-6 选择备份设备

STEP 4 单击 确定 按钮，关闭【选择备份目标】对话框，返回到【备份数据库 - 教学管理数据库】对话框。在【备份到】列表框中选择“教学管理数据库备份设备”，如图9-7所示。

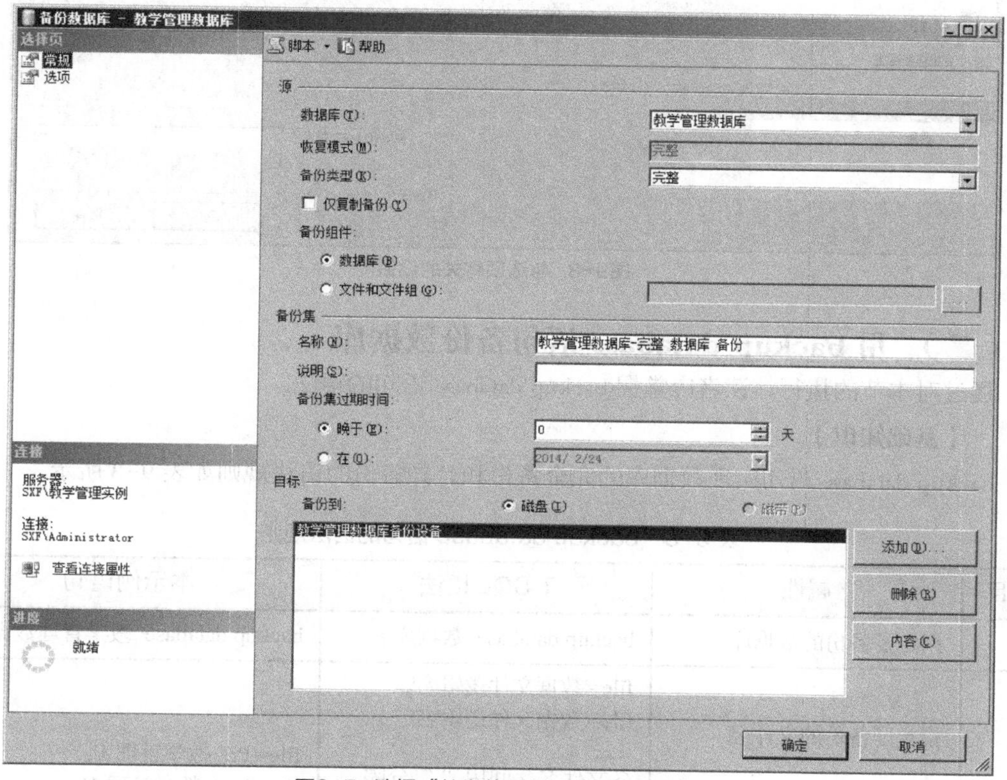

备份数据库 - 教学管理数据库
选择页
常规
选项
脚本
帮助
源
数据库(T):
教学管理数据库
恢复模式(M):
完整
备份类型(K):
完整
仅复制备份(Y)
备份组件:
数据库(B)
文件和文件组(G):
备份集
名称(N):
教学管理数据库-完整 数据库 备份
说明(S):
备份集过期时间:
晚于(E):
0
天
在(O):
2014/ 2/24
目标
备份到:
磁盘(I)
磁带(P)
教学管理数据库备份设备
添加(D)...
删除(R)
内容(C)
连接
服务器:
SXF\教学管理实例
连接:
SXF\Administrator
查看连接属性
进度
就绪
确定
取消

图9-7 选择“教学管理数据库备份设备”

STEP 5 在【备份数据库 – 教学管理数据库】对话框中，单击左侧的【选项】，在右侧打开与【选项】有关的设置。选中【备份到现有媒体集(E)】单选按钮和【覆盖所有现有备份集(R)】单选按钮。其余采用默认设置，如图9-8所示。

STEP 6 单击 确定 按钮，执行备份。备份完成后系统提示对数据库“教学管理数据库”的备份已成功完成的信息。检查“D:\教学管理\”路径下是否存在备份文件“教学管理数据库备份设备.bak”。

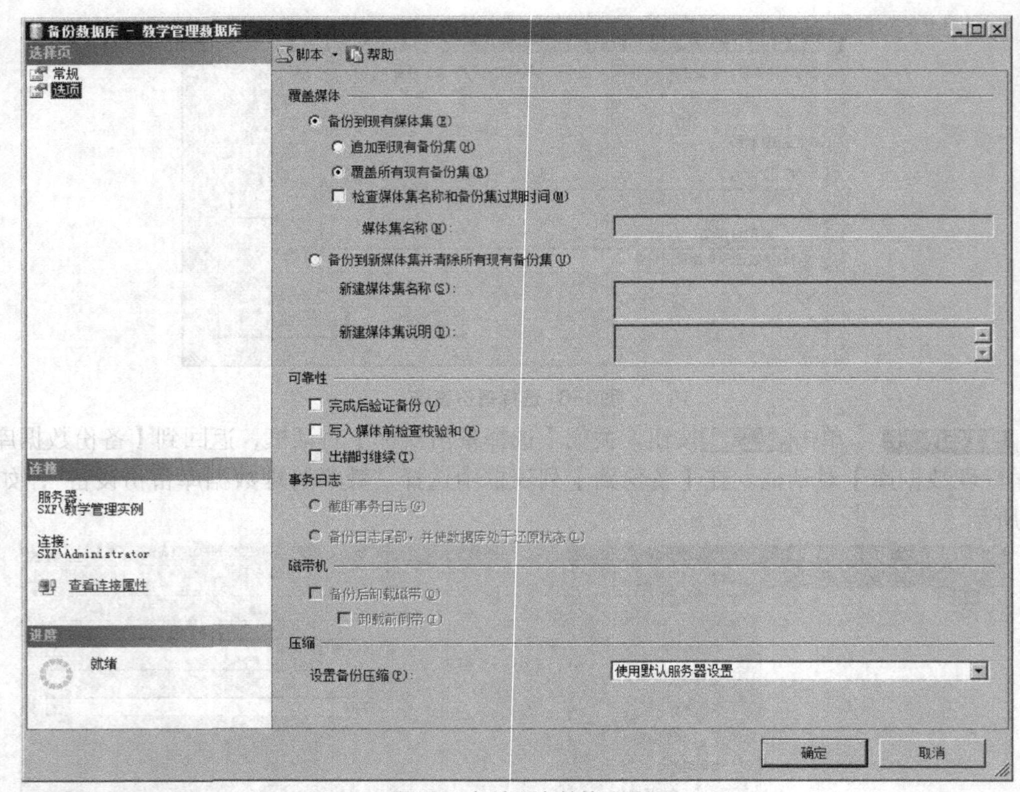

图9-8 与选项有关的设置

（二） 用 backup database 语句备份数据库

通过对本节的执行，读者应掌握 backup database 语句的语法。

【基础知识】

backup database 语句实现数据库的完全备份和差异备份的语法规则如表 9-3 所示。

表 9-3 backup database 语句的语法规则

项目	属性	T-SQL 语法	本示例语句
1	指定要备份的数据库	backup database 数据库名	backup database 教学管理数据库
2	指定要备份的文件名	file='数据文件逻辑名', file='数据文件逻辑名', …… 各文件名之间用“,”分隔	file='Pri_教学管理 1', file='Snd_教学管理 1', filegroup='PRIMARY', filegroup='UserFleGrp'
	或指定要备份的文件组名	filegroup='文件组名', filegroup='文件组名', …… 各文件组名之间用“,”分隔	
3	指定备份设备	to 备份设备名	to 教学管理数据库备份设备

backup database 语句实现事务日志备份的语法规则如表 9-4 所示。

表 9-4 backup database 语句的语法规则

项目	属性	T-SQL 语法	本示例语句
1	指定要备份的数据库	backup log 数据库名	backup log 教学管理数据库
2	指定备份设备	to 备份设备名	to 教学管理数据库备份设备

【操作目标】

用 backup database 语句实现第（一）节要求的备份。

【操作步骤】

STEP 1 启动【SQL Server Management Studio】程序，设置可用数据库为 master。

STEP 2 在【SQL 查询】标签页中输入以下语句：

```
backup database 教学管理数据库
file='Pri_教学管理1',
file='Pri_教学管理2',
file='Snd_教学管理1',
file='Snd_教学管理2',
file='Trd_教学管理2',
filegroup='PRIMARY',
filegroup='UserFleGrp1',
filegroup='UserFleGrp2'
to 教学管理数据库备份设备
```

STEP 3 单击工具栏中的 执行(X) 按钮执行语句，结果如图 9-9 所示。

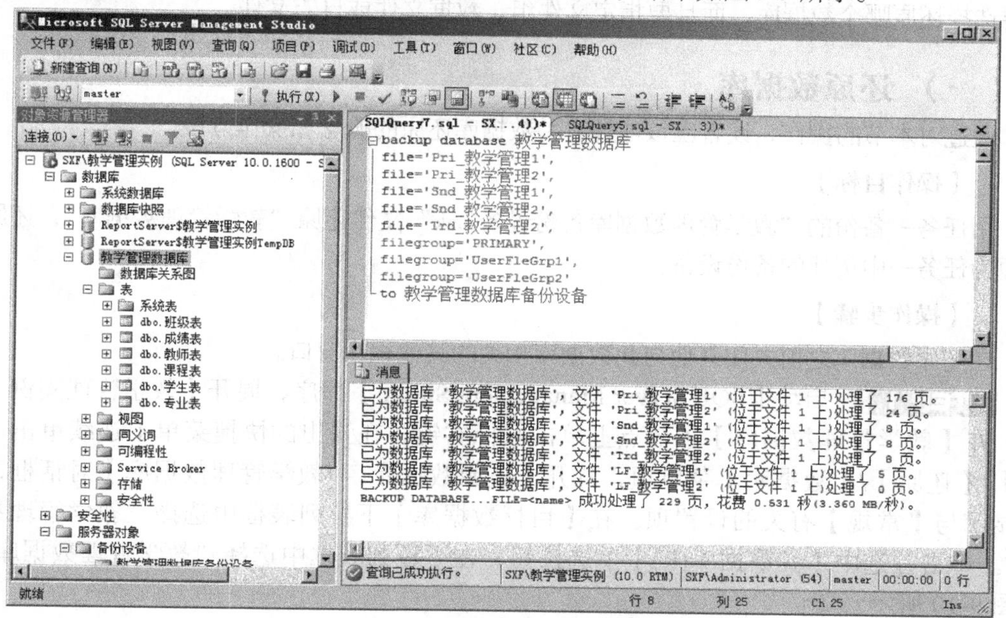

图9-9 用 backup database 备份数据库

任务三　还原"教学管理数据库"

在数据库系统发生故障的时候，需要用最近一次备份还原数据库，以便将损失降到最低。本任务通过两个操作讲解数据库还原的方法。

【基础知识】

数据库还原也称为数据库恢复，在还原数据库时需要指定以下项目。

（1）还原目标

还原目标即指定对哪个数据库做还原操作。

（2）选择来源

前面介绍的备份对象有 3 种，与其呼应，在还原操作的时候也有 3 种数据来源：备份设备、数据库、文件和文件组。

备份设备的含义前面已经介绍过了，SQL Server 允许将数据库备份到不同的备份设备上，在恢复时，由用户选择备份设备。

因为对同一个数据库可以做多次备份，SQL Server 在执行每一次备份的同时都记录了相关信息，包括备份的数据库、备份的文件或文件组，以及备份日期和时间。在还原数据库时，如果选择了要还原的数据库，SQL Server 自动显示以前做过的所有备份，用户可以根据备份的日期时间的先后，判断要恢复哪一个备份。

选择来源为文件和文件组时，SQL Server 也自动显示每一次备份的文件和文件组的逻辑名称、操作系统文件名及备份时间。

（3）还原对象

还原目标是指要还原哪个数据库。从逻辑上讲，数据库是数据库实例下的一个对象，从物理上讲，数据库的实质就是文件组、数据文件和事务日志文件。因此在还原数据库时，不仅要选择还原哪个数据库，而且要指定文件组、数据文件或日志文件。

（一）还原数据库

通过对本节的操作，读者应该理解有关数据库还原的概念和操作方法。

【操作目标】

用任务一备份的"教学管理数据库备份设备.bak"文件还原"教学管理数据库"，还原的来源为任务一中创建的备份设备。

【操作步骤】

在还原数据库之前关闭其他与此数据库相关的其他程序窗口。

STEP 1 启动【SQL Server Management Studio】程序，展开【教学管理实例】节点。在【教学管理数据库】子节点上单击鼠标右键，在弹出的快捷菜单上连续单击【任务】/【还原】/【数据库】菜单项，打开【还原数据库 – 教学管理数据库】对话框，默认显示与【常规】有关的设置项。在【目标数据库】下拉列表框中选择"教学管理数据库"。单击并选中【源数据库(R)】单选按钮，在下拉列表框中选择"教学管理数据库"，如图 9-10 所示。

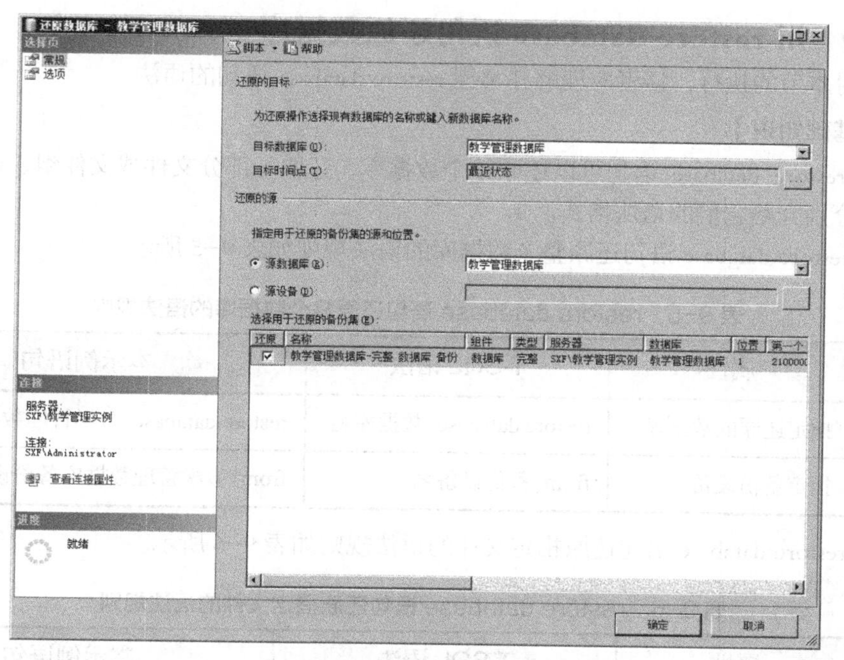

图9-10 还原数据库的常规设置

STEP 2 在【还原数据库 - 教学管理数据库】对话框中，单击左侧的【选项】，在右侧打开与【选项】有关的设置。选中【覆盖现有数据库(WITH REPLACE)】复选框。其余采用默认设置，如图 9-11 所示。

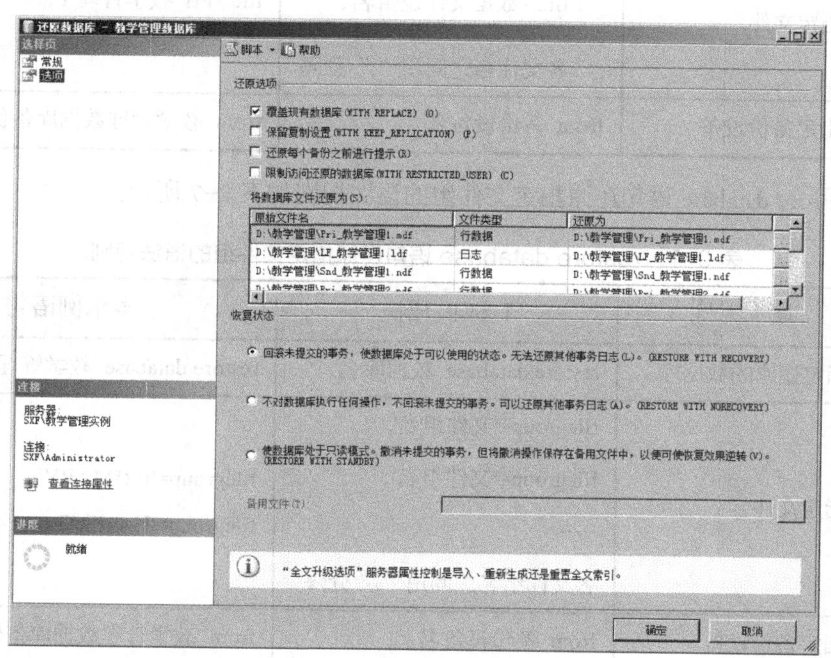

图9-11 还原数据库的选项设置

STEP 3 单击【确定】按钮，执行数据库还原。执行成功后系统提示成功信息。

（二）用 restore database 语句还原数据库

通过对本节的执行，读者应理解并掌握 restore database 语句的语法。

【基础知识】

使用 restore database 语句可以还原整个数据库、还原一部分文件或文件组、还原事务日志，下面分别介绍它们的语法格式。

使用 restore database 语句还原整个数据库的语法规则如表 9-5 所示。

表 9-5 restore database 语句还原整个数据库的语法规则

项目	属性	T-SQL 语法	本示例语句
1	指定还原的数据库	restore database 数据库名	restore database 教学管理数据库
2	指定备份设备	from 备份设备名	from 教学管理数据库备份设备

使用 restore database 语句还原指定文件的语法规则如表 9-6 所示。

表 9-6 restore database 语句还原指定文件的语法规则

项目	属性	T-SQL 语法	本示例语句
1	指定还原的数据库	restore database 数据库名	restore database 教学管理数据库
2	指定文件	file='数据文件逻辑名', file='数据文件逻辑名', …… 各文件名之间用“,”分隔	file='Pri_教学管理 1', file='Snd_教学管理 1'
3	指定备份设备	from 备份设备名	from 教学管理数据库备份设备

使用 restore database 语句还原指定文件组的语法规则如表 9-7 所示。

表 9-7 restore database 语句还原指定文件组的语法规则

项目	属 性	T-SQL 语法	本示例语句
1	指定还原的数据库	restore database 数据库名	restore database 教学管理数据库
2	指定文件	filegroup='文件组名', filegroup='文件组名', …… 各文件组名之间用“,”分隔	filegroup='PRIMARY', filegroup='UserFleGrp'
3	指定备份设备	from 备份设备名	from 教学管理数据库备份设备

使用 restore database 语句还原事务日志的语法规则如表 9-8 所示。

表 9-8 restore database 语句还原事务日志的语法规则

项目	属性	T-SQL 语法	本示例语句
1	指定还原的数据库	restore log 数据库名	restore log 教学管理数据库
2	指定备份设备	from 备份设备名	from 教学管理数据库备份设备

【操作目标】

用任务一备份的“教学管理数据库备份设备”还原“教学管理数据库”。

【操作步骤】

STEP 1 启动【SQL Server Management Studio】程序，设置可用数据库为 master 。

STEP 2 在【SQL 查询】标签页中输入以下语句：

```
restore database 教学管理数据库
from 教学管理数据库备份设备
with replace
```

STEP 3 单击工具栏中的 ! 执行(X) 按钮执行语句，结果如图 9-12 所示。

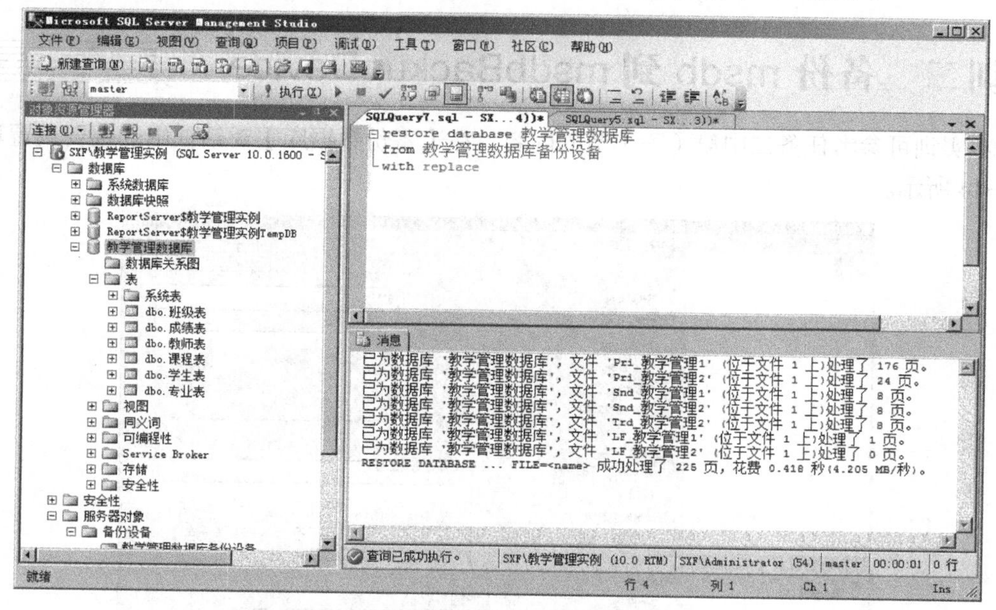

图9-12 用 restore database 还原数据库

实训一 为 msdb 创建备份设备

本实训可以参考任务一中第（一）节的内容。在【备份设备】对话框中创建针对数据库“msdb”的备份设备 msdbBackupDevice，对应的文件为“D:\DB_Backup\msBackupDevice.bak”。主要设置如图 9-13 所示。注意，首先要创建文件夹“D:\DB_Backup\”。

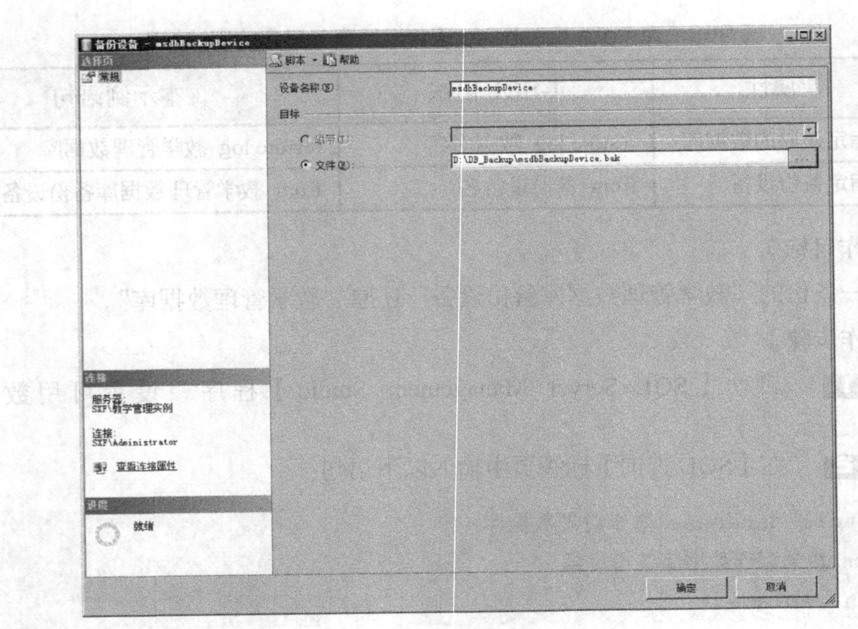

图9-13 创建 msdbBackupDevice

实训二 备份 msdb 到 msdbBackupDevice

本实训可参考任务二中第（一）节的内容。在【备份数据库】对话框中的主要设置项如图 9-14 所示。

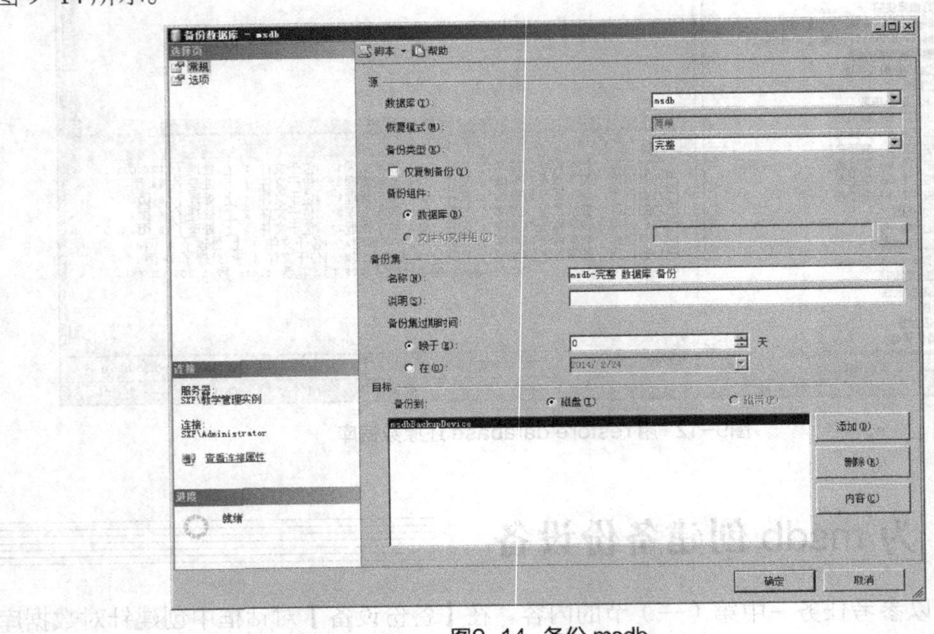

图9-14 备份 msdb

实训三 从 msdbBackupDevice 还原 msdb

本实训可参考任务三中第（一）节的内容。在【还原数据库】窗口的主要参数设置如图 9–15 所示。

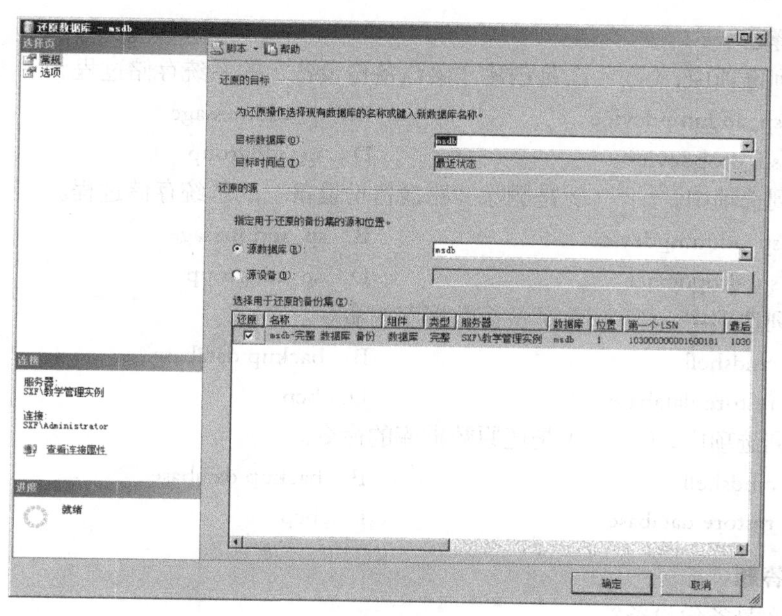

图9–15 还原 msdb

思考与练习

一、填空题

1. “磁盘备份设备”是________上的文件，与________的文件一样。
2. “磁盘备份设备”可以定义在服务器的________上或共享网络资源的________上。
3. “磁盘备份设备”根据需要可大可小，最大文件的大小可以相当于磁盘上________。
4. 系统存储过程必须用________（简写为________）命令执行。
5. SQL Server 中有 3 种数据库备份对象：________、________和________。
6. 数据库的备份有两种方式：________和________。
7. 备份媒体也可以称为________，有________和________两种。
8. 备份设备最终也是以________形式体现的。文件的扩展名为________。
9. SQL Server 在执行备份时不仅备份数据库中的________和________，而且记录与备份相关的________，以便在还原数据库时根据________的先后选择还原项目。
10. 如果选择________的方式，不仅覆盖掉原有的备份数据，而且覆盖掉与备份相关的日期时间信息。选择________的方式，不仅向原来的备份文件中追加备份数据，而且建立一条信息日期时间信息。
11. 还原操作有 3 种数据来源：________、________和________。

12. 还原的目标有________、________和________，并且允许还原指定的________、________或________。

13. 选择来源为文件和文件组时，SQL Server 也自动显示每一次备份的文件和文件组的________、________及________。

二、选择题

1. 下列选项中，(　　)是创建“磁盘备份设备”的系统存储过程。
   A. sp_addumpdevice　　B. sp_addmessage
   C. sp_dropdevice　　D. sp_addgroup
2. 下列选项中，(　　)是删除“磁盘备份设备”的系统存储过程。
   A. sp_addumpdevice　　B. sp_addmessage
   C. sp_dropdevice　　D. sp_addgroup
3. 下列选项中，(　　)是备份数据库的命令。
   A. cmdshell　　B. backup database
   C. restore database　　D. bcp
4. 下列选项中，(　　)是还原数据库的命令。
   A. cmdshell　　B. backup database
   C. restore database　　D. bcp

三、简答题

1. 什么是备份设备?
2. 简述在【备份设备】对话框中创建备份设备的方法。
3. 简述创建备份设备的系统存储过程 sp_addumpdevice 的语法。
4. 简述删除备份设备的系统存储过程 sp_dropdevice 的语法。
5. 数据库备份对象有哪些?
6. 数据库备份方案有哪些?
7. 数据库备份方式有哪些?
8. 简述数据库备份调度的概念。
9. 简述在【备份数据库】对话框中备份数据库的基本流程。
10. 简述 backup database 语句的语法。
11. 简述在【还原数据库】窗口中还原数据库的基本流程。
12. 简述 restore database 语句的语法。

四、操作题

1. 用 sp_addumpdevice 为备份 Northwind 数据库创建备份设备。
2. 用 backup database 语句将 Northwind 数据库备份到操作题 1 中创建的备份设备上。
3. 用 restore database 语句恢复操作题 2 做的备份到数据库 Northwind。

PART 10

项目十 导入和导出数据

SQL Server 的导入和导出数据操作也称为数据移植，是指在 SQL Server 之间、SQL Server 与其他异构数据库（异构数据库是指其他类型的数据库，如 Access、Oracle、Sysbase、DB2 等）之间、SQL Server 与 Excel 文件和文本文件之间互相传递数据的操作。项目九中介绍的数据库备份和还原可以实现同版本的 SQL Server 之间的数据移植，或者实现由低版本 SQL Server 到高版本 SQL Server 的数据移植。那么如何实现 SQL Server 与异构数据库之间的数据移植及 SQL Server 与 Excel 和文本文件之间的数据移植呢？这就要用到本项目中要介绍的导入和导出数据操作。

知识技能目标

- 理解 SQL Server 的数据转换服务（SQL Server Integration Services，简称 SSIS）的功能。
- 掌握将 SQL Server 数据库中的数据导出到 Excel 文件的方法。
- 掌握将 Excel 文件中的数据导入到 SQL Server 数据库表的方法。

SQL Server 的数据转换服务提供了针对多种数据类型的连接驱动，实现多种类型数据之间的移植。数据的导入和导出操作是用 SQL Server 实现数据仓库项目和数据分析项目的基础。

任务一 导出数据到 Excel 文件

在本任务中将介绍如何实现 SQL Server 表到 Excel 文件的数据移植。在将数据库中的数据导出到 Excel 文件之前，首先必须启动 SQL Server 的数据转换服务，即启动 SQL Server Integration Services。启动数据转换服务的方式与“项目一”中介绍的启动“教学管理实例”的方法类似。

单击【开始】按钮，在打开的快捷菜单中连续单击【所有程序】/【Microsoft SQL Server 2008】/【配置工具】/【SQL Server 配置管理器】菜单项，启动配置管理界面。选择界面左半部分的【SQL Server 服务】选项，在界面的右半部分显示已安装的全部服务项目，如图 10-1 所示。

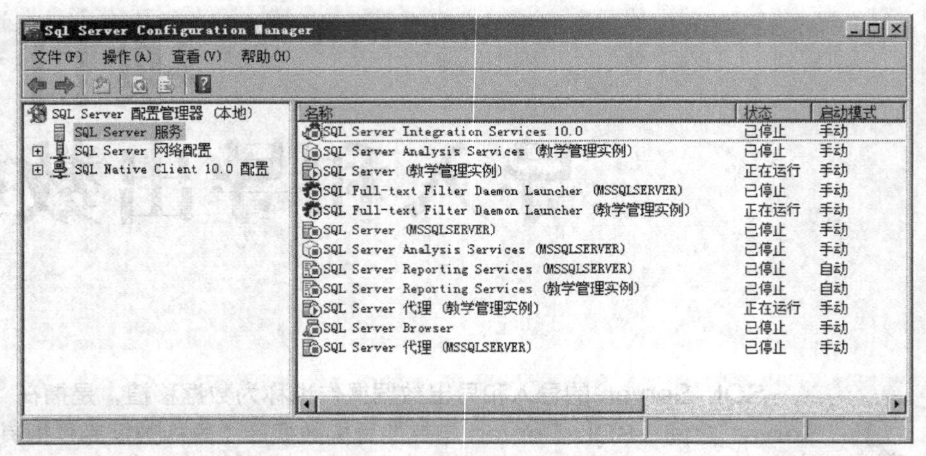

图10-1 SQL Server Configuration Manager

选中配置管理界面右半部分中的【SQL Server Integration Services】，在工具栏中自动增加与实例启动、停止相关的按钮，如图 10-2 所示。

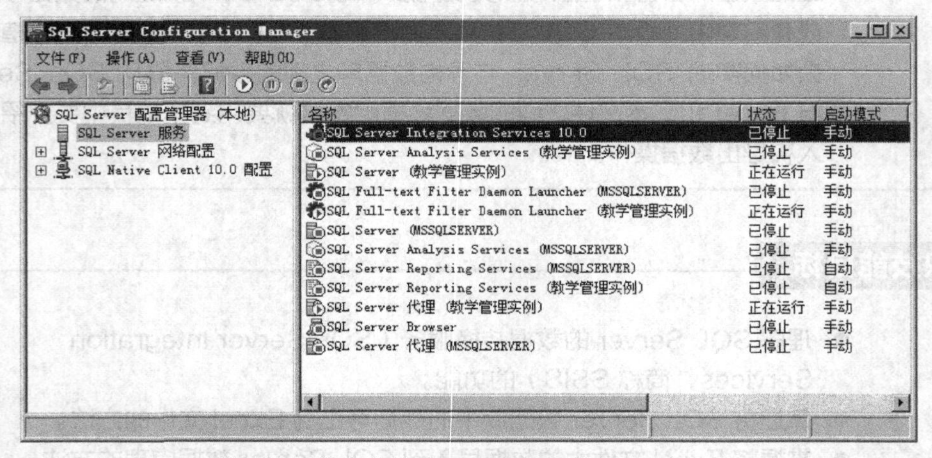

图10-2 选中 SQL Server Integration Services

单击启动服务按钮，显示服务启动进度条，启动后【SQL Server Integration Services】的状态由“已停止”转换为“正在运行”。

（一） 用向导导出“课程表”和“教师表”

SQL Server 的导出数据操作可以将数据库中的一个表或多个表一次性导出到 Excel 文件中，而且一个表对应 Excel 文件中的一个 Sheet，Sheet 的名称就是表名。表的每一列对应 Sheet 的每一列，每个 Sheet 的第 1 行的内容就是表的列名。

【操作目标】

将“教师表”和“课程表”的数据导出到 Excel 文件“教师表和课程表.xls”之中。

【操作步骤】

STEP 1 启动【SQL Server Management Studio】程序，展开【教学管理实例】节点。在【教学管理数据库】节点上单击鼠标右键，在弹出的快捷菜单中连续单击【任务】/【导出数据】菜单项，显示【SQL Server 导入和导出向导】的启动界面，如图 10-3 所示。

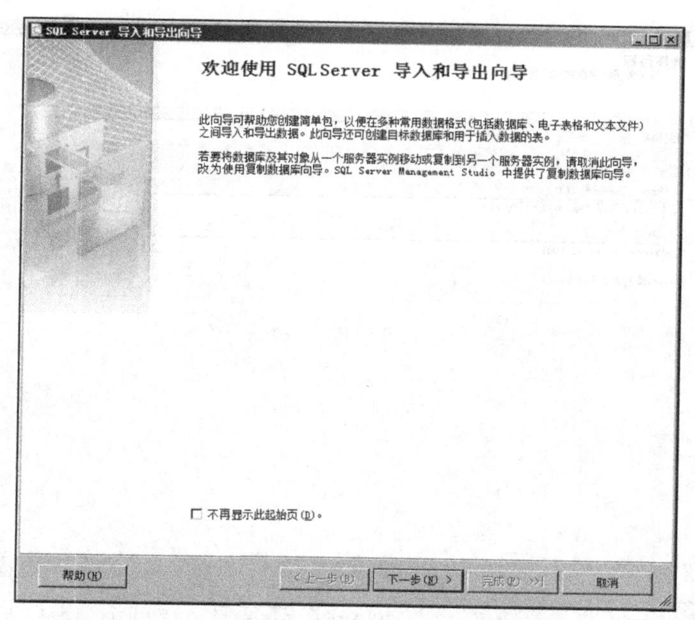

图10-3　SQL Server 导入和导出向导启动界面

STEP 2　单击 下一步(N) > 按钮，进入【选择数据源】对话框。因为“教师表”和“课程表”在“教学管理数据库”中，所以【数据库】下拉列表框选择“教学管理数据库”，如图 10-4 所示。

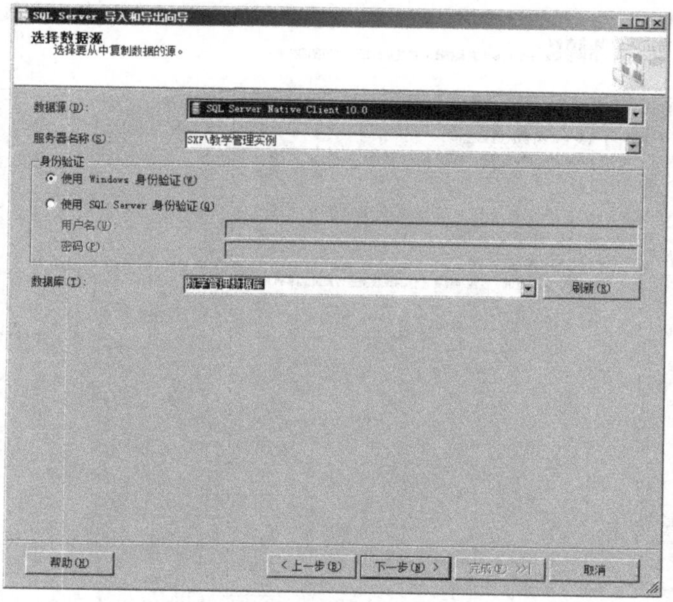

图10-4　选择数据源

STEP 3　单击 下一步(N) > 按钮，进入【选择目标】对话框。在【目标(D)】下拉列表中选择“Microsoft Excel”，【选择目标】框中间的选项随之变为与 Excel 文件相关的项目。在【Excel 文件路径】文本框中输入“D:\教学管理\教师表和课程表.xls”；【Excel 版本】列表框中选择“Microsoft Excel 2007”；选中【首行包含列名称】复选框，如图 10-5 所示。

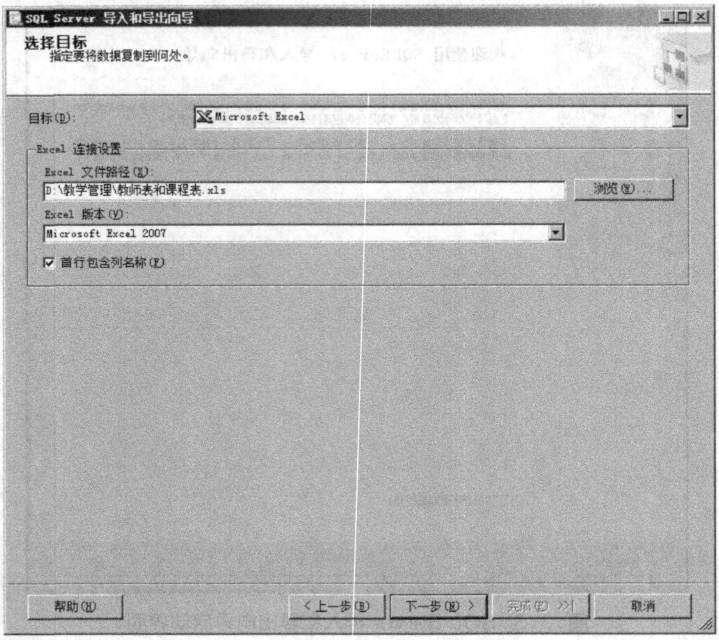

图10-5 选择目标

STEP 4 单击 下一步(N) > 按钮，进入【指定表复制或查询】对话框。选中【复制一个或多个表或视图的数据】单选钮，如图 10-6 所示。

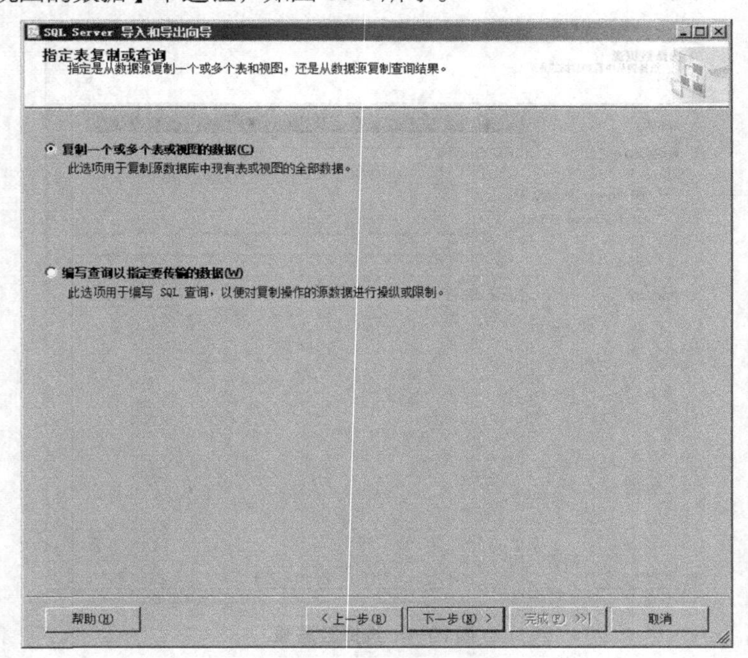

图10-6 制定表复制或查询

STEP 5 单击 下一步(N) > 按钮，进入【选择源表和源视图】对话框。在【表和视图(T)】列表框的【源】列中选择“教师表”和“课程表”,【目标】列中显示的是 Excel 文件中的 Sheet 的名称，此处采用默认设置，如图 10-7 所示。

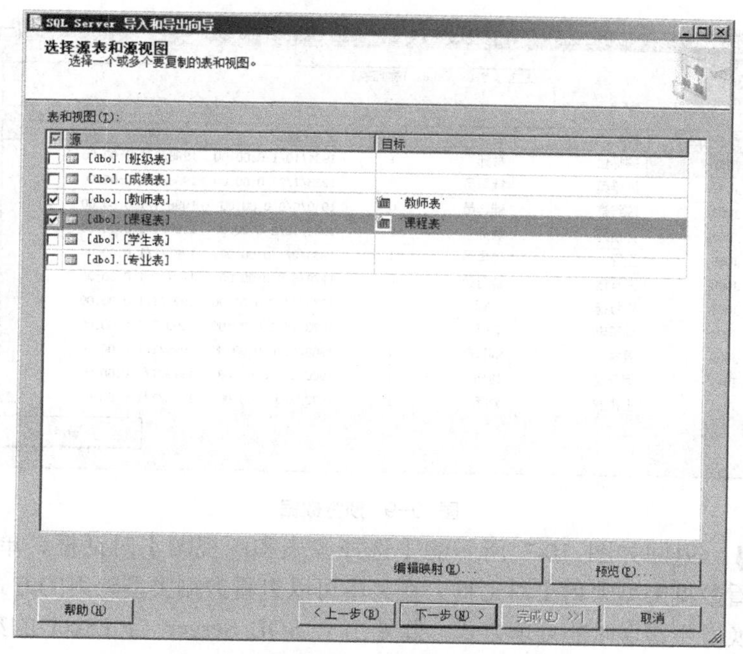

图10-7 选择源表和目标 Sheet 的名称

STEP 6 在如图 10-7 所示的【表和视图(T)】列表框中，选中“教师表”或“课程表”后，可以编辑表的列与 Sheet 中列的映射关系。单击[编辑映射(E)...]按钮，显示【列映射】对话框。在【映射】列表框中，对【目标】列进行编辑可以定义 Sheet 中列的名称，对【类型】、【大小】、【精度】和【小数】列进行编辑可以定义 Sheet 中列的数据类型，如图 10-8 所示。此处可以采用默认设置，也可以根据需要进行更改，然后单击[确定]按钮完成映射设置。

列映射

源: [dbo].[课程表]
目标: 课程表

创建目标表(R)
删除目标表中的行(W)
向目标表中追加行(P)
编辑 SQL(S)...
删除并重新创建目标表(D)

映射(M):

源	目标	类型	可以为...	大小	精度	小数...
课程编号	课程编号	VarChar	☑	3		
课程名称	课程名称	VarChar	☑	20		
课时	课时	Single	☑			
所属专业编号	所属专业编号	VarChar	☑	3		
教师编号	教师编号	VarChar	☑	4		

源列: 课程名称 varchar (20)

确定 取消

图10-8 定义列映射

STEP 7 在如图 10-7 所示的【选择源表和源视图】对话框中，也可以预览指定表中的数据。选中“教师表”或“课程表”后，单击[预览(P)...]按钮，显示【预览数据】对话框，如图 10-9 所示。

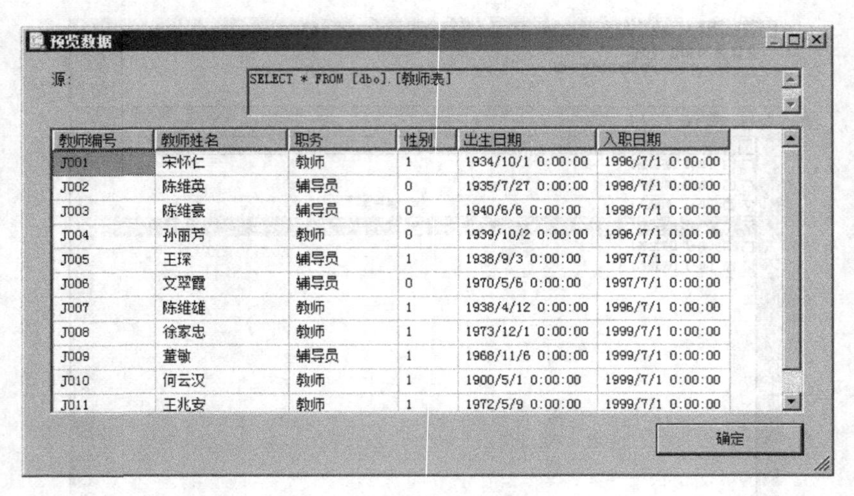
教师编号	教师姓名	职务	性别	出生日期	入职日期
J001	宋怀仁	教师	1	1934/10/1 0:00:00	1996/7/1 0:00:00
J002	陈维英	辅导员	0	1935/7/27 0:00:00	1998/7/1 0:00:00
J003	陈维豪	辅导员	0	1940/6/6 0:00:00	1998/7/1 0:00:00
J004	孙丽芳	教师	0	1939/10/2 0:00:00	1996/7/1 0:00:00
J005	王琛	辅导员	1	1938/9/3 0:00:00	1997/7/1 0:00:00
J006	文翠霞	辅导员	0	1970/5/6 0:00:00	1997/7/1 0:00:00
J007	陈维雄	教师	1	1938/4/12 0:00:00	1996/7/1 0:00:00
J008	徐家忠	教师	1	1973/12/1 0:00:00	1999/7/1 0:00:00
J009	董敏	辅导员	1	1968/11/6 0:00:00	1999/7/1 0:00:00
J010	何云汉	教师	1	1900/5/1 0:00:00	1999/7/1 0:00:00
J011	王兆安	教师	1	1972/5/9 0:00:00	1999/7/1 0:00:00

图10-9 预览数据

STEP 8 返回如图 10-7 所示的【选择源表和源视图】对话框，单击下一步按钮，进入【查看数据类型映射】对话框。在其中可以查看数据类型映射的方式是否合适，以及定义数据转换发生错误时的处理方式。此处由于 SQL Server 与 Excel 的数据类型存在差异，因此有些列显示警告标志，如图 10-10 所示。

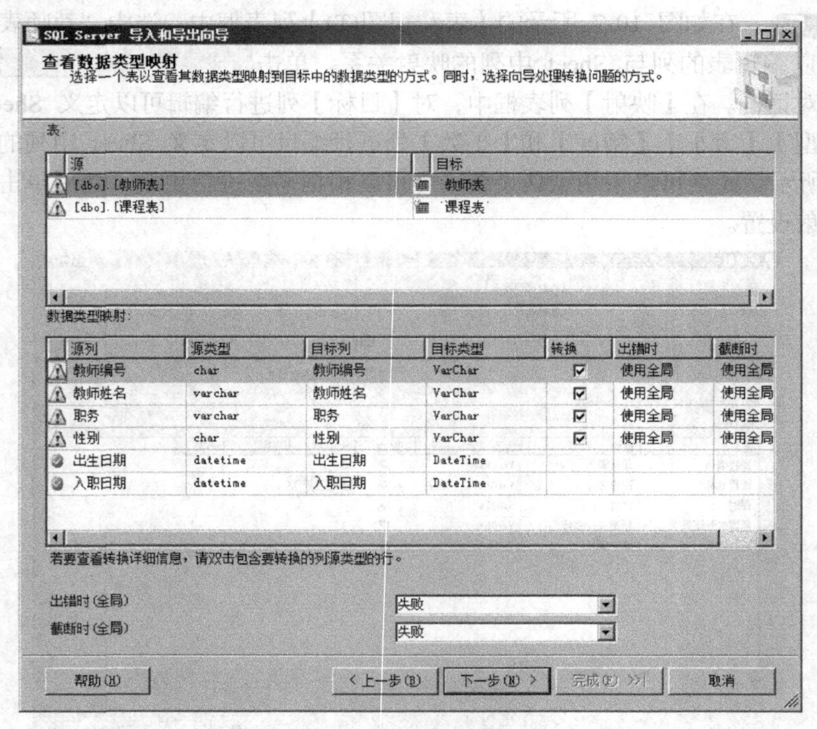

图10-10 查看数据类型映射

STEP 9 单击下一步按钮，进入【保存并运行包】对话框。选中【立即运行】复选框，如图 10-11 所示。

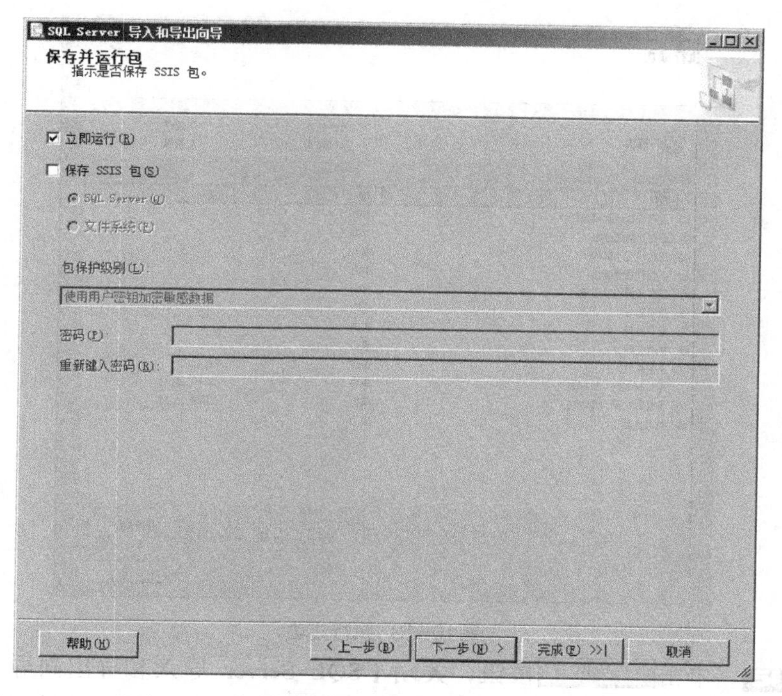

图10-11 保存并运行包

STEP 10 单击 下一步(N) > 按钮，进入【完成该向导】对话框。在其中显示的是前面几个步骤的设置内容，如果需要修改，则单击 < 上一步(B) 按钮返回到前面的设置，如图 10-12 所示。

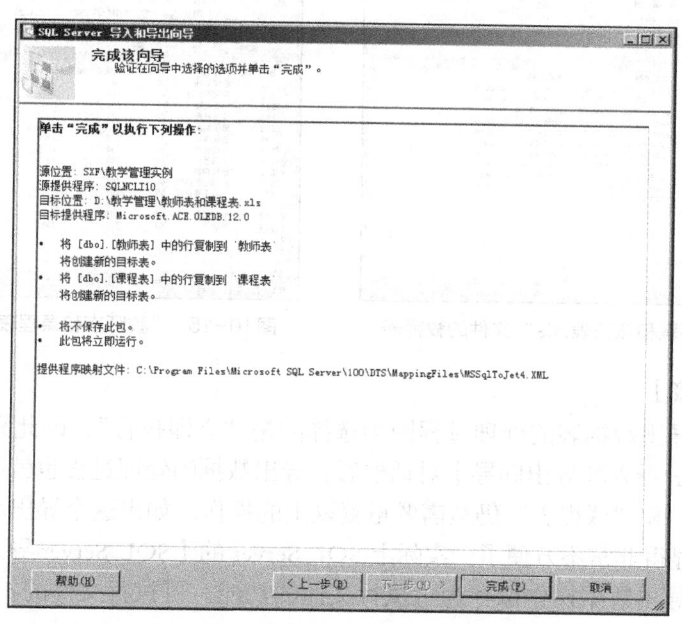

图10-12 完成该向导

STEP 11 单击 完成(F) 按钮，系统开始导出数据。执行过程中提示执行状态信息，执行结束后提示执行成功信息，如图 10-13 所示。

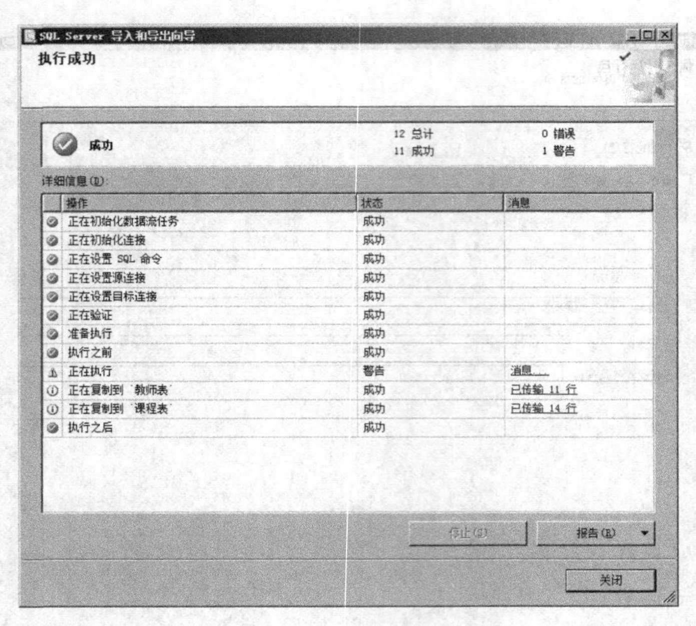

图10-13 执行成功

STEP 12 单击 关闭 按钮，关闭【SQL Server 导入和导出向导】对话框。在“D:\教学管理\”文件夹下检查是否存在“教师表和课程表.xls”文件。打开文件检查内容是否正确，如图 10-14 和图 10-15 所示。

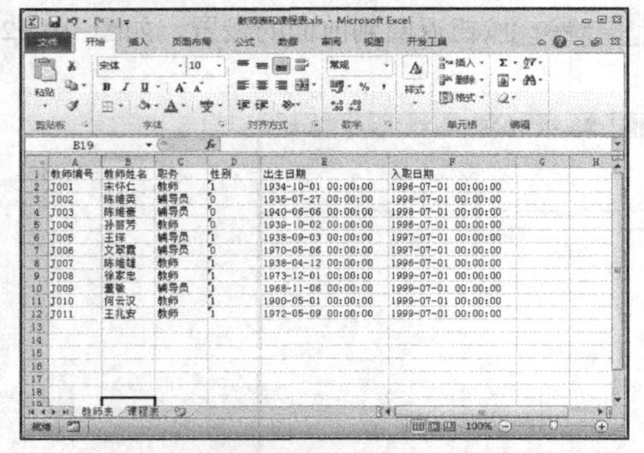

图10-14 “教师表和课程表.xls”文件的教师表

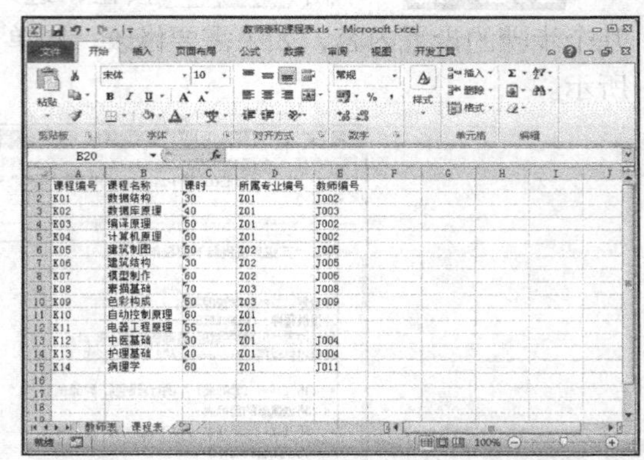

图10-15 “教师表和课程表.xls”文件的课程表

【知识链接】

前面介绍的导出数据表的处理过程因为选择的是“立即执行”，因此只能使用一次。在退出【SQL Server 导入和导出向导】对话框后，导出数据的处理过程也就不存在了。以后需要导出“教师表”和“课程表”仍然需要重复以上的操作。如果这个导出动作要经常发生，这种重复操作就显得非常不方便了。实际上 SQL Server 的【SQL Server 导入和导出向导】中提供了将导入、导出数据操作保存为可执行文件的功能。可执行文件的扩展名为“.dtxs”，并且可以重复执行。

在如图 10-11 所示【保存并运行包】对话框的【保存】框中，选中【保存 SSIS 包(S)】复选框，再选择【文件系统】单选按钮。如果导出数据操作不需要考虑安全的话，【包保护级别(L)】下拉列表框可以选择“不保存敏感数据”，如图 10-16 所示。

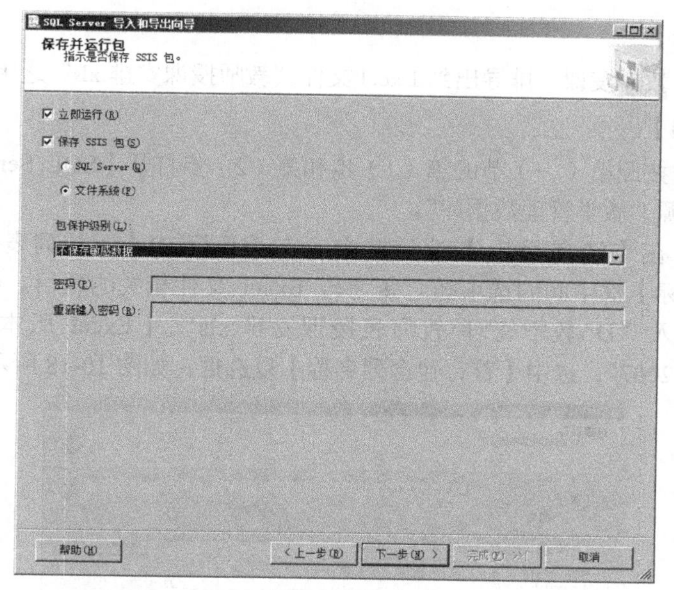

图10-16 保存 SSIS 包

单击 下一步(N) > 按钮，进入【保存 SSIS 包】对话框。分别在【名称】、【说明】文本框中输入内容。在【文件名】文本框中输入可执行文件的文件夹和文件名，如图 10-17 所示。

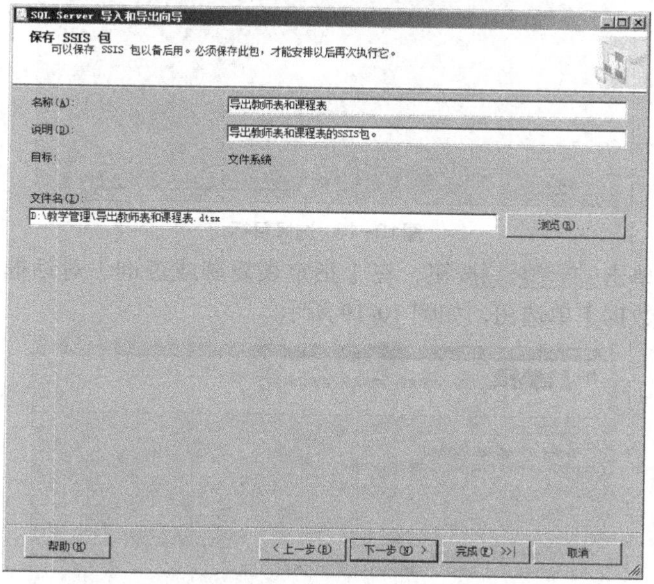

图10-17 定义 SSIS 包

单击 下一步(N) > 按钮，继续完成后面的操作。操作执行成功后在操作系统的文件夹“D:\教学管理\”文件夹下已经生成可执行文件“导出教师表和课程表.dtsx”，双击此文件可直接执行导出操作。

（二） 用向导导出查询结果

由第（一）节的第（4）步可知，数据转换服务 SSIS 不仅可以将表或视图导出，而且可以将查询语句生成的查询结果导出到 Excel 文件。

【操作目标】

用查询语句将教师授课安排导出到 Excel 文件“教师授课安排.xls”之中。

【操作步骤】

STEP 1 按照第（一）节的第（1）步和第（2）步打开【SQL Server 导入和导出向导】，并选择数据源“教学管理数据库”。

STEP 2 在【选择目标】对话框中，在【目标(D)】下拉列表中选择“Microsoft Excel”，【选择目标】框中间的选项随之变为与 Excel 文件相关的项目。在【Excel 文件路径】文本框中输入“D:\教学管理\教师表授课安排.xls”；【Excel 版本】列表框中选择“Microsoft Excel 2007”；选中【首行包含列名称】复选框，如图 10-18 所示。

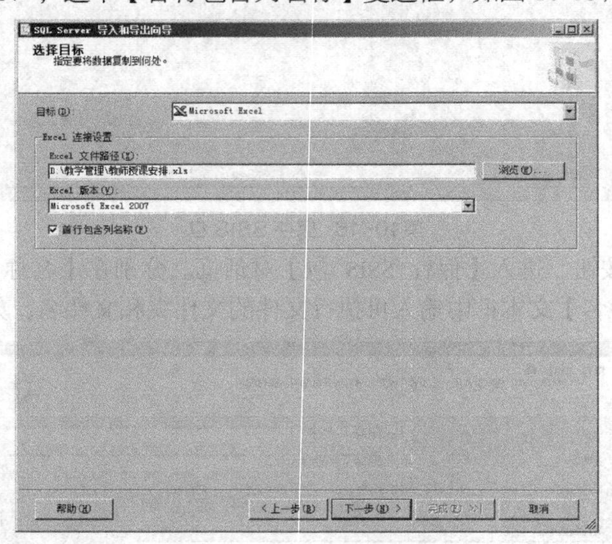

图10-18 选择目标

STEP 3 单击 下一步(N) > 按钮，在【指定表复制或查询】对话框中，选中【编写查询以指定要输出的数据】单选钮，如图 10-19 所示。

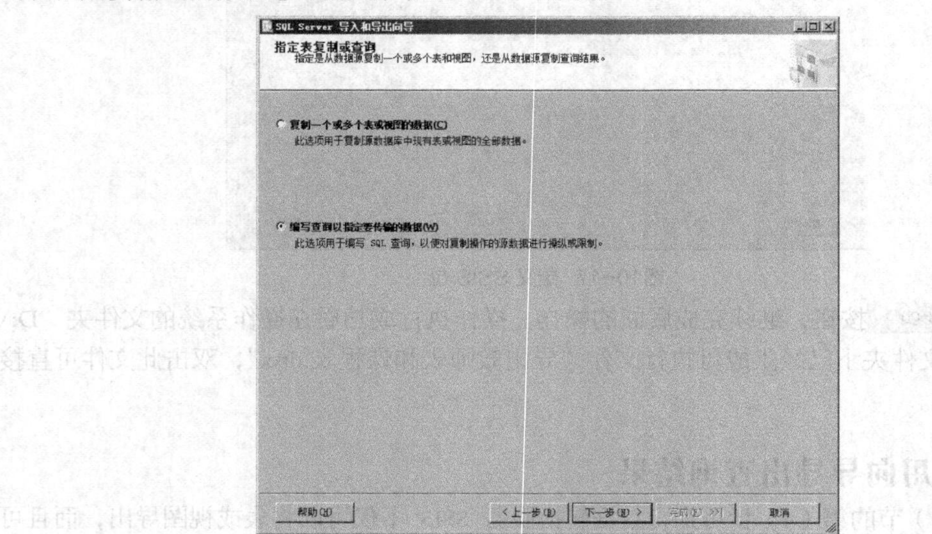

图10-19 选择查询作为数据源

STEP 4 单击[下一步(N) >]按钮，进入【提供源查询】对话框。在【SQL 语句(S)】文本框中输入查询语句，如图 10-20 所示。为保证查询语句语法正确，可以单击[分析(P)]按钮检查语法。如果查询语句比较复杂，每执行一次数据导出都输入一次查询语句的话，显然既降低了效率，又增加了编写错误的几率。可以把查询语句保存成 SQL 脚本文件（扩展名为“.sql”），在需要的时候，单击[浏览(R)...]按钮可以从操作系统文件夹中选择此 SQL 脚本即可。

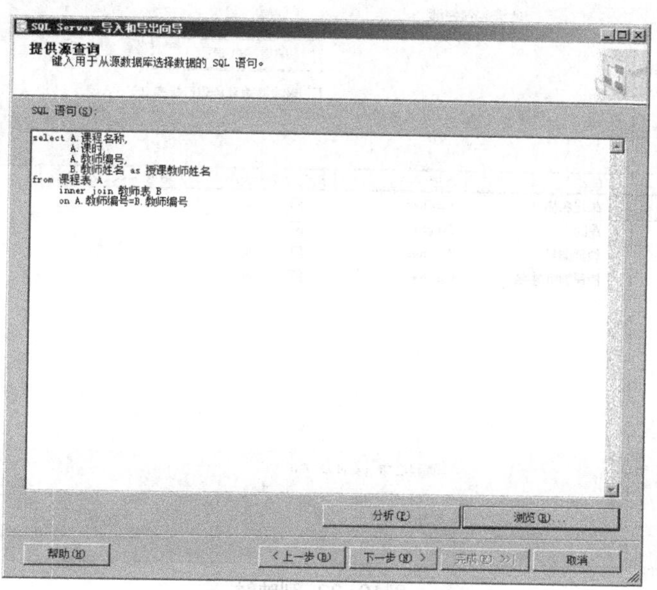

图10-20 输入查询语句

STEP 5 单击[下一步(N) >]按钮，进入【选择源表和源视图】对话框。在【表和视图(T)】列表框的【源】列选中“[查询]”，此查询即为图 10-20 中输入的查询语句。在【目标】列中输入“'教师授课安排'”，如图 10-21 所示。

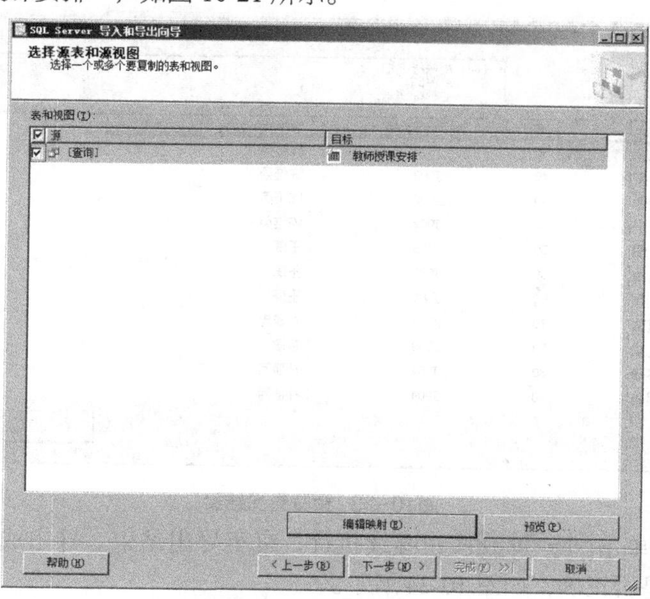

图10-21 选择源表和源视图

STEP 6 在【选择源表和源视图】对话框中，单击 编辑映射(E)... 按钮，显示【列映射】对话框。在【映射】列表框中，对【目标】列进行编辑可以定义 Sheet 中列的名称，按照如图 10-22 所示，对【类型】、【大小】、【精度】和【小数】列进行调整。单击 确定 按钮保存设置，并返回【选择源表和源视图】对话框。

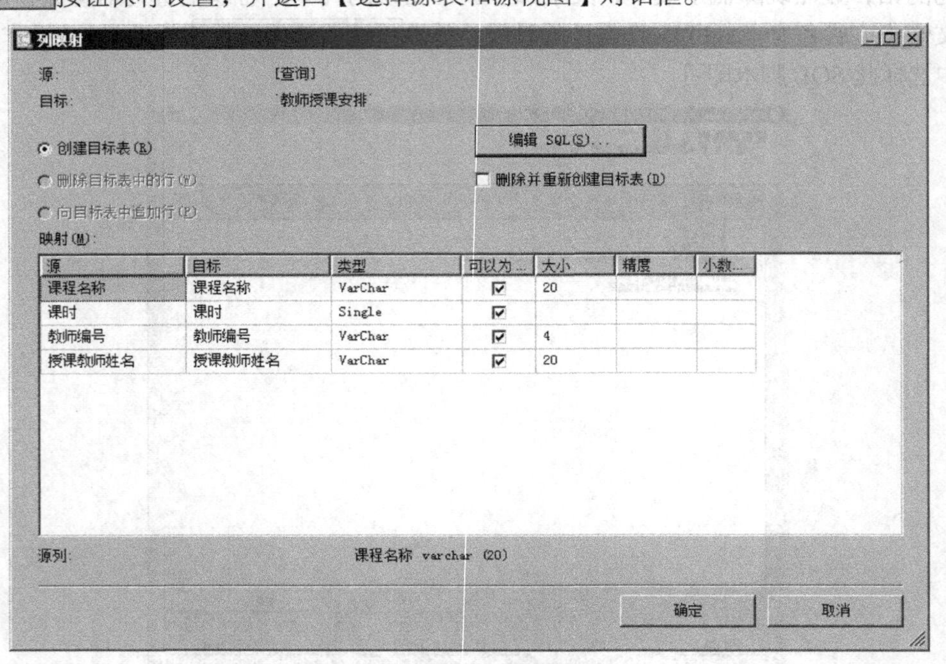

图10-22 列映射

STEP 7 在如图 10-21 所示的【选择源表和源视图】对话框中，选中一个源和目标的映射后，单击 预览(P)... 按钮，显示【预览数据】对话框，此时可以查看查询语句的执行结果，如图 10-23 所示。

预览数据

源: select A.课程名称,
A.课时,
A.教师编号,

课程名称	课时	教师编号	授课教师姓名
数据结构	30	J002	陈维英
数据库原理	40	J003	陈维豪
编译原理	50	J002	陈维英
计算机原理	60	J002	陈维英
建筑制图	50	J005	王琛
建筑结构	30	J005	王琛
模型制作	60	J005	王琛
素描基础	70	J008	徐家忠
色彩构成	50	J009	董敏
中医基础	30	J004	孙丽芳
护理基础	40	J004	孙丽芳

确定

图10-23 预览查询结果

STEP 8 单击 下一步(N) > 按钮继续执行，直至导出结束。导出成功后检查文件“教师授课安排.xls”是否正确，如图 10-24 所示。

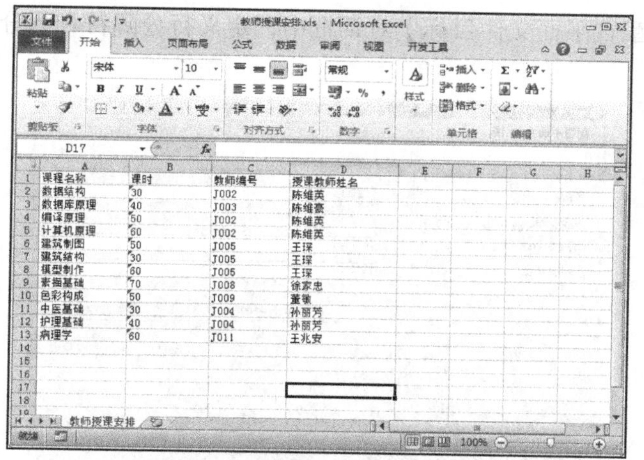

课程名称	课时	教师编号	授课教师姓名
数据结构	30	J002	陈维英
数据库原理	40	J003	陈维豪
编译原理	50	J002	陈维英
计算机原理	60	J002	陈维英
建筑制图	50	J005	王琛
建筑结构	30	J005	王琛
模型制作	60	J005	王琛
素描基础	70	J008	徐家忠
色彩构成	50	J009	董敏
中医基础	30	J004	孙丽芳
护理基础	40	J004	孙丽芳
病理学	60	J011	王兆安

图10-24　文件“教师授课安排.xls”

【知识链接】

在【SQL Server 导入和导出向导】中可以输入任何可以执行的 select 语句。在项目五“对表查询实现学籍管理”和项目八“多表连接查询管理教学计划”中学习的查询语句都可以用在数据导出操作中。可以将导入数据操作与 Excel 的功能结合，进一步扩展成制作报表的功能。读者可以自己设计完成一个 Excel 格式的“成绩统计报表”。

另外，不仅可以将数据库表、视图和查询结果导出为 Excel 文件，还可以导出成文本格式的文件（扩展名为“.txt”），甚至于直接导出成其他种类数据库（Access、Oracle、DB2 等）能够识别的格式，只需要在【选择目标】对话框的【目标】下拉列表框中选择相应的类型，并进一步完成相应的设置。

【任务拓展】

在任务拓展中，将任务一中第（二）节的查询结果导出成文本文件“教师授课安排.txt”。在此文本文件中，行与行之间的分隔符为回车符和换行符，列与列之间的间隔符为竖线“|”。

此操作中有两个关键操作步骤，一个是在【选择目标】列表框中选择“平面文件目标”，以及输入导出文件的文件夹和文件名等其他设置，如图 10-25 所示。

图10-25　导出为文本文件“教师授课安排.txt”

另一个是在【配置平面文件目标】对话框中，定义行分隔符和列分隔符，如图 10-26 所示。

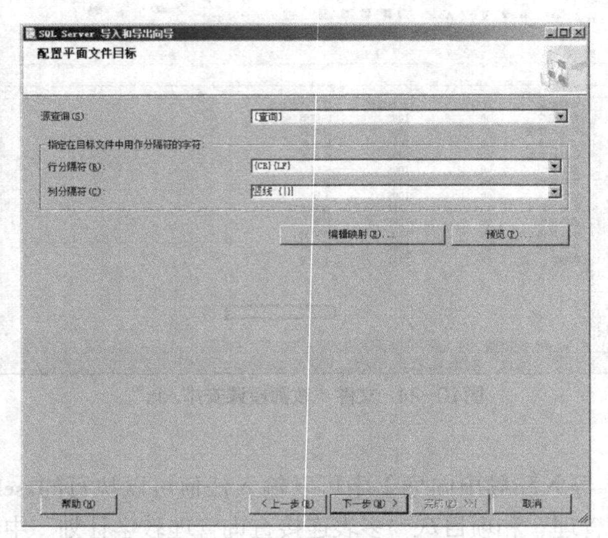

图10-26 定义文本文件中的行列分隔符

任务二 导入文本文件和 Excel 文件

在本任务中介绍如何将文本文件中的数据导入到数据库表中，导入数据的同时创建一个数据库表，以及如何将 Excel 文件中的数据追加到已存在的表中。

（一） 用向导导入文本文件数据

通过对本节的操作，读者应掌握向数据库导入数据的基本操作。

【操作目标】

将文本文件“班级成绩统计.txt”中的数据导入“教学管理数据库”，并建立新表“班级成绩统计表”。

文本文件“班级成绩统计.txt”的内容如下：

```
班级编号|课程名称|总成绩|总人数|平均成绩
'B01'|'数据结构'|249|3|83
'B02'|'数据结构'|169|2|84.5
'B03'|'建筑制图'|165|2|82.5
'B04'|'模型制作'|188|2|94
'B05'|'素描基础'|170|2|85
```

其中第一行作为列名称，建表的时候作为表的列名。

【操作步骤】

STEP 1 启动【SQL Server Management Studio】程序，展开【教学管理实例】节点。在【教学管理数据库】节点上单击鼠标右键，在弹出快捷菜单中连续单击【任务】/【导入数据】菜单项，打开如图 10-3 所示【SQL Server 导入和导出向导】对话框。

STEP 2　单击下一步(N) >按钮，进入【选择数据源】对话框。首先显示的是“常规”设置项。在【数据源(D)】下拉列表框中选择“平面文件源”，在【文件名】文本框中输入“D:\教学管理\班级成绩统计.txt”。设置【文本限定符(Q)】为单引号“'”，并且选中【在第一个数据行中显示列名称(A)】复选框，如图 10-27 所示。

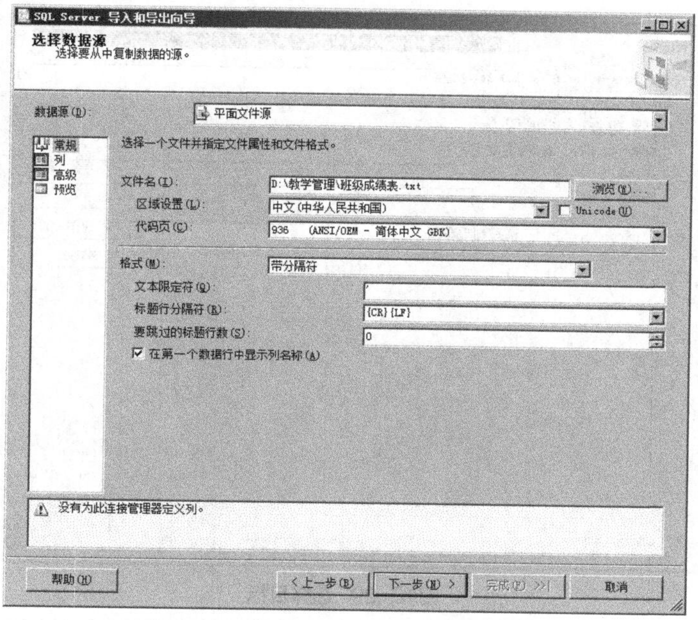

SQL Server 导入和导出向导

选择数据源
选择要从中复制数据的源。

数据源(D):　平面文件源

常规
列
高级
预览

选择一个文件并指定文件属性和文件格式。

文件名(I):　D:\教学管理\班级成绩表.txt　浏览(R)...
区域设置(L):　中文(中华人民共和国)　Unicode(U)
代码页(C):　936　(ANSI/OEM - 简体中文 GBK)

格式(M):　带分隔符
文本限定符(Q):　'
标题行分隔符(R):　{CR}{LF}
要跳过的标题行数(S):　0
在第一个数据行中显示列名称(A)

没有为此连接管理器定义列。

帮助(H)　< 上一步(B)　下一步(N) >　完成(F) >>|　取消

图10-27　定义文本文件为数据源

STEP 3　在图 10-27 左侧，单击【常规】下的【列】，预览对文本文件的解析结果是否正确，如图 10-28 所示。在【高级】的相关设置项中，显示的是对文本文件解析的结果。因为解析的是文本文件，所以“DataType”的设置均为字符串类型。

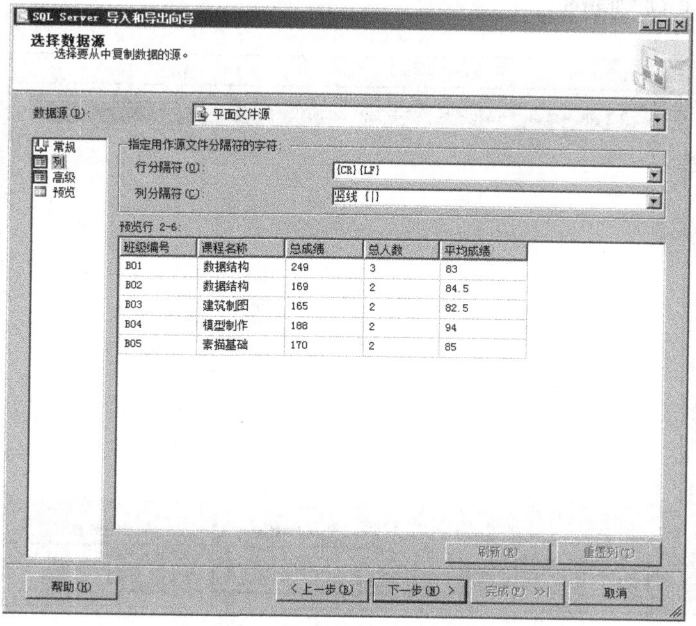

SQL Server 导入和导出向导

选择数据源
选择要从中复制数据的源。

数据源(D):　平面文件源

常规
列
高级
预览

指定用作源文件分隔符的字符:
行分隔符(O):　{CR}{LF}
列分隔符(C):　竖线 {|}

预览行 2-6:

班级编号	课程名称	总成绩	总人数	平均成绩
B01	数据结构	249	3	83
B02	数据结构	169	2	84.5
B03	建筑制图	165	2	82.5
B04	模型制作	188	2	94
B05	素描基础	170	2	85

刷新(R)　重置列(T)

帮助(H)　< 上一步(B)　下一步(N) >　完成(F) >>|　取消

图10-28　预览对文本文件的解析结果

STEP 4 单击 下一步(N) > 按钮，进入【选择目标】对话框。因为要导入到"教学管理数据库"，所以【数据库】下拉列表框中选择"教学管理数据库"，如图 10-29 所示。

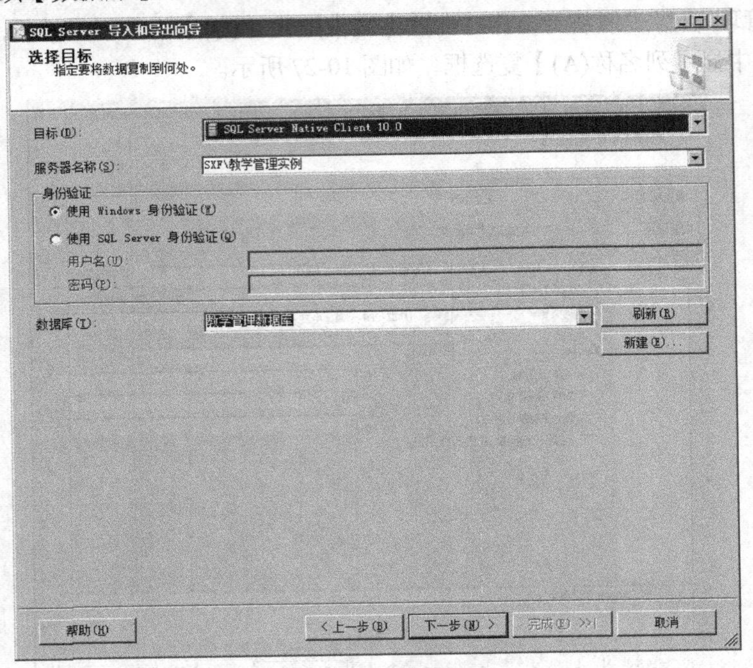

图10-29 选择目标

STEP 5 单击 下一步(N) > 按钮，进入【选择源表和源视图】对话框。在【表和视图(T)】列表框的【源】列选择要导入的文本文件，在【目标】列自动将表名设置为与文本文件同名的"班级成绩表"，如图 10-30 所示。

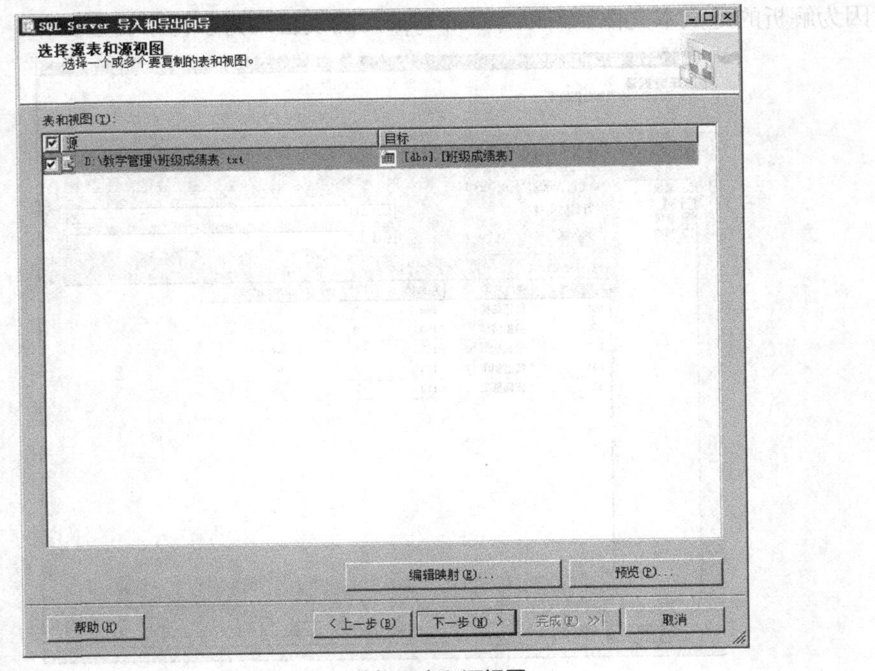

图10-30 选择源表和源视图

STEP 6 在【选择源表和源视图】对话框中，单击编辑映射(E)...按钮，进入【列映射】对话框。在其中可以对要新建的“班级成绩表”定义各个列的数据类型，如图 10-31 所示。因为“班级成绩表”在“教学管理数据库”中不存在，所以此处自动选中【创建目标表】单选按钮。单击确定按钮保存设置，并返回【选择源表和源视图】对话框。

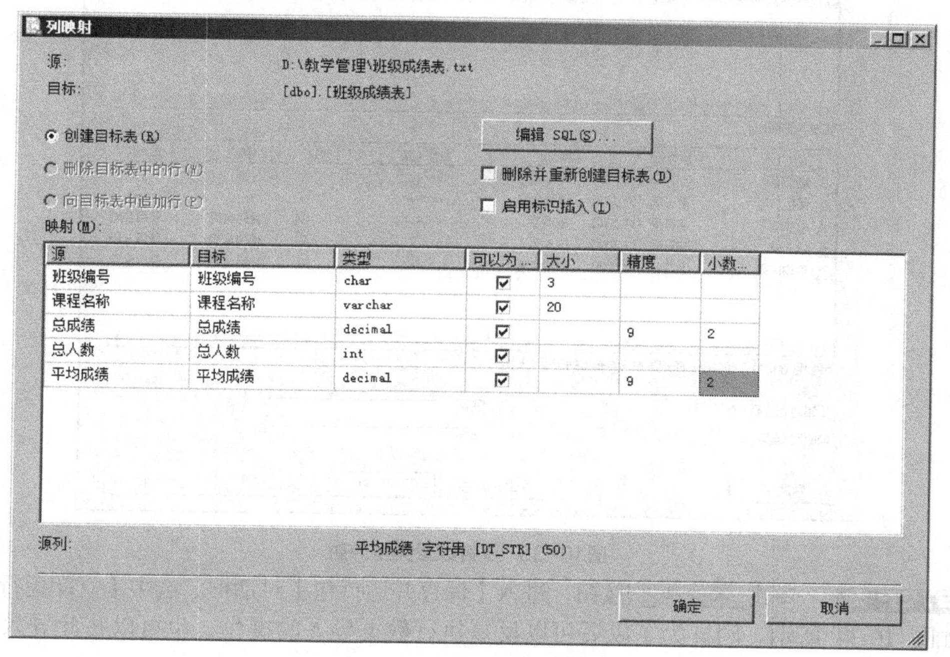

图10-31 为列定义数据类型

STEP 7 在【选择源表和源视图】对话框中，单击预览(P)...按钮，进入【数据视图】对话框，在其中可以查看数据导入“班级成绩表”后的结果，如图 10-32 所示。

数据视图

示例数据(最多为前 200 行)

班级编号	课程名称	总成绩	总人数	平均成绩
B01	数据结构	249	3	83
B02	数据结构	169	2	84.5
B03	建筑制图	165	2	82.5
B04	模型制作	188	2	94
B05	素描基础	170	2	85

关闭

图10-32 预览数据导入后的结果

STEP 8 在【选择源表和源视图】对话框中，单击下一步(N) >按钮，进入【查看数据类型映射】对话框。在其中可以查看数据类型映射的方式是否合适，以及定义数据转换发生错误时的处理方式，如图 10-33 所示。

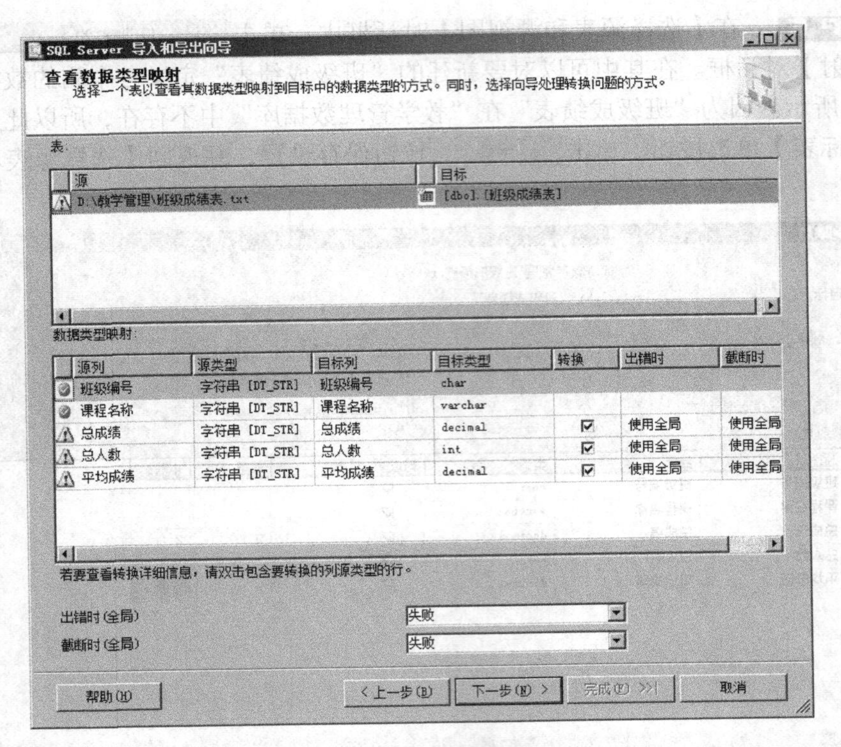

图10-33 查看数据类型映射

STEP 9 单击 下一步(N) > 按钮，进入【保存并运行包】对话框。选中【立即运行】复选框，如图 10-34 所示。同样为了以后可以反复执行数据导入的操作，也可以将此导入数据操作保存成可执行文件。

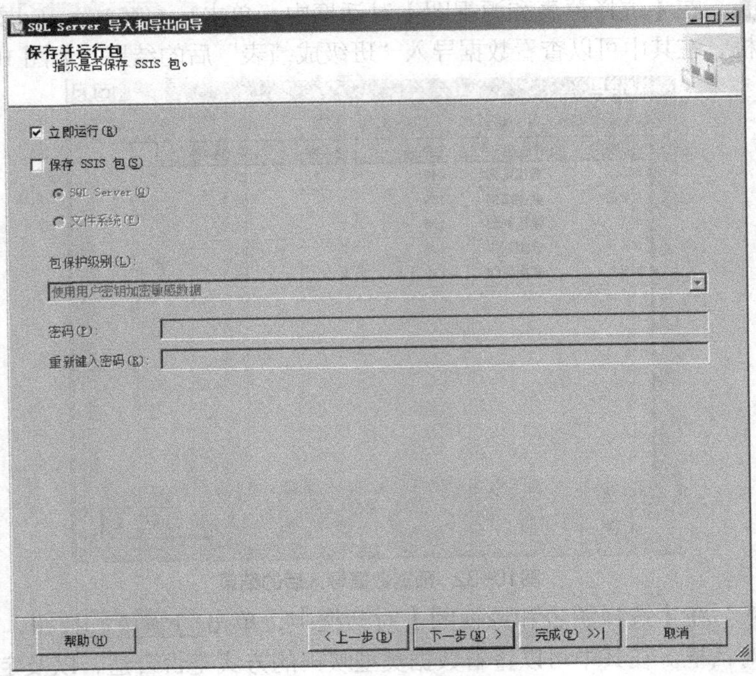

图10-34 保存并运行包

STEP 10 单击 下一步(N) > 按钮，进入【完成该向导】对话框。此处显示的是前面几个步骤的设置，单击 < 上一步(B) 按钮返回到前面的设置，对前面步骤的设置进行修改，如图10-35 所示。

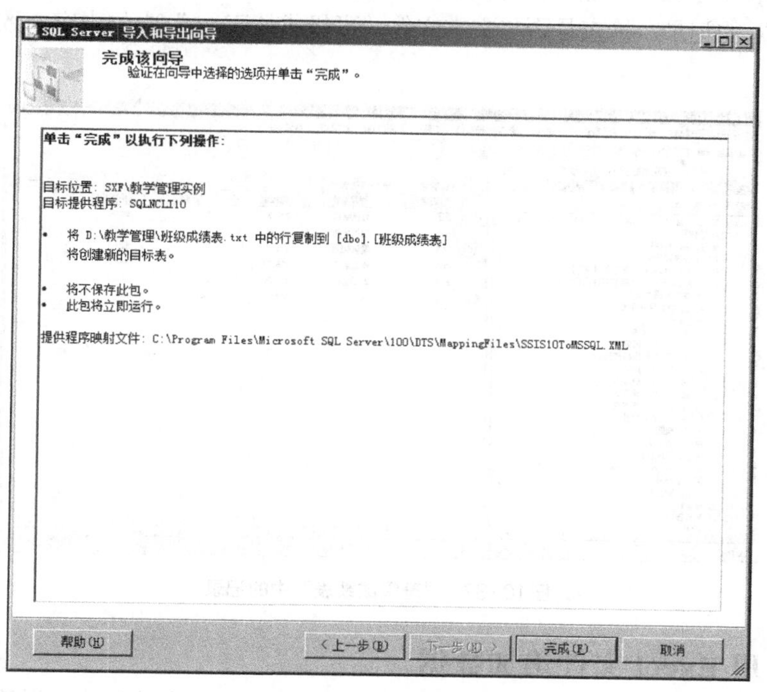

图10-35 完成向导

STEP 11 单击 完成(F) 按钮，执行数据导入操作，并提示执行成功信息，如图10-36 所示。

SQL Server 导入和导出向导

执行成功

成功　11 总计　10 成功　0 错误　1 警告

详细信息(D):

操作	状态	消息
正在初始化数据流任务	成功	
正在初始化连接	成功	
正在设置 SQL 命令	成功	
正在设置源连接	成功	
正在设置目标连接	成功	
正在验证	警告	消息...
准备执行	成功	
执行之前	成功	
正在执行	成功	
正在复制到 [dbo].[班级成绩表]	成功	已传输 5 行
执行之后	成功	

停止(S)　报告(R)　关闭

图10-36 执行成功

STEP 12 单击 关闭 按钮，关闭【SQL Server 导入和导出向导】对话框。在【SQL Server Management Studio】中连续展开【教学管理实例】节点、【教学管理数据库】节点，进一步展开【表】节点。首先查看是否增加了“班级成绩表”子节点，若存在则显示“班级成绩表”的记录。检查是否与文本文件“班级成绩表.txt”中的内容一致，如图 10-37 所示。

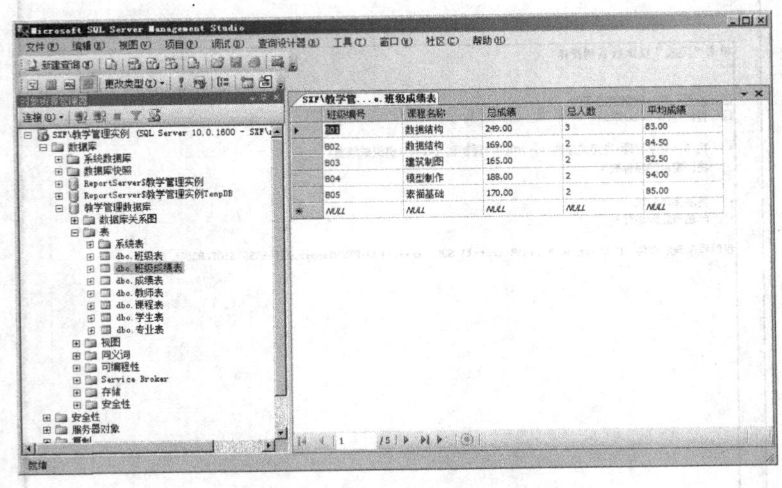

图10-37 “班级成绩表”中的记录

（二） 用 Excel 文件追加数据

通过本节的操作，演示由 Excel 文件向“专业表”和“课程表”中，以追加的方式导入数据。

【操作目标】

将 Excel 文件“新增专业和课程.xls”中的数据导入“专业表”和“课程表”。“新增专业和课程.xls”文件包括两个 Sheet，其内容如图 10-38 和图 10-39 所示。

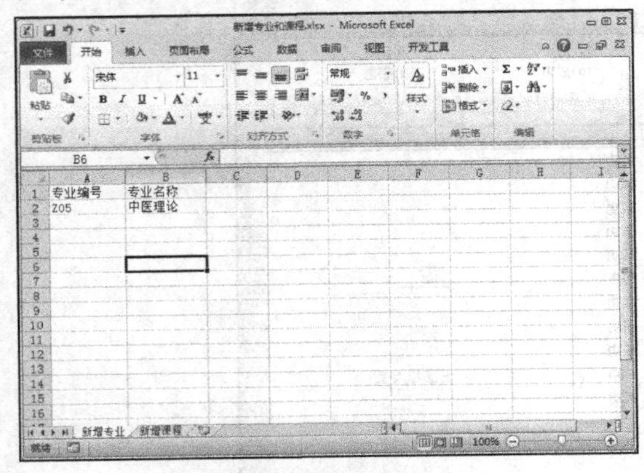

图10-38 新增专业

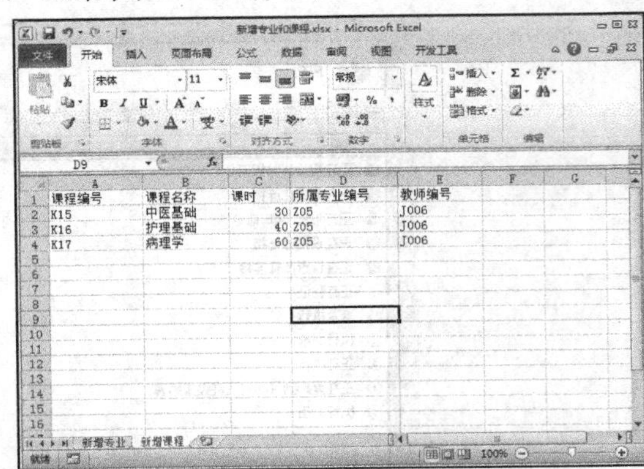

图10-39 新增课程

【操作步骤】

STEP 1 启动【SQL Server Management Studio】程序，展开【教学管理实例】节点。在【教学管理数据库】节点上单击鼠标右键，在弹出的快捷菜单中连续单击【任务】/【导入数据】菜单项，打开如图 10-3 所示的【SQL Server 导入和导出向导】对话框。

STEP 2 单击 下一步(N) > 按钮，进入【选择数据源】对话框。在【数据源】下拉列表中选择“Microsoft Excel”；在【Excel 文件路径】文本框中输入“D:\教学管理\新增专业和课程.xlsx”；在【Excel 版本】列表框中选择“Microsoft Excel 2007”；选中【首行包含列名称】复选框，如图 10-40 所示。

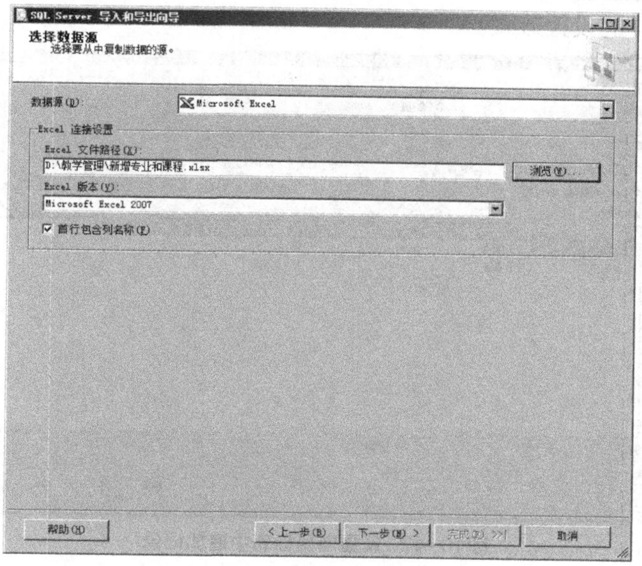

图10-40 选择数据源文件

STEP 3 单击 下一步(N) > 按钮，进入【选择目标】对话框。因为“专业表”和“课程表”在“教学管理数据库”中，所以【数据库】下拉列表框中选择“教学管理数据库”。单击 下一步(N) > 按钮，进入【指定表复制或查询】对话框，选择【复制一个或多个表或视图的数据】单选按钮。

STEP 4 单击 下一步(N) > 按钮，进入【选择源表和源视图】对话框。在【表和视图(T)】的【源】列中显示的是 Excel 文件中的两个 Sheet。在【目标】列中，对于“新增专业”选择“[dbo].[专业表]”，对于“新增课程”选择“[dbo].[课程表]”，如图 10-41 所示。

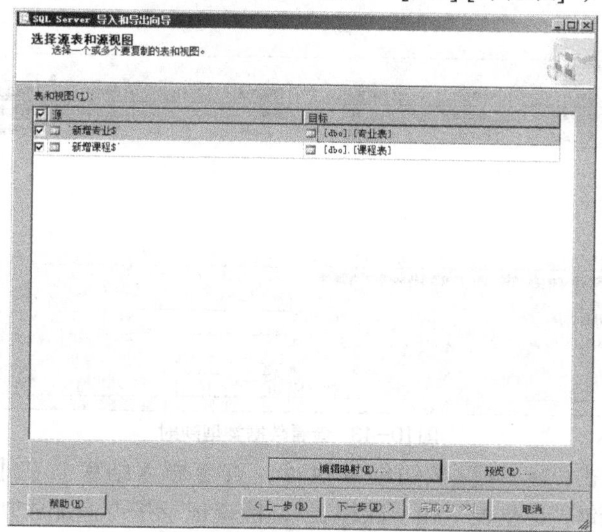

图10-41 选择目标

STEP 5 以“专业表”为例，在如图 10-41 所示的【表和视图(T)】列表框中选中“专业表”所在行，单击 编辑映射(E)... 按钮，显示【列映射】对话框。因为要想表中追加数据，所以此处要选中【向目标表中追加行(P)】单选钮，其余采用默认设置，如图 10-42 所示。单击 确定 按钮关闭【列映射】对话框，返回【选择源表和源视图】。对于“课程表”采用同样的设置方式。

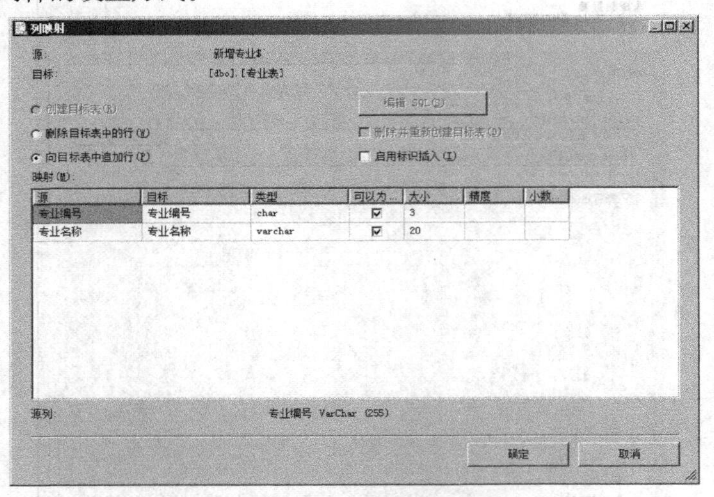

图10-42 设置向目标表中追加记录

STEP 6 单击 下一步(N) > 按钮继续执行，进入【查看数据类型映射】对话框。在其中可以查看数据类型映射的方式是否合适，以及定义数据转换发生错误时的处理方式，如图 10-43 所示。

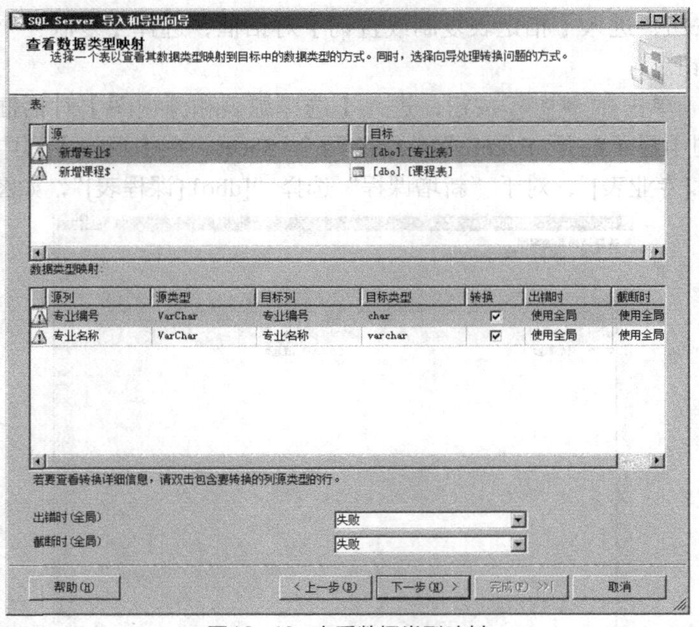

图10-43 查看数据类型映射

STEP 7 单击 下一步(N) > 按钮继续执行，直至导入结束。在【SQL 查询】标签页中，用 select 语句查询“专业表”和“课程表”，检查记录是否追加成功，如图 10-44 所示。

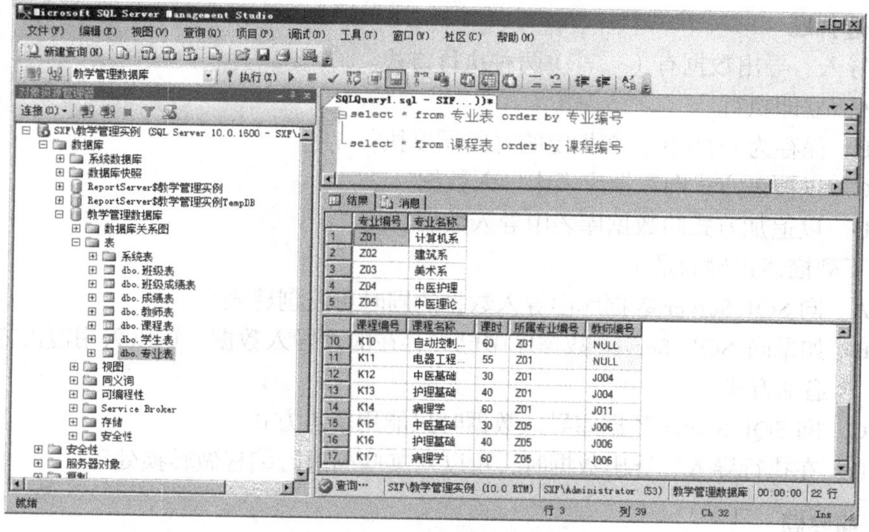

图10-44 查看数据类型映射

实训

通过项目实训的练习，进一步巩固在本项目中所学知识。

【实训要求】

使用项目五中任务二第（四）节中的查询语句，将查询结果导出到 Access 数据库“导出数据库测试.mdb”中，表名为“学生基本信息表”。

【分析提示】

在导出数据前，要保证 Access 数据库的“导出数据库测试.mdb”存在。与 Access 数据库相关的知识请读者参考相关资料。

（1）在【选择数据源】对话框中选择“教学管理数据库”。

（2）在【选择目标】对话框的【目标】下拉列表中选择“Microsoft Access”，在【Access 文件路径】文本框中输入“D:\教学管理\导出数据库测试.mdb”。

（3）在【指定表复制或查询】对话框中选中【编写查询以指定要输出的数据】单选钮。

（4）在【SQL 语句】文本框中输入查询语句。

（5）在【选择源表和源视图】对话框中指定“学生基本信息表”。

思考与练习

一、填空题

1. SQL Server 的导入、导出数据操作也称为______，是指在______之间、SQL Server 与________之间、SQL Server 与________之间互相传递数据的操作。

2. SQL Server 导入、导出数据时可以采用________和________两种方式指定数据源。

3. 向 SQL Server 数据库中已经存在的表中导入数据时，有__________和_________两种方式。

二、选择题

1. 导入、导出数据有（　　）两种执行方式。
   A. 立即执行
   B. 保存为 DTS 包，在指定的时间调度执行
   C. 以覆盖方式向数据库表中导入数据
   D. 以追加方式向数据库表中导入数据
2. 下列描述正确的是（　　）。
   A. 向 SQL Server 数据库中导入数据的同时可以创建表
   B. 如果向 SQL Server 数据库中已经存在的表导入数据，可以采用覆盖方式和追加方式
   C. 向 SQL Server 数据库导入数据时只能用覆盖方式
   D. 在执行导入、导出数据时，可以对某些列进行编程做转换处理

三、简答题

1. 简述将表中的数据导出为 Excel 文件的基本流程。
2. 简述将 Excel 文件中的数据以追加方式导入数据库的基本流程。

四、操作题

用查询语句将查询结果导出为文本文件，查询结果的间隔符为“|”。查询结果要求从“成绩表”“课程表”和“学生表”中选择选修了编号为“K01”课程的“学生姓名”“课程名称”和“成绩”。

附录A SQL Server的内置函数

一、系统函数

1. 返回列的定义长度 col_length

【功能】

返回列的定义长度（以字节为单位）。

【语法】

语法格式：col_length('table','column')

参数：

输入参数	说　明
table	要确定其列长度信息的表的名称。table 是 nvarchar 类型的表达式
column	要确定其长度的列的名称。column 是 nvarchar 类型的表达式

返回值类型：smallint

【示例】

```
select col_length('master.dbo.spt_values','name')
返回
70
```

2. 如果两个指定的表达式的值相等则返回空值 nullif

【功能】

如果两个指定的表达式的值相等，则返回空值。

【语法】

语法格式：nullif(expression1,expression2)

参数：

输入参数	说　明
expression1	常量、列名、函数、子查询或算术运算符、位运算符，以及字符串运算符的任意组合
expression2	常量、列名、函数、子查询或算术运算符、位运算符，以及字符串运算符的任意组合

返回值类型：返回类型与第 1 个 expression 相同。如果两个表达式的值不相等，则 nullif 返回第 1 个 expression 的值。如果表达式的值相等，则 nullif 返回第 1 个 expression 类型的空值。

3. 确定输入的表达式是否为有效的日期 isdate

【功能】

确定输入的表达式是否为有效日期。如果输入的表达式是有效日期，那么 isdate 返回 1，否则返回 0。

【语法】

语法格式：isdate(expression)

参数：

输入参数	说　明
expression	要验证其是否为日期的表达式。expression 是 text、ntext 表达式和 image 表达式以外的任意表达式，可以隐式转换为 nvarchar

返回值类型：int

【示例】

```
select isdate('2006-6-1') '有效日期',isdate('2006-6-31') '无效日期'
返回
 有效日期   无效日期
 ……     ……
 1       0
```

4. 判断表达式的值是否为空 isnull

【功能】

根据表达式的值是否为空，返回一个布尔值结果。

【语法】

语法格式：isnull(expression)

参数：

输 入 参 数	说　明
expression	任何数据类型的有效表达式

返回值类型：boolean

5. 确定表达式是否为一个有效的数值类型 isnumeric

【功能】

确定表达式是否为有效的数值类型。当输入表达式的计算值为有效的整数、浮点数、money 或 decimal 类型时，isnumeric 返回 1，否则返回 0。返回值为 1 时，表示可将参数表达式转换为上述数值类型中的任意一种。

【语法】

语法格式：isnumeric(expression)

参数：

输 入 参 数	说　明
expression	要计算的表达式

返回值类型：int

二、日期和时间函数

1. 返回代表指定日期的天的日期部分的整数 day

【功能】

返回一个整数，表示日期的“日”部分。

【语法】

语法格式：day(date)

参数：

输入参数	说明
date	以日期格式返回有效的日期或字符串的表达式

返回值类型：int

【示例】

假设当前日期为2006年6月1日，显示日期。

```
select day('2006-6-1')
返回
1
```

2. 返回代表指定日期月份的整数 month

【功能】

返回一个表示日期中的“月份”部分的整数。

【语法】

语法格式：month(date)

参数：

输入参数	说明
date	是任意日期格式的表达式

返回值类型：int

【示例】

假设当前日期为2006年6月1日，显示月份。

```
select month('2006-6-1')
返回
6
```

3. 返回表示指定日期中的年份的整数 year

【功能】

返回一个表示日期中的“年份”部分的整数。

【语法】

语法格式：year(date)

参数：

输 入 参 数	说 明
date	是任意日期格式的表达式

返回值类型：int

【示例】

假设当前日期为 2006 年 6 月 1 日，显示年份。

```
select year('2006-6-1')
```

返回

```
2006
```

4. 返回在指定的日期加上一段时间后的新日期和时间 dateadd

【功能】

通过向指定日期添加间隔，返回新的 datetime 值。

【语法】

语法格式：dateadd (datepart,number,date)

参数：

输入参数	说 明
datepart	指定要作为新值返回的日期部分的参数。关于 datepart 的选项关键字及缩写见【备注】
number	用于增加 datepart 的值。这是精确数字或近似数字数据类型类别的表达式，或者是可以隐式转换为 float 类型的表达式。如果指定的值不是整数，将丢弃该值的小数部分
date	返回可以隐式转换为 datetime 的值的表达式，或者是日期格式的 Unicode 字符串。为了避免产生歧义，请使用 4 位表示年份

返回值类型：datetime

【备注】

datepart 选项关键字及缩写：

选项关键字	缩 写	选项关键字	缩 写
year（年份）	yy 或 yyyy	week（星期）	wk 或 ww
quarter（季度）	qq 或 q	hour（小时）	hh
month（月份）	mm 或 m	minute（分钟）	mi 或 n
dayofyear（每年的某一日）	dy 或 y	second（秒）	ss 或 s
day（日期）	dd 或 d	millisecond（毫秒）	ms

【示例】

假设当前日期为 2006 年 6 月 1 日。

【例 1】 显示当前日期一年后的日期。

```
select dateadd(yyyy,1,'2006-6-1')
或写成 select dateadd(year,1,'2006-6-1')
```

返回

```
2007-06-01 00:00:00.000
```

【例 2】 显示当前日期一个季度以后的日期。

```
select dateadd(qq,1,'2006-6-1')
或写成 dateadd(quarter,1,'2006-6-1')
```

返回

```
2006-09-01 00:00:00.000
```

【例 3】 显示当前日期一周后的日期。

```
select dateadd(wk,1,'2006-6-1')
或写成 dateadd(week,1,'2006-6-1')
```

返回

```
2006-06-08 00:00:00.000
```

5. 返回跨两个指定日期的日期和时间边界数 datediff

【功能】

返回跨两个指定日期（起始日期、结束日期）的日期边界数和时间边界数。结束日期减起始日期；如果起始日期晚于结束日期，则返回负值。

【语法】

语法格式：datediff(datepart,startdate,enddate)

参数：

输入参数	说明
datepart	指定要作为新值返回的日期部分的参数。关于 datepart 的选项关键字及缩写见【备注】
startdate	计算的开始日期
enddate	计算的结束日期

返回值类型：integer

【备注】

datepart 选项关键字及缩写：

选项关键字	缩写	选项关键字	缩写
year（年份）	yy 或 yyyy	week（星期）	wk 或 ww
quarter（季度）	qq 或 q	hour（小时）	hh
month（月份）	mm 或 m	minute（分钟）	mi 或 n
dayofyear（每年的某一日）	dy 或 y	second（秒）	ss 或 s
day（日期）	dd 或 d	millisecond（毫秒）	ms

【示例】

假设起始日期为 2006 年 6 月 1 日，结束日期为 2007 年 6 月 1 日。

【例 1】 显示起始日期与结束日期之间间隔的年数。

```
select datediff(year,'2006-6-1','2007-6-1')
```

返回

```
1
```

【例 2】 显示起始日期与结束日期之间间隔的季度数。

```
select datediff(quarter,'2006-6-1','2007-6-1')
```

返回

```
4
```

【例 3】 显示起始日期与结束日期之间间隔的天数。

```
select datediff(day,'2006-6-1','2007-6-1')
```

返回

```
365
```

6. 返回代表指定日期的日期组成成员的整数值 datepart

【功能】

返回表示指定日期的日期组成成员的整数值，例如，某日期的年、月、日、季度、星期、小时、分钟或秒等。

【语法】

语法格式：datepart(datepart,date)

参数：

输入参数	说　明
datepart	指定要作为新值返回的日期部分的参数。关于 datepart 的选项关键字及缩写见【备注】
date	datetime 或 smalldatetime 值，或日期格式的字符串

返回值类型：int

【备注】

datepart 选项关键字及缩写：

选项关键字	缩　写	选项关键字	缩　写
year（年份）	yy 或 yyyy	week（星期）	wk 或 ww
quarter（季度）	qq 或 q	hour（小时）	hh
month（月份）	mm 或 m	minute（分钟）	mi 或 n
dayofyear（每年的某一日）	dy 或 y	second（秒）	ss 或 s
day（日期）	dd 或 d	millisecond（毫秒）	ms

【示例】

假设当前日期为2006年6月1日。

【例1】 显示当前日期的年。

```
select datepart(year,'2006-6-1')
返回
2006
```

【例2】 显示当前日期的季度。

```
select datepart(quarter,'2006-6-1')
返回
2
```

7. 按标准内部格式返回当前系统日期和时间 getdate

【功能】

按Microsoft SQL Server 2000支持的datetime值的标准内部格式返回当前系统日期和时间。

【语法】

语法格式：getdate()

参数：无

返回值类型：datetime

【示例】

假设当前日期为2006年6月1日，显示当前日期及时间。

```
select getdate()
返回
2006-06-01 10:57:05.253
```

三、与长度和分析相关的字符串函数

1. 返回字符串表达式所占的字符数 len

【功能】

返回用于表示字符串表达式的字符个数。中文单字为一个字符。

【语法】

语法格式：len(expression)

参数：

输入参数	说明
expression	任意数据类型的表达式

返回值类型：int

【示例】

```
select len ('微软 SQL Server 2000 企业版')
```

返回

```
20
```

2. 返回字符串表达式所占用的字节数 datalength

【功能】

返回用于表示字符串表达式的字节数。中文单字为两个字节。

【语法】

语法格式：datalength(expression)

参数：

输入参数	说明
expression	任意数据类型的表达式

返回值类型：int

【示例】

```
select datalength('微软 SQL Server 2000 企业版')
```

返回

```
25
```

3. 返回字符串表达式的一部分 substring

【功能】

返回字符串表达式、二进制表达式、文本表达式或图像表达式的一部分。

【语法】

语法格式：substring(expression,start,length)

参数：

输入参数	说明
expression	是字符串、二进制字符串、文本、图像、列或包含列的表达式。不要使用包含聚合函数的表达式
start	指定子字符串开始位置的整数。start 可以为 bigint 类型
length	一个正整数，指定要返回的 expression 的字符数或字节数。如果 length 为负，则会返回错误。length 可以是 bigint 类型。中文单字长度为 1

返回值类型：如果 expression 是受支持的字符数据类型，则返回字符数据。如果 expression 是受支持的 binary 数据类型，则返回二进制数据。

【示例】

```
select substring('微软 SQL Server 2000 企业版',3,15)
```

返回

```
SQL Server 2000
```

4. 返回字符串中从右边开始指定个数的字符 right

【功能】

返回字符串中从右边开始指定个数的字符。

【语法】

语法格式：right(character_expression,integer_expression)

参数：

输入参数	说　明
character_expression	字符或二进制数据表达式。character_expression 可以是常量、变量或列，character_expression 可以是任何能够隐式转换为 varchar 或 nvarchar 的数据类型
integer_expression	正整数，指定 character_expression 将返回的字符数。如果 integer_expression 为负，则会返回错误。integer_expression 可以是 bigint 类型

返回值类型：varchar 或 nvarchar

【示例】

```
    select right('微软 SQL Server 2000 企业版',18)
返回
    SQL Server 2000 企业版
```

5. 返回字符串从左边开始指定个数的字符 left

【功能】

返回字符串中从左边开始指定个数的字符。

【语法】

语法格式：left(character_expression,integer_expression)

参数：

输入参数	说　明
character_expression	字符或二进制数据表达式。character_expression 可以是常量、变量或列，character_expression 可以是任何能够隐式转换为 varchar 或 nvarchar 的数据类型
integer_expression	正整数，指定 character_expression 将返回的字符数。如果 integer_expression 为负，则会返回错误。integer_expression 可以是 bigint 类型

返回值类型：varchar 或 nvarchar

【示例】

```
    select left('微软 SQL Server 2000 企业版',17)
返回
微软 SQL Server 2000
```

四、字符操作的函数

1. 返回将小写字符数据转换为大写的字符表达式 upper

【功能】

返回将小写字符数据转换为大写的字符表达式。

【语法】

语法格式：upper(character_expression)

参数：

输 入 参 数	说　明
character_expression	可以隐式转换为 nvarchar 或 ntext 字符或二进制数据的表达式

返回值类型：nvarchar 或 ntext

【示例】

```
select upper('Microsoft SQL Server 2000 Enterprise Edition')
返回
MICROSOFT SQL SERVER 2000 ENTERPRISE EDITION
```

2. 返回将大写字符数据转换为小写的字符表达式 lower

【功能】

将大写字符数据转换成小写后返回字符表达式。

【语法】

语法格式：lower(character_expression)

参数：

输 入 参 数	说　明
character_expression	字符数据类型或二进制数据类型的表达式，或者可以隐式转换为 nvarchar 或 ntext 数据类型的表达式

返回值类型：nvarchar 或 ntext

【示例】

```
select lower('MICROSOFT SQL SERVER 2000 ENTERPRISE EDITION')
返回
microsoft sql server 2000 enterprise edition
```

3. 返回由重复的空格组成的字符串 space

【功能】

返回由重复的空格组成的字符串。

【语法】

语法格式：space(integer_expression)

参数：

输 入 参 数	说　明
ineger_expression	正整数或者可隐式转换为 int 的表达式，用于表示空格个数。如果 integer_expression 为负数或大于 255，则返回空字符串

返回值类型：nvarchar

【示例】

```
select 'SQL SERVER 2000'+space(6)+'企业版'
```

返回

```
SQL SERVER 2000      企业版
```

4. 以指定的次数重复字符表达式 replicate

【功能】

按指定的次数重复字符表达式。

【语法】

语法格式：replicate(character_expression,integer_expression)

参数：

输入参数	说明
character_expression	字符数据型的字母数字表达式，或者可以隐式转换为 nvarchar 或 ntext 的其他数据类型的字母数字表达式
integer_expression	可以隐式转换为 int 的表达式。如果 integer_expression 为负，将返回空字符串

返回值类型：nvarchar 或 ntext

【示例】

```
select replicate('SQL Server 2000 ',2)
```

返回

```
SQL Server 2000 SQL Server 2000
```

5. 返回字符表达式的逆向表达式 reverse

【功能】

按相反顺序返回字符表达式的逆向表达式。

【语法】

语法格式：reverse(character_expression)

参数：

输入参数	说明
character_expression	是要反转的字符表达式。可以是常量、变量，也可以是字符列或二进制数据列

返回值类型：varchar 或 nvarchar

【示例】

```
select reverse('1234567890')
```

返回

```
0987654321
```

6. 删除指定长度的字符，并在指定的起始点插入另一组字符 stuff

【功能】

删除指定长度的字符，并在指定的起点处插入另一组字符。

【语法】

语法格式：

stuff(character_expression1,start,length,character_expression2)

参数：

输入参数	说明
character_expression1	被删除并被替换的字符数据表达式。character_expression 可以是常量、变量，也可以是字符列或二进制数据列
start	整数值，指定删除和插入的开始位置。如果 start 或 length 为负，则返回空字符串。如果 start 比第一个 character_expression 长，则返回空字符串
length	整数，指定要删除的字符数。如果 length 比第一个 character_expression 长，则最多删除到最后一个 character_expression 中的最后一个字符
character_expression2	用于替换的字符数据表达式。可以是常量、变量，也可以是字符列或二进制数据列

返回值类型：如果 character_expression 是受支持的字符数据类型，则返回字符数据；如果 character_expression 是一个受支持的 binary 数据类型，则返回二进制数据。

【示例】

```
    select  stuff('SQL  Server  企 业 版 ',12,3,'2000  Enterprise
Edition')
  返回
    SQL Server 2000 Enterprise Edition
```

7. 截断所有尾随空格后返回一个字符串 rtrim

【功能】

截断所有尾随空格后返回一个字符串。

【语法】

语法格式：rtrim(character_expression)

参数：

输入参数	说明
character_expression	字符数据表达式。character_expression 可以是常量、变量，也可以是字符列或二进制数据列

返回值类型：varchar 或 nvarchar

【示例】

```
    select rtrim('SQL Server 2000     ')+' Enterprise Edition'
  返回
    SQL Server 2000 Enterprise Edition
```

8. 返回删除前导空格之后的字符表达式 ltrim

【功能】

返回删除了前导空格之后的字符表达式。

【语法】

语法格式：ltrim(character_expression)

参数：

输入参数	说 明
character_expression	字符数据表达式。character_expression 可以是常量、变量，也可以是字符列或二进制数据列

返回值类型：varchar 或 nvarchar

【示例】

```
select 'SQL Server 2000 '+ltrim('     Enterprise Edition')
返回
SQL Server 2000 Enterprise Edition
```

9. 返回字符表达式中最左端字符的 ASCII 值 ascii

【功能】

返回字符表达式中最左侧的字符的 ASCII 值。

【语法】

语法格式：ascii(character_expression)

参数：

输入参数	说 明
character_expression	char 或 varchar 类型的表达式

返回值类型：int

【示例】

```
select ascii('S'),ascii('SQL Server 2000 Enterprise Edition')
返回
83  83
```

10. 将整型 ASCII 转换为字符的字符串函数 char

【功能】

将整型数值的 ASCII 值转换为字符。

【语法】

语法格式：char(integer_expression)

参数：

输入参数	说 明
integer_expression	介于 0～255 之间的整数。如果该整数表达式不在此范围内，将返回 NULL 值

返回值类型：char(1)

【备注】

char 可用于将控制字符插入字符串中。下表显示了一些常用的控制字符。

控 制 符	ASCII 码值
制表符	9
换行符	10
回车符	13

【示例】

```
select char(83)+char(81)+char(76)+char(32)
+char(83)+char(101)+char(114)+char(118)+char(101)+char(114)
返回
SQL Server
```

五、字符串查找函数

1. 返回字符串中指定表达式的起始位置 charindex

【功能】

返回字符串中指定表达式的开始位置。

【语法】

语法格式：charindex(expression1,expression2[,start_location])

参数：

输 入 参 数	说 明
expression1	表达式，其中包含要查找的字符的序列。expression1 是一个字符串数据类别的表达式
expression2	表达式，通常是一个为指定序列搜索的列。expression2 属于字符串数据类别
start_location	可选项。开始在 expression2 中搜索 expression1 时的字符位置。如果 start_location 未被指定、是一个负数或零，则将从 expression2 的开头开始搜索

返回值类型：int

【示例】

```
select charindex('SQL Server','Microsoft SQL Server 2000')
返回
11
```

2. 返回指定表达式中某模式第一次出现的起始位置 patindex

【功能】

返回指定表达式中某模式第一次出现的起始位置，如果在全部有效的文本和字符数据类型中没有找到该模式，则返回零。

【语法】

语法格式：patindex('%pattern%',expression)

参数：

输入参数	说明
pattern	一个文字字符串。可以使用通配符，但 pattern 之前和之后必须有%字符（搜索第一个或最后一个字符时除外）。pattern 是字符串表达式
expression	一个表达式，通常为要在其中搜索指定模式的列，expression 为字符串表达式

返回值类型：如果 expression 的数据类型为 varchar(max)或 nvarchar(max)，则为 bigint，否则为 int。

【示例】

```
select patindex('%SQL Server%','Microsoft SQL Server 2000')
```

返回

```
11
```

六、数学函数

数学函数的说明及表达式如下。

函数	说明	表达式
abs	返回指定数值表达式的绝对值（正值）的数学函数	abs(numeric_expression)
acos	返回其余弦是所指定的 float 表达式的角（弧度）。它也称为反余弦函数	acos(float_expression)
asin	返回以弧度表示的角，其正弦为指定的 float 表达式。它也称为反正弦函数	asin(float_expression)
atan	返回以弧度表示的角，其正切为指定的 float 表达式。它也称为反正切函数	atan(float_expression)
atn2	返回以弧度表示的角，其正切为两个指定的 float 表达式的商。它也称为反正切函数	atn2(float_expression,float_expression)
ceiling	返回大于或等于指定数值表达式的最小整数	ceiling(numeric_expression)
cos	返回指定表达式中以弧度表示的指定角的三角余弦	cos(float_expression)
cot	返回指定的 float 表达式中所指定角度（以弧度为单位）的三角余切值	cot(float_expression)
degrees	返回以弧度指定的角的相应角度	degrees(numeric_expression)
exp	返回指定的 float 表达式的指数值	exp(float_expression)
floor	返回小于或等于指定数值表达式的最大整数	floor(numeric_expression)
log	返回指定 float 表达式的自然对数	log(float_expression)
log10	返回指定 float 表达式的常用对数（即以 10 为底的对数）	log10(float_expression)

续表

函数	说　明	表 达 式
pi	返回 pi 的常量值	pi()
power	返回指定表达式的指定幂的值	power(numeric_expression,y)
radians	根据数值表达式中输入的度数值返回弧度值	radians(numeric_expression)
rand	返回从 0 和 1 之间的随机 float 值	rand([seed])
round	返回一个数值表达式，舍入到指定的长度或精度	round(numeric_expression,length[,function])
sign	返回指定表达式的符号：正号（+1）、零（0）或负号（-1）	sign(numeric_expression)
sin	以近似数字(float)表达式返回指定角度（以弧度为单位）的三角正弦值	sin(float_expression)
sqrt	返回指定表达式的平方根	sqrt(float_expression)
square	返回指定表达式的平方	square(float_expression)
tan	返回输入表达式的正切值	tan(float_expression)

七、类型转换函数

1. cast

【功能】

将一种数据类型的表达式显式转换为另一种数据类型的表达式。cast 和 convert 提供相似的功能。

【语法】

语法格式：cast(expression as data_type[(length)])

参数：

输 入 参 数	说　明
expression	任何有效的表达式
data_type	输出结果的数据类型，包括 xml、bigint 和 sql_variant。不能使用别名数据类型
length	nchar、nvarchar、char、varchar、binary 或 varbinary 数据类型的可选参数。对于 convert，如果未指定 length，则默认为 30 个字符

返回值类型：返回与 data_type 类型相同的值。

【示例】

比较以下两个 Transact-SQL 语句是否能成功执行：

```
select 'SQL Server '+cast(2000 as varchar)+' Enterprise Edition'
select 'SQL Server '+2000+'Enterprise Edition'
```

返回第 1 条语句的执行结果，第 2 条语句由于数据类型不一致未执行。

```
SQL Server 2000 Enterprise Edition
```

2. convert

【功能】

将一种数据类型的表达式显式转换为另一种数据类型的表达式。cast 和 convert 提供相似的功能。

【语法】

语法格式：convert(data_type[(length)],expression[,style])

参数：

输入参数	说　　明
data_type	作为目标的系统提供数据类型，包括 xml、bigint 和 sql_variant。不能使用别名数据类型
length	nchar、nvarchar、char、varchar、binary 或 varbinary 数据类型的可选参数。对于 convert，如果未指定 length，则默认为 30 个字符
expression	任何有效的表达式
style	用于将 datetime 或 smalldatetime 数据转换为字符数据（char、varchar、nchar 或 nvarchar 数据类型）的日期格式的样式，或用于将 float、real、money 或 smallmoney 数据转换为字符数据（char、varchar、nchar 或 nvarchar 数据类型）的字符串格式的样式。如果 style 为 NULL，则返回的结果也为 NULL

返回值类型：返回与 data_type 类型相同的值。

【示例】

```
select '当前日期是：'+convert(varchar,getdate(),21)
```

返回

```
当前日期是：2006-09-07 14:51:17.00
```

附录B　创建SQL Server的ODBC

一、什么是 ODBC

开放式数据库互连（Open Database Connectivity，ODBC）是 Microsoft 公司提供的一组 Windows API 程序，提供统一的界面，使应用程序与不同类型的数据库打交道。ODBC 有以下 4 个组成部分。

- 应用程序（Application）：根据应用的需要而编写的程序。例如，学籍管理、成绩统计等。
- ODBC 管理器（ODBC manager）：ODBC 的核心程序，负责处理各种应用程序向不同类型数据库提出的处理请求。
- ODBC 驱动程序（ODBC Drivers）：针对不同类型的数据库，提供不同的驱动程序。
- 数据源（Data Sources）：应用程序最终要访问的数据库。

以上 4 个部分的关系如图 B1 所示。

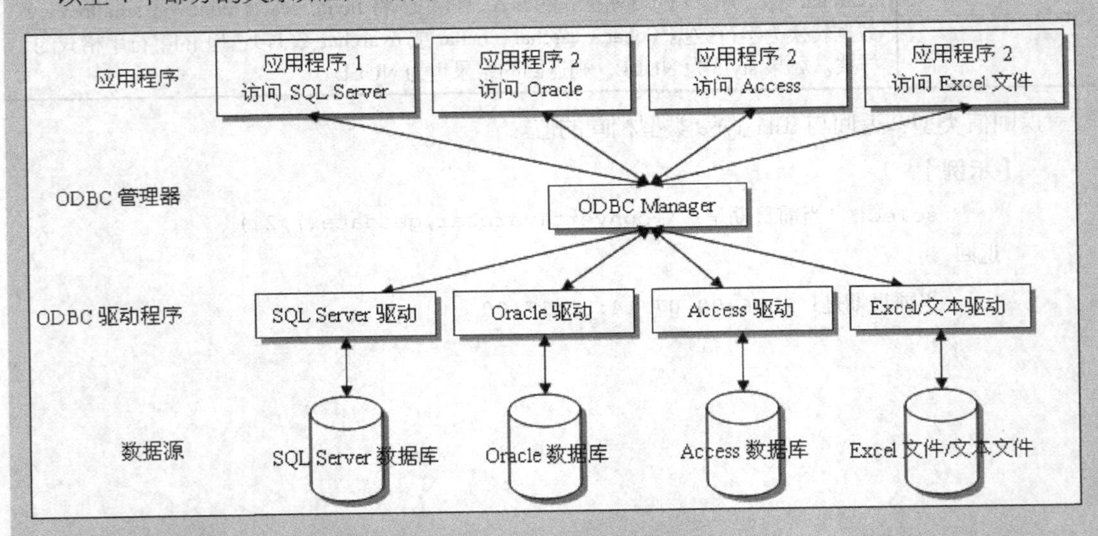

图 B1　ODBC 的 4 个组件之间的关系

二、创建 SQL Server 的 ODBC

【操作要求】

创建 SQL Server 的 ODBC，要求如下。

- 名称：SQLServer_ODBC。
- ODBC 驱动程序：SQL Server。
- 数据源：“教学管理实例”的“教学管理数据库”。

【步骤提示】

STEP 1　打开操作系统【控制面板】程序组，继续打开【管理工具】程序组，如图 B2 所示。

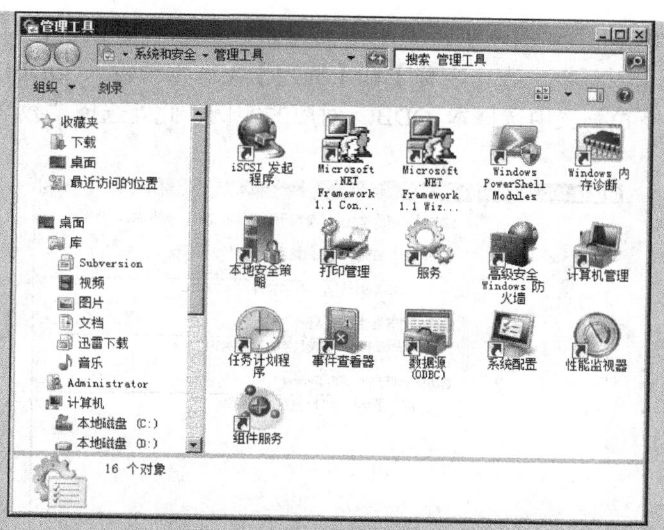

图 B2 【管理工具】程序组

STEP 2 单击数据源(ODBC)程序图标，打开【ODBC 数据源管理器】窗口，默认选中【用户 DSN】标签页，如图 B3 所示。

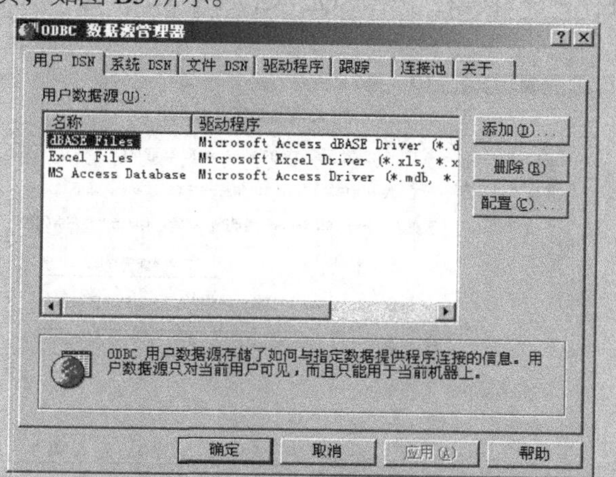

图 B3 【ODBC 数据源管理器】窗口

STEP 3 单击 添加(D)... 按钮，打开【创建新数据源】对话框。在驱动程序列表框中选中“SQL Server”，如图 B4 所示。

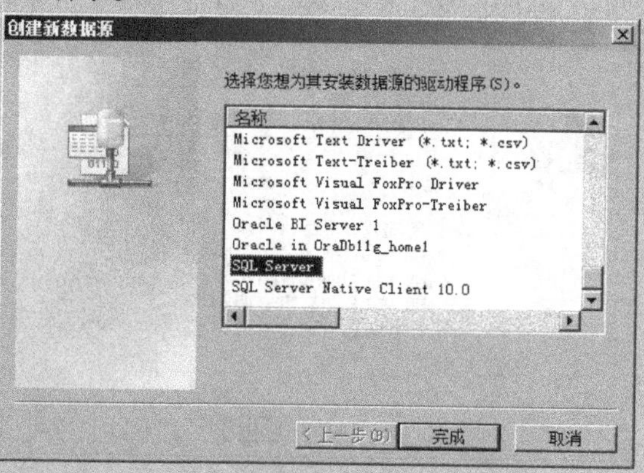

图 B4 选择驱动程序

STEP 4 单击[完成]按钮，关闭【创建新数据源】对话框，打开【创建到 SQL Server 的新数据源】对话框，在【名称】和【描述】文本框中输入 ODBC 的名称和说明信息，在【服务器】下拉列表中选择本 ODBC 对应的实例，此处选择“教学管理实例”，如图 B5 所示。

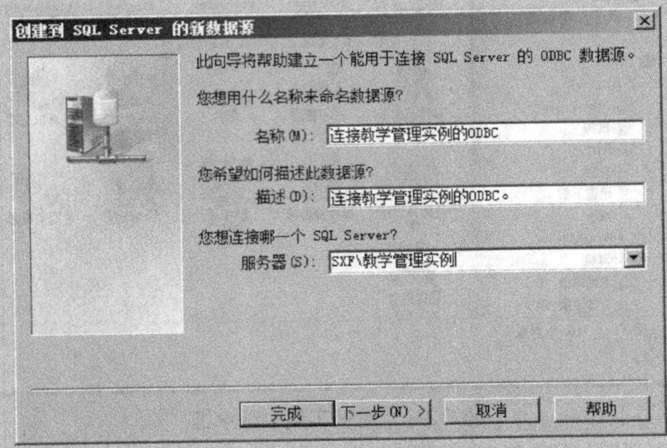

图 B5　设置 ODBC 的名称和对应实例

STEP 5 单击[下一步(N) >]按钮，选择 SQL Server 登录时的身份验证方式。此处采用默认设置，如图 B6 所示。

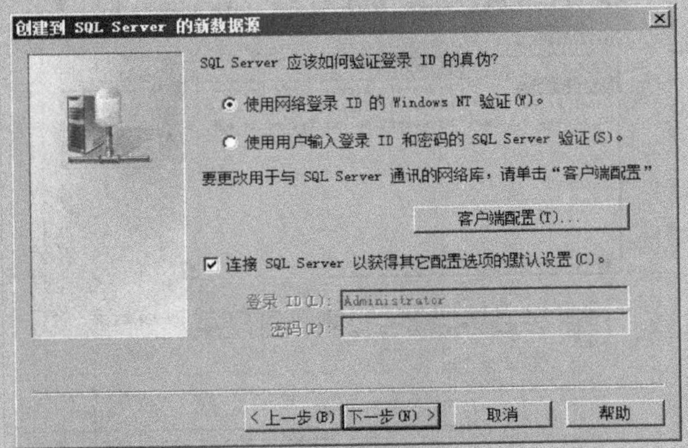

图 B6　设置身份验证方式

STEP 6 单击[下一步(N) >]按钮，选择登录后连接的数据库。选中【更改默认的数据库为】复选框，并在下拉列表中选择“教学管理数据库”，如图 B7 所示。

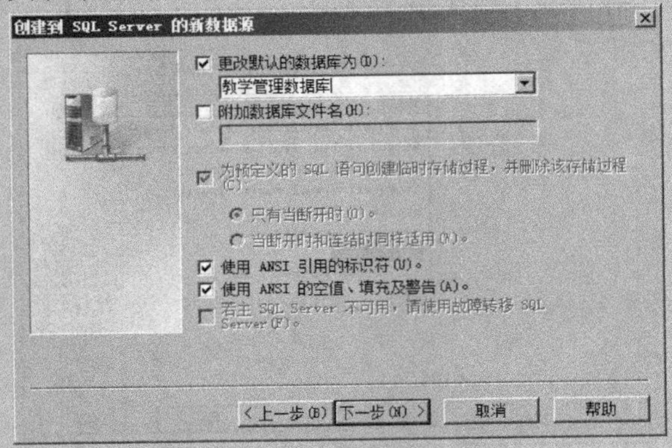

图 B7　选择登录后连接的数据库

STEP 7 单击 下一步(N) > 按钮，设置语言、ODBC 日志等其他属性。此处采用默认设置，如图 B8 所示。

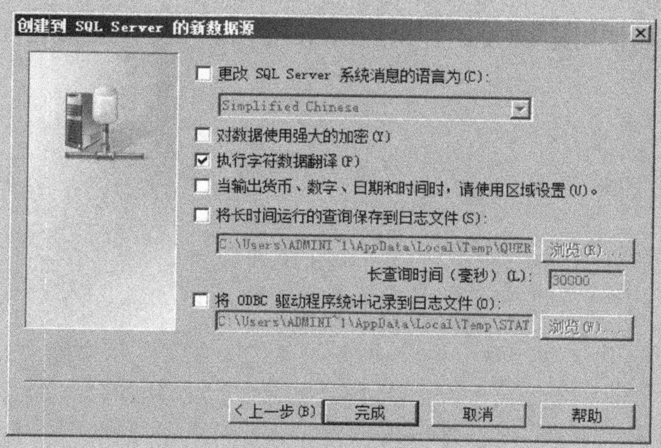

图 B8　设置其他属性

STEP 8 单击 完成 按钮，打开【ODBC Microsoft SQL Server 安装】对话框，文本框中显示前面的设置选项，如图 B9 所示。

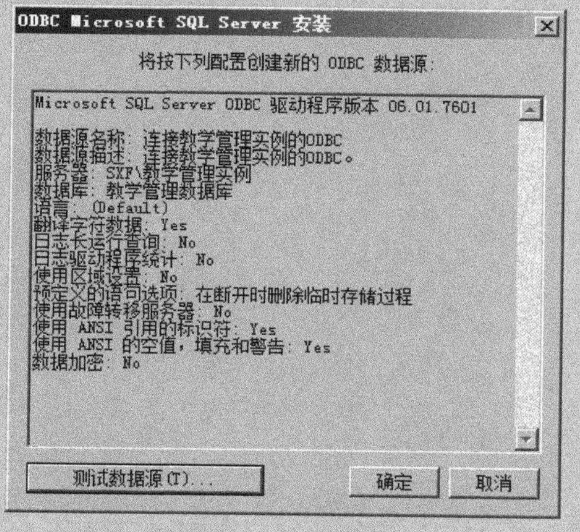

图 B9　显示设置选项

STEP 9 单击 测试数据源(T)... 按钮，测试数据源连接是否成功，如图 B10 所示。

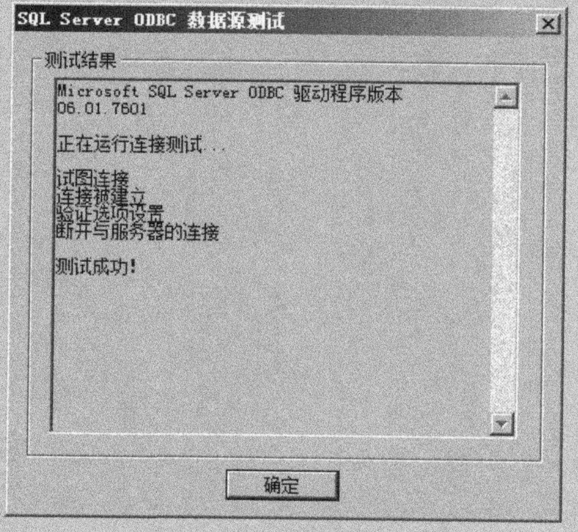

图 B10　连接数据源测试

STEP 10 测试成功后，在【ODBC Data 数据源管理器】窗口的【用户 DSN】列表框中新增名称为“连接教学管理实例的 ODBC”的 ODBC 项。

其他应用程序可以使用此 ODBC 对 SQL Server 数据库进行开发或管理。